大学受験

東進ハイスクール・河合塾
松田聡平[著]

東大理系数学

系統と分析

技術評論社

目　次

- はじめに　　4
- 本書の使い方　　5
- 東京大学（理科）の数学入試の概要　　6
- 最近15年の出題傾向　　8
  - §1　方程式・不等式・関数　　9
  - §2　整数・数列　　29
  - §3　場合の数・確率　　61
  - §4　図形　　93
  - §5　極限　　135
  - §6　微分法　　151
  - §7　積分法　　181

はじめに

- なぜ，自分は解けなかったのか
- どうすれば，解けるようになるか
- 何を，その問題を通して学べるのか

　東京大学の数学入試を突破するためには，この3つの姿勢が大切です．

　模擬試験を受けた直後などに，解答冊子を見て「落ち着いて考えれば解けたはずなのに」などと嘆いた経験はありませんか．また，数学の学習というと「問題を考えて，解けなかったら解答を読む．読んで納得したら終了」という形式を当然のことと考えている人も多いのではないでしょうか．

　"ワカラナイ"から"ワカル"の状態にすることだけが目的であるなら，その学習法も正解かもしれません．しかし，受験生は東大入試において"デキル"状態でなければなりません．"ワカル"けど"デキナイ"状態こそ，模試の後の後悔の正体なのです．

　ただただ問題を解き，解答を理解することを繰り返すのだけでなく，対峙する全ての問題の本質に迫り，その数学的価値を身体化するつもりで，本書の『思考力をつけるための100問』に挑んでください．「なぜ」「どうすれば」「何を」を意識しながら経験した100問は，何万問もの問題に対応できる真の数学力を構築してくれるはずです．

東進ハイスクール・河合塾　数学講師

松田　聡平

本書の使い方

■ 問題選抜について

　東京大学の数学入試として出題された過去問全てを対象に良問を選抜しました．現行の数学ⅠAⅡBⅢ範囲で解けるもので，実力養成のために効果的である良問であるならば，文科で出題された問題でも採用しました．また，問題・解説を見開き2ページに収め，使いやすさを追求しました．これは，数学の解法は流れや構造が大切であり，ページを跨ぐと，それが捉えにくくなるという理由からです．

■「系統」と「分析」

　東大数学の「系統」を認識するべく，各章はじめには問題テーマをまとめ，章末にはその分野の傾向・対策，学習のポイントをまとめました．

　また，各問題の解説部分最後には 分析 の項目を設置し，発展的内容，拡張できる知識体系，背景となる概念，参考となる類題など，解答 の理解だけに留まらないために配慮しました．この「系統」と 分析 は，本書の核ともいえる部分ですので，読み飛ばさずに積極的に吸収してください．

■ 難易度と制限時間

　難易度 は5段階で表示しました．■□□□□（レベル1）の問題であっても，ただ簡単なだけの問題ではなく，その問題を通して学ぶことがあることがある良問ですので，積極的に学習してください．また，制限時間（時間）は5分単位で，現実的なものを表示しました．回答時間の目安にしてください．

東京大学（理科）の数学入試の概要

1. 形式

　東京大学の数学入試（理科）は，例年

$$
\begin{aligned}
&制限時間：150 分\\
&大問数　：　6 問\\
&配点　　：120 点
\end{aligned}
$$

です．単純計算では，1問あたり25分で解くことになりますが，もちろん問題毎に難易度もボリュームも異なるので，たとえ満点をとるような人でも均等配分で解いてはいません．自分の実力で解ける問題をきちんと見極め，その問題を確実に最後まで解ききることが重要です．もし完答できるならば，その問題に40分以上かけることも，場合によっては適切な戦略となることもあります．

2. 特徴と傾向

　東京大学の数学入試（理科）では，原則的に数学ⅠAⅡBⅢ範囲を対象に，偏りなく出題されます．ただし，近年のおおまかな傾向としては，

　　　　図形的解法が有効となるような問題
　　　　数列，漸化式と極限に関する問題
　　　　面積，体積の計算や，その評価に関する問題

などには注意しておきたいところです．特に「評価」に関する問題は数多く出題されており，対応できる力を十分に付けておく必要があります．

3. 試される力

東京大学の数学入試（理科）において受験生が試される力は，

　　　　　　　　A　典型解法力
　　　　　　　　B　処理能力
　　　　　　　　C　発展的思考力

の3つです．詳しく説明すると以下のとおりです．

　A　典型解法力：
　「定数分離」や「線形計画法」など，あらゆる汎用問題集でも学べるような典型的な解法を運用できる力．また，それを応用できる力．
　B　処理能力：
　計算や式変形などの数式処理を確実に遂行する力．ただし，思考を必要としないものとは限らず，きちんと方針を踏まえた上での数式処理が要求される．
　C　発展的思考力：
　問題の設定に応じて特殊性を利用する力．典型解法の原理から延長されるような解法をその場で思いつく力．

4. 学習法

　問題に挑んでみて，解けないことは悪いことではありません．その後が重要です．解答を眺めて理解するだけで終わるのではなく，

　　　　　・なぜ，自分は解けなかったのか
　　　　　・どうすれば，解けるようになるか
　　　　　・何を，その問題を通して学べるのか

についてきちんと考えるようにしてください．

　この姿勢で，本書『東大理系数学　系統と分析』に掲載された100問を経験することで，合格は大幅に近づくはずです．

最近 15 年の出題傾向（理科）

		2002	2003	2004	2005	2006	2007	2008	2009	2010	2011	2012	2013	2014	2015	2016
方程式・不等式	方程式・不等式	●		○			●								○	
関数	関数		○	○							○					
整数・数列	整数	○		●	●	●		●	●	●	○	●	●	○	●	●
	数列	○		○	○	○		○		○	○	○		○	●	
場合の数・確率	場合の数	●									●					
	確率		●	○	●	●	●	●	●	●		●	●		●	●
図形	図形と計量		●													
	図形と方程式	●		●		●	●	○		●	●	○	●	●	○	○
	ベクトル										●					
	複素数平面				●								●			●
極限	極限全般	●			○		○		○	●	○				○	
微分法	微分法全般	●		○	○○	○		●	●	●	○	●	●	●	○	○○
積分法	面積、体積以外						●			●				●		
	面積		●	●	●			○	○					●	●	
	体積		●		●			●	○		○	●	●		●	●

●は単独範囲の問題／○は複数範囲にまたぐ問題　　※旧課程分野は記載していない

§1 方程式・不等式・関数

	内容	出題年	難易度	時間
1	解の配置問題	1996年	■■□□	20分
2	複2次方程式の実数解	2005年	■■□□	25分
3	三角関数と方程式	2002年	■□□□	5分
4	三角関数の加法定理	1999年	■□□□	15分
5	多変数関数の最大最小	2000年	■■□□	25分
6	図形量と2変数関数	2010年	■■□□	25分
7	2変数不等式	1995年	■□□□	15分
8	2次離散関数	1997年	■■□□	20分
9	合成関数による方程式	1998年	■■■■	30分

1 解の配置問題

a, b, c, d を正の数とする．不等式 $\begin{cases} s(1-a)-tb>0 \\ -sc+t(1-d)>0 \end{cases}$ を同時に満たす正の数 s, t があるとき，2次方程式 $x^2-(a+d)x+(ad-bc)=0$ は $-1<x<1$ の範囲に異なる2つの実数解をもつことを示せ．

（1996年　文理共通）

 ポイント

- 2次方程式の解の配置
  ⇨　$y=f(x)$ のグラフを描いて「D・軸・端点」の3ポイントを考える．
- 複雑な題意の証明　⇨　示すべき式を先にまとめる．
- 不等式の証明　⇨　対象の不等式の十分条件となるような不等式を示す．
- 「正の数 s, t がある」⇨　s, t を a, b, c, d で表現して用いる．

解答

$f(x)=x^2-(a+d)x+(ad-bc)$ とおく．
$f(x)=0$ が $-1<x<1$ の範囲に異なる2つの実数解をもつことを示すには，

$$\begin{cases} f(x)=0 \text{ の判別式 } D>0 \quad \cdots ① \\ -1<\dfrac{a+d}{2}<1 \quad \cdots ② \\ f(1)>0 \quad \cdots ③ \quad かつ \quad f(-1)>0 \quad \cdots ④ \end{cases}$$

← 解の配置

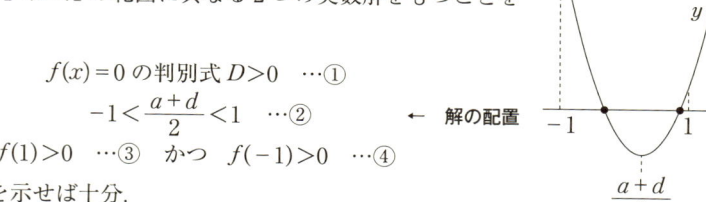

であることを示せば十分．

まず，
$$D=(a+d)^2-4(ad-bc)=(a-d)^2+4bc>0 \quad (\because \ b>0, \ c>0)$$
よって①は示せた．

次に，条件より

$s(1-a)>tb$ において，$s>0$, $t>0$, $b>0$ から　$a<1$　∴　$0<a<1$

$t(1-d)>sc$ において，$t>0$, $s>0$, $c>0$ から　$d<1$　∴　$0<d<1$

以上より，$0<\dfrac{a+d}{2}<1$ ⋯⑤

よって②は示せた．

ここで，
$y=f(x)$ の軸について，
⑤より $0<\dfrac{a+d}{2}<1$ であるから，$f(-1)>f(1)$．　…⑥
よって，③④を示すには，$f(1)>0$ を示せば十分．

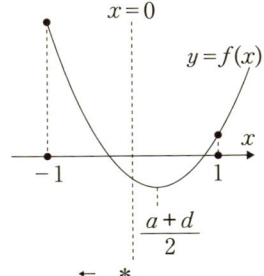

次に，条件より
$$s(1-a)>tb \Leftrightarrow \dfrac{1-a}{b}>\dfrac{t}{s}$$
$$t(1-d)>sc \Leftrightarrow \dfrac{c}{1-d}<\dfrac{t}{s}$$

← $0<d<1$ より $d\neq 1$

正の数 s, t が存在するので，$\dfrac{1-a}{b}>\dfrac{c}{1-d}$．

$\dfrac{1-a}{b}>\dfrac{c}{1-d} \Leftrightarrow (1-a)(1-d)>bc \Leftrightarrow 1-(a+d)+ad-bc>0$ …⑦

⑦より，
$$f(1)=1-(a+d)+ad-bc>0$$
よって③④は示せた．

以上より，題意は証明された．

分析

* $\begin{cases} s(1-a)-tb>0 \\ -sc+t(1-d)>0 \end{cases}$ が s, t の同次式であることから，
  $\dfrac{t}{s}$ を a, b, c, d で表現する
  ことを考える．

* ⑥は，放物線は軸対称であり，また軸が $-1<x<1$ の間で右寄りなので，$f(-1)>f(1)$ であることを考えている．

2 複2次方程式の実数解

難易度：
時間：25分

0以上の実数 s, t が $s^2+t^2=1$ を満たしながら動くとき，方程式 $x^4-2(s+t)x^2+(s-t)^2=0$ の解のとる値の範囲を求めよ．

(2005年　文科)

ポイント

- 基本対称式による置換　⇨　存在条件を付加して考える必要がある．
- 係数 p の範囲から解 x の範囲
  ⇨ x を定数係数とする p の方程式とみて，p の存在条件を考える．解答1
- 「$0 \leqq s$, $0 \leqq t$, $s^2+t^2=1$」 ⇨ $s=\sin\theta$, $t=\cos\theta \left(0 \leqq \theta \leqq \dfrac{\pi}{2}\right)$ 解答2

解答1

$p=s+t$, $q=st$ とおく．
$$s^2+t^2=1 \Leftrightarrow p^2-2q=1 \quad \therefore \quad q=\frac{1}{2}(p^2-1) \quad \cdots ①$$

s, t を2解とする2次方程式は
$$u^2-pu+\frac{1}{2}(p^2-1)=0 \quad \cdots ②$$
← 解と係数

$s^2+t^2=1$ かつ $s \geqq 0$ かつ $t \geqq 0$ から，②の2解はともに0以上1以下．
$f(u)=u^2-pu+\dfrac{1}{2}(p^2-1)$ とし，②の判別式を D とすると，

$$\begin{cases} D=p^2-2(p^2-1) \geqq 0 \\ 0 \leqq \dfrac{p}{2} \leqq 1 \\ f(0) \geqq 0 \text{ かつ } f(1) \geqq 0 \end{cases} \Leftrightarrow \begin{cases} -\sqrt{2} \leqq p \leqq \sqrt{2} \\ 0 \leqq p \leqq 2 \\ p \leqq -1, 1 \leqq p \end{cases} \quad \therefore \quad 1 \leqq p \leqq \sqrt{2} \quad \cdots ③$$
← 解の配置

与えられた方程式は①を用いて $x^4-2px^2+2-p^2=0$ と変形できる． $\cdots ④$
p の2次方程式とみると，
$$g(p)=p^2+2x^2p-(x^4+2)=0$$
この方程式が③の範囲に解をもつような x の値の範囲を求める．
$y=g(p)$ の軸は $p=-x^2 \leqq 0$ なので，$g(p)$ は $p \geqq 0$ で単調増加．
よって，求める条件は，$g(1) \leqq 0$ かつ $g(\sqrt{2}) \geqq 0$．
$$\therefore \quad -\sqrt{2\sqrt{2}} \leqq x \leqq \sqrt{2\sqrt{2}}$$

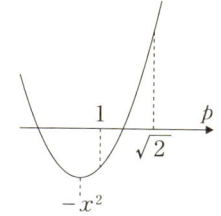

解答 2

(①まで解答1と同様)

また，$0 \leq s$, $0 \leq t$, $s^2 + t^2 = 1$ より，
$s = \sin\theta$, $t = \cos\theta \left(0 \leq \theta \leq \dfrac{\pi}{2}\right)$ とおける．　　　　　　← 円関数置換

ここで，$p = s + t = \sin\theta + \cos\theta = \sqrt{2}\sin\left(\theta + \dfrac{\pi}{4}\right)$ となるので，$1 \leq p \leq \sqrt{2}$

(以下解答1 ④以降)

解答 3

$p = s + t$, $r = s - t$ とおく．$s = \dfrac{p+r}{2}$, $t = \dfrac{p-r}{2}$

$$s^2 + t^2 = 1 \iff p^2 + r^2 = 2 \quad \cdots ⑤$$

$0 \leq s \leq 1$, $0 \leq t \leq 1$ より，$0 \leq \dfrac{p+r}{2} \leq 1$, $0 \leq \dfrac{p-r}{2} \leq 1$ $\cdots ⑥$

⑤と⑥より，$1 \leq p \leq \sqrt{2}$

(以下解答1 ④以降)

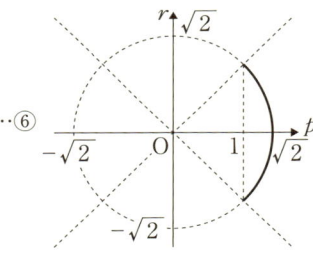

分析

* ②③の部分は，基本対称式置換により必要となる「s, t の存在条件」を考えている．(**22** 参照)

* $X = x^2$ とおくと，X の解は $X = (\sqrt{s} \pm \sqrt{t})^2$．
  $a = \sqrt{s}$, $b = \sqrt{t}$ として，
  「$a^4 + b^4 = 1$, $a \geq 0$, $b \geq 0$」のもとで，
  $a + b$, $a - b$ の取りうる値の範囲をグラフから考え
  てもよい．

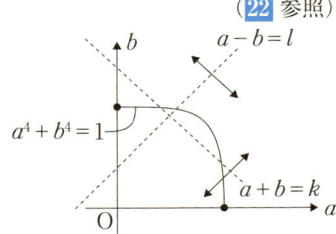

* 一般に，「実数 x, y が $x^2 + y^2 = r^2$ をみたす」という条件のときは，
$$x = r\cos\theta, \quad y = r\sin\theta$$
という置換が有効なこともある．
(存在条件を包含しているため基本対称式置換より便利．)

3 三角関数と方程式

難易度　
時　間　5分

2つの放物線 $y=2\sqrt{3}\,(x-\cos\theta)^2+\sin\theta$, $y=-2\sqrt{3}\,(x+\cos\theta)^2-\sin\theta$ が相異なる2点で交わるような一般角 θ の範囲を求めよ. （2002年　理科）

ポイント

- 2つの図形が共有点をもつ　⇨　連立した方程式が実数解をもつ.
- 「相異なる2点で交わる」　⇨　放物線は x の値が決まれば y も一意的に決まるので，2つの図形の連立方程式が異なる2実数解をもつ条件を考える.
- $y=2\sqrt{3}\,(x-\cos\theta)^2+\sin\theta$　⇨　$y-\sin\theta=2\sqrt{3}\,(x-\cos\theta)^2$ と変形して，平行移動後の放物線と考えることができる. 解答2

解答1

y を消去すると，
$$2\sqrt{3}\,(x-\cos\theta)^2+\sin\theta = -2\sqrt{3}\,(x+\cos\theta)^2-\sin\theta$$
$$\Leftrightarrow\ 4\sqrt{3}\,x^2 = -4\sqrt{3}\cos^2\theta - 2\sin\theta \quad \cdots ①$$

題意は，
①が相異なる2つの解をもつ条件であるから，
$$-4\sqrt{3}\cos^2\theta - 2\sin\theta > 0 \qquad \leftarrow \text{（①の右辺）}>0$$
$$\Leftrightarrow\ -2\sqrt{3}\,(1-\sin^2\theta) - \sin\theta > 0$$
$$\Leftrightarrow\ (2\sin\theta+\sqrt{3})(\sqrt{3}\sin\theta-2) > 0 \quad \cdots ②$$

ここで $\sqrt{3}\sin\theta-2 \leqq \sqrt{3}-2 < 0$ であるから
$$② \Leftrightarrow \sin\theta < -\frac{\sqrt{3}}{2} \qquad \leftarrow 2\sin\theta+\sqrt{3}=0\text{ より}$$

よって $\dfrac{4}{3}\pi+2n\pi < \theta < \dfrac{5}{3}\pi+2n\pi$ （n は整数）

解答 2

$C_1: y = 2\sqrt{3}(x - \cos\theta)^2 + \sin\theta \iff y - \sin\theta = 2\sqrt{3}(x - \cos\theta)^2$

$C_2: y = -2\sqrt{3}(x + \cos\theta)^2 - \sin\theta \iff y + \sin\theta = -2\sqrt{3}(x + \cos\theta)^2$

放物線 C_1 は $y = 2\sqrt{3}\,x^2$ を
x 方向に $+\cos\theta$, y 方向に $+\sin\theta$ 平行移動したもの．
放物線 C_2 は $y = -2\sqrt{3}\,x^2$ を
x 方向に $-\cos\theta$, y 方向に $-\sin\theta$ 平行移動したもの．

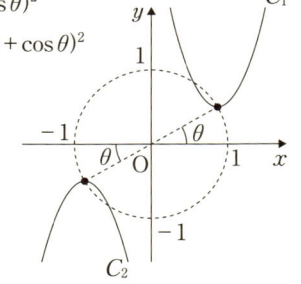

C_1 と C_2 は原点に関して対称．
θ を 0 から変化させていくとき，C_1 と C_2 が共有点をもつのは右図の（ⅰ）から（ⅱ）の間である．
また，その共有点は原点である．
（ⅰ）（ⅱ）のときの θ を求める．
C_1 に $(0, 0)$ を代入すると，

$0 = 2\sqrt{3}\cos^2\theta + \sin\theta$

$\iff 2\sqrt{3}\sin^2\theta - \sin\theta - 2\sqrt{3} = 0$

$\iff (2\sin\theta + \sqrt{3})(\sqrt{3}\sin\theta - 2) = 0$

$\therefore \sin\theta = -\dfrac{\sqrt{3}}{2}$ このとき，$\theta = \dfrac{4}{3}\pi + 2n\pi,\ \dfrac{5}{3}\pi + 2n\pi$

よって 相異なる 2 点で交わるのは，$\dfrac{4}{3}\pi + 2n\pi < \theta < \dfrac{5}{3}\pi + 2n\pi$ （n は整数）

分析

* 本問において，θ はあくまで「定数」であることに注意する．（変数は x のみ）

* ② は，① の判別式 $D > 0$ と同値である．

* 解答 2 では，2 つの放物線を動かしながら共有点の個数を考えている．

* 一般に
  $f(x, y) = 0$ を x 方向に $+a$, y 方向に $+b$ 平行移動 $\to$ $f(x - a, y - b) = 0$
  $f(x, y) = 0$ を x 方向に $\times a$, y 方向に $\times b$ 拡大縮小 $\to$ $f\left(\dfrac{x}{a}, \dfrac{y}{b}\right) = 0$

4 三角関数の加法定理

難易度 ／／／
時間 15分

(1) 一般角 θ に対して $\sin\theta$, $\cos\theta$ の定義を述べよ．

(2) (1)で述べた定義にもとづき，一般角 α, β に対して
$$\sin(\alpha+\beta)=\sin\alpha\cos\beta+\cos\alpha\sin\beta,$$
$$\cos(\alpha+\beta)=\cos\alpha\cos\beta-\sin\alpha\sin\beta$$
を証明せよ．

(1999年　文理共通)

ポイント

・公式の証明　⇨　できるだけ基本的な図形や数式だけで構成する．

・三角関数の性質
　　　⇨　単位円を中心に初等幾何，座標幾何，ベクトル幾何の適用を考える．

・cos, sin の変換　⇨　θ を $\theta+90°$ に書き換えることで変換できる．

解答1

(1) 単位円周上の点 $P(x, y)$ に対して，OP と x 軸の正の向きとのなす角を θ とし，$\sin\theta=y$，$\cos\theta=x$ と定義する．

(2) $A(\cos(\alpha+\beta), \sin(\alpha+\beta))$, $B(1, 0)$ とする．
$$AB^2=(1-\cos(\alpha+\beta))^2+(0-\sin(\alpha+\beta))^2$$
$$=2-2\cos(\alpha+\beta) \quad \cdots ①$$

2点 A, B を原点周りに $-\beta$ だけ回転した点をそれぞれ A′, B′ とする．

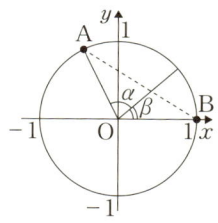

$A'(\cos\alpha, \sin\alpha)$, $B'(\cos\beta, -\sin\beta)$, となるから
$$A'B'^2=(\cos\beta-\cos\alpha)^2+(-\sin\beta-\sin\alpha)^2$$
$$=2-2(\cos\alpha\cos\beta-\sin\alpha\sin\beta) \quad \cdots ②$$

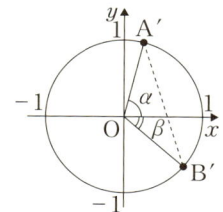

$\triangle AOB \equiv \triangle A'OB'$ であるから　$AB=A'B'$.

①，②より　$\cos(\alpha+\beta)=\cos\alpha\cos\beta-\sin\alpha\sin\beta$　■

この式において α を $\alpha+90°$ に書き換えると，
$$\cos(\alpha+\beta+90°)=\cos(\alpha+90°)\cos\beta-\sin(\alpha+90°)\sin\beta \quad \cdots ③$$

また，定義より，$\cos(\theta+90°)=-\sin\theta$，$\sin(\theta+90°)=\cos\theta$ であるから

③ ⇔ $-\sin(\alpha+\beta)=-\sin\alpha\cos\beta-\cos\alpha\sin\beta$

⇔ $\sin(\alpha+\beta)=\sin\alpha\cos\beta+\cos\alpha\sin\beta$　■

解答2

(2) $A(\cos\theta, \sin\theta)$, $B(\cos\delta, \sin\delta)$ とする.
$$AB^2 = (\cos\theta - \cos\delta)^2 + (\sin\theta - \sin\delta)^2$$
$$= 2 - 2(\cos\theta\cos\delta + \sin\theta\sin\delta) \quad \cdots ④$$

△OBA に余弦定理を用いて,
$$AB^2 = OA^2 + OB^2 - 2\cdot OA\cdot OB\cdot\cos(\theta-\delta)$$
$$= 2 - 2\cos(\theta-\delta) \quad \cdots ⑤$$

④, ⑤ より $\cos(\theta-\delta) = \cos\theta\cos\delta + \sin\theta\sin\delta \quad \cdots ⑥$

ここで, $\theta = \alpha$, $\delta = -\beta$ と書き換えると,
$\cos(-\beta) = \cos\beta$, $\sin(-\beta) = -\sin\beta$ より,

⑥ $\Leftrightarrow \cos(\alpha+\beta) = \cos\alpha\cos\beta - \sin\alpha\sin\beta$ ■

(以下同様)

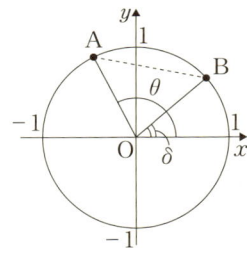

解答3

(2) 右図のように, $A(\cos\alpha, \sin\alpha)$, $B(\cos\beta, -\sin\beta)$ を考える.
ここで,
$$\vec{OA}\cdot\vec{OB} = \cos\alpha\cdot\cos\beta + \sin\alpha(-\sin\beta) \quad \cdots ⑦$$

また,
$$\vec{OA}\cdot\vec{OB} = |\vec{OA}||\vec{OB}|\cos(\alpha+\beta) = 1\cdot 1\cdot\cos(\alpha+\beta) \quad \cdots ⑧$$

⑦, ⑧ より $\cos(\alpha+\beta) = \cos\alpha\cos\beta - \sin\alpha\sin\beta$ ■

(以下同様)

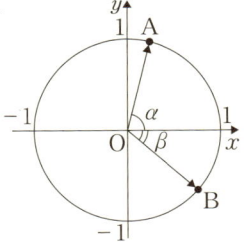

分析

* **解答3**はベクトルの内積が2通りに表現できる性質を用いている.

* 三角関数の加法定理の証明は, これら以外にも数多くあるが, (2)問題文の「(1)で述べた定義にもとづき」をふまえ, 単位円を用いた証明だけを採用した.

5 多変数関数の最大最小

xy 平面内の領域 $-1 \leq x \leq 1$, $-1 \leq y \leq 1$ において $1 - ax - by - axy$ の最小値が正となるような定数 a, b を座標とする点 (a, b) の範囲を図示せよ. （2000年　文科）

ポイント

- 多変数関数の最小値 ⇨ 「1文字固定法（fix, move）」を利用.
- 1文字固定法
  ⇨ 一方の文字を固定して定数と見て（fix），まず「暫定的な max, min」を求め，その後，固定した文字を動かして（move），「全体の max, min」を求める.

解答 1

$$F(x, y) = 1 - ax - by - axy = -a(1+y)x + 1 - by$$

$y = Y$ ($-1 \leq Y \leq 1$) と y を固定し，　　　　　　　　　　　　　　← fix

$$f(x) = -a(1+Y)x + 1 - bY$$ 　　　　　　　　　　　　　　← x の関数

とおく. $-1 \leq Y \leq 1$ より, $1 + Y \geq 0$ であるから

(ⅰ) $a \geq 0$ のとき

　$f(x)$ は単調減少, または一定. よって, $f(x)$ の最小値は

$$f(1) = -(a+b)Y - a + 1 \quad \cdots ①$$

　ここで右辺を $g(Y)$ とおく.

- $\underline{a + b \geq 0 \text{ のとき}}$

　$g(Y)$ は単調減少, または一定であるから, 　　　　　　　　← move

　最小値は　$g(1) = -2a - b + 1 \quad \cdots ②$

- $\underline{a + b < 0 \text{ のとき}}$

　$g(Y)$ は単調増加であるから, 　　　　　　　　　　　　　← move

　最小値は　$g(-1) = b + 1 \quad \cdots ③$

(ⅱ) $a < 0$ のとき

　$f(x)$ は単調増加, または一定. よって, $f(x)$ の最小値は

$$f(-1) = (a-b)Y + a + 1 \quad \cdots ④$$

　ここで右辺を $h(Y)$ とおく.

- $\underline{a - b \geq 0 \text{ のとき}}$

　$h(Y)$ は単調増加, または一定であるから, 　　　　　　　　← move

　最小値は　$h(-1) = b + 1 \quad \cdots ⑤$

18

- $a-b<0$ のとき

  $h(Y)$ は単調減少であるから，

  最小値は $h(1)=2a-b+1$ …⑥

②③⑤⑥より，

$a\geq 0,\ a+b\geq 0$ のとき　$-2a-b+1>0$　⇔　$b<-2a+1$

$a\geq 0,\ a+b<0$ のとき　$b+1>0$　⇔　$b>-1$

$a<0,\ a-b\geq 0$ のとき　$b+1>0$　⇔　$b>-1$

$a<0,\ a-b<0$ のとき　$2a-b+1>0$　⇔　$b<2a+1$

求める範囲を図示すると右図のようになる．ただし，境界線は含まない．

解答2

$$F(x,y)=1-ax-by-axy$$

x を固定して y を動かせば y の1次関数であり，$y=-1$ or 1 で最小値．

y を固定して x を動かせば x の1次関数であり，$x=-1$ or 1 で最小値．

∴ 全体の min は，

$$\min\{F(1,1),\ F(1,-1),\ F(-1,1),\ F(-1,-1)\}$$

であるから，求める条件は，

$F(1,1)>0\ \wedge\ F(1,-1)>0\ \wedge\ F(-1,1)>0\ \wedge\ F(-1,-1)>0$

（以下同様）

分析

* ①④は「暫定的な min」であり，②③⑤⑥が「全体の min」である．

* 「暫定的な min」は，$\min\{F(1,Y),\ F(-1,Y)\}$ とまとめて表現することもできる．

* 求める点 (a,b) の範囲は，b 軸対称であるから，$a\geq 0$ のみを考えて，対称性から図示してもよい．

6 図形量と2変数関数

難易度	
時　間	25分

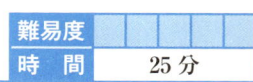

3辺の長さが a と b と c の直方体を，長さが b の1辺を回転軸として $90°$ 回転させるとき，直方体が通過する点全体が作る立体を V とする.

(1)　V の体積を a, b, c を用いて表せ.

(2)　$a+b+c=1$ のとき，V の体積のとりうる値の範囲を求めよ.（2010年　理科）

ポイント

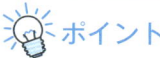

- **回転体の体積** ⇨ **図形が描く軌跡を考えて，なるべく簡単に求める.**
- **多変数関数の最大最小** ⇨ **文字を固定して定数をみる．残りの文字の関数と考える.**
- **文字固定法** ⇨ **文字を固定し「暫定的な範囲」を求めた後，「全体的な範囲」を求める.**

解答

(1)　V は，底面が右図の斜線部で高さが b の立体.

V の体積を v とすると

$$v=\left\{2\cdot\frac{1}{2}ac+\frac{\pi}{4}\left(\sqrt{a^2+c^2}\right)^2\right\}b$$
$$=\frac{1}{4}(\pi a^2+4ac+\pi c^2)b$$

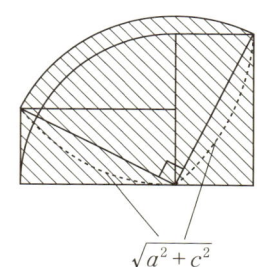

(2)　$a+c=1-b$ であるから，(1)より

$$v=\frac{1}{4}\{\pi(a+c)^2-2\pi ac+4ac\}b=\frac{1}{4}\{\pi(1-b)^2+(4-2\pi)ac\}b \quad \cdots①$$

ここで　$b=B$（定数）と固定すると，　← fix

$$v=\frac{\pi}{4}(1-B)^2B+\frac{1}{4}B(4-2\pi)ac \quad \cdots②$$

$$ac=a(1-a-B)=-a^2+(1-B)a$$
$$=-\left(a-\frac{1-B}{2}\right)^2+\frac{1}{4}(1-B)^2$$

$0<a<1-B$ であるから

$$0<ac\leqq\frac{1}{4}(1-B)^2 \quad \cdots③$$

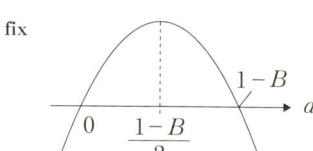

$4-2\pi<0$ であることに注意して，v の範囲は

$$\frac{\pi}{4}(1-B)^2 B + \frac{4-2\pi}{16}(1-B)^2 B \leqq v < \frac{\pi}{4}(1-B)^2 B$$

$$\Leftrightarrow \frac{\pi+2}{8}(1-B)^2 B \leqq v < \frac{\pi}{4}(1-B)^2 B \quad \cdots ④$$

ここで，B を動かして考えて，$\cdots ⑤$ ← move

$f(B) = (1-B)^2 B \,(0<B<1)$ とすると
$f'(B) = (1-B)^2 - 2(1-B)B = (1-B)(1-3B)$

$0<B<1$ において $f(B)$ の増減表は右のようになる．

B	0	$\cdots$	$\dfrac{1}{3}$	$\cdots$	1
$f'(B)$		+	0	−	
$f(B)$	0	↗	$\dfrac{4}{27}$	↘	0

よって，
$$0 < f(B) \leqq \frac{4}{27}.$$

であるから
$$0 < \frac{\pi+2}{8}(1-B)^2 B \leqq v < \frac{\pi}{4}(1-B)^2 B \leqq \frac{\pi}{4} \cdot \frac{4}{27}$$

$$\therefore \quad 0 < v < \frac{\pi}{27}$$

分析

* ① において，b の登場回数が多いので，② においては b を固定することを考えている．

* ② において 1 文字を固定し，また，$c=1-a-B$ として c を消去することにより，v を暫定的に「a の 2 次関数」として考えている．

* ④ は，③ を ② に適用して考えている．（暫定的な v の範囲）

* ⑤ では，全体的な v の範囲を求めるために，④ に含まれる $(1-B)^2 B$ を B の 3 次関数として考えている．

7　2変数不等式

難易度　
時間　15分

すべての正の実数 x, y に対し $\sqrt{x} + \sqrt{y} \leq k\sqrt{2x+y}$ が成り立つような実数 k の最小値を求めよ．

（1995年　文理共通）

ポイント

- x と y の同次式　⇨　$t = \dfrac{y}{x}$ などと置換．（本問では $t = \sqrt{\dfrac{y}{x}}$ と置換）
- 不等式 $A < B$ の証明
  ⇨　（ⅰ）$B - A$ の式変形　（ⅱ）$B - A = f(t)$ のグラフ　（ⅲ）有名不等式
- 「すべての正の実数」で成立　⇨　特別な正の実数で成立することが必要条件．

解答1

まず，与式の左辺は正なので，$k > 0$ であることが必要．　　　　　← 必要条件

$\sqrt{x} + \sqrt{y} \leq k\sqrt{2x+y}$ の両辺を $\sqrt{x}$ で割ると $1 + \sqrt{\dfrac{y}{x}} \leq k\sqrt{2 + \dfrac{y}{x}}$

$t = \sqrt{\dfrac{y}{x}}$ とおくと，$1 + t \leq k\sqrt{2 + t^2}$．両辺を2乗すると，　　　← 同次式なので

$$\dfrac{(t+1)^2}{t^2+2} \leq k^2 \quad \Leftrightarrow \quad (k^2-1)t^2 - 2t + (2k^2-1) \geq 0 \quad \cdots ①$$

x, y がすべての正の実数をとるとき，t もすべての正の実数をとるので，①が任意の正の実数 t で成り立つための k の最小値を考える．

$f(t) = (k^2-1)t^2 - 2t + (2k^2-1)$ のグラフを考えると，
$k^2 - 1 > 0$ が必要であり，また $k > 0$ であるから，$1 < k$．　…②
また，

$$f(t) = 0 \text{ の判別式 } D \leq 0$$
$$\Leftrightarrow \quad 1 - (k^2-1)(2k^2-1) \leq 0$$
$$\Leftrightarrow \quad k^2\left(k^2 - \dfrac{3}{2}\right) \geq 0$$
$$\therefore \quad k > 0 \text{ より，} k \geq \dfrac{\sqrt{6}}{2}$$

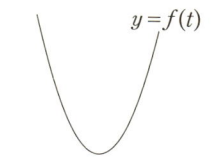

よって k の最小値は $\dfrac{\sqrt{6}}{2}$

解答 2

$\vec{a} = \left(\dfrac{1}{\sqrt{2}}, 1\right)$, $\vec{b} = (\sqrt{2x}, \sqrt{y})$ とすると, ……③

一般に, $\vec{a}\cdot\vec{b} = |\vec{a}||\vec{b}|\cos\theta \leq |\vec{a}||\vec{b}|$ ……④ が成り立つ.

$$\vec{a}\cdot\vec{b} = \dfrac{1}{\sqrt{2}}\cdot\sqrt{2x} + 1\cdot\sqrt{y}$$

$$|\vec{a}||\vec{b}| = \sqrt{\left(\dfrac{1}{\sqrt{2}}\right)^2 + 1^2}\cdot\sqrt{(\sqrt{2x})^2 + (\sqrt{y})^2} = \sqrt{\dfrac{3}{2}}\sqrt{2x+y}$$

④に代入すると, $\sqrt{x} + \sqrt{y} \leq \sqrt{\dfrac{3}{2}}\sqrt{2x+y}$

(等号成立は $\cos\theta = 1 \Leftrightarrow \theta = 0$ のとき.)

また, このとき $\vec{a} /\!/ \vec{b}$ であるから, $\sqrt{y} = \sqrt{2}\cdot\sqrt{2x} \Leftrightarrow \sqrt{y} = 2\sqrt{x}$ ← なす角が 0

よって k の最小値は $\dfrac{\sqrt{6}}{2}$

解答 3

特別な値 $x=1$, $y=4$ でも成立することが必要であるから, 代入して,

$3 \leq \sqrt{6}\,k \Leftrightarrow \dfrac{\sqrt{6}}{2} \leq k$ であることが必要. ← 必要条件

逆に, $k = \dfrac{\sqrt{6}}{2}$ のとき,

$$(k\sqrt{2x+y})^2 - (\sqrt{x}+\sqrt{y})^2 \geq \left(\dfrac{\sqrt{6}}{2}\sqrt{2x+y}\right)^2 - (\sqrt{x}+\sqrt{y})^2 = 2x + \dfrac{1}{2}y - 2\sqrt{xy}$$
$$= \left(\sqrt{2x} - \sqrt{\dfrac{y}{2}}\right)^2 \geq 0$$

以上より十分性も示された. よって k の最小値は $\dfrac{\sqrt{6}}{2}$

分析

* ②の部分は, $y = f(t)$ のグラフは下に凸の放物線である必要があるので, t^2 の係数が正であることが必要である, と考えている.
* ③の 2 ベクトルは, $\sqrt{2x+y}$ が大きさとなるような $\vec{b}$ をまず設定し, その後, 左辺の $\sqrt{x}+\sqrt{y}$ が内積となるような $\vec{a}$ を設定している.
* ④は, コーシー・シュワルツの不等式
    $$(x_1 x_2 + y_1 y_2)^2 \leq (x_1^2 + y_1^2)(x_2^2 + y_2^2) \quad (\text{等号成立は, } x_1 : y_1 = x_2 : y_2 \text{ のとき})$$
    の証明にもなっている.
* 解答 3 は, 偶然性に助けられた発見的な解法である.

8 2次離散関数

n を正の整数, a を実数とする. すべての整数 m に対して $m^2-(a-1)m+\dfrac{n^2}{2n+1}a>0$ が成り立つような a の値の範囲を n を用いて表せ. 　　　　　(1997年　理科)

ポイント

・「すべての整数 m に対して」
　　⇨　実数を対象にした連続関数ではなく, 離散関数を考える.

・離散関数 $y=f(m)$ の増減
　　⇨　まず, 実数対象の連続関数 $f(x)=x^2-(a-1)x+\dfrac{n^2}{2n+1}a$ として必要条件から考える.

・「連続関数 $y=f(x)$ の (頂点の y 座標) >0」は十分条件
　　⇨　$y=f(x)$ の頂点が x 軸の下側にあるような実数 a であっても題意をみたすことがある.

解答

$$f(m)=m^2-(a-1)m+\dfrac{n^2}{2n+1}a$$
$$=\left(m-\dfrac{a-1}{2}\right)^2+\dfrac{(2n+1-a)\{(2n+1)a-1\}}{4(2n+1)}$$

とおくと, $m=0$, n で成り立つことが必要であるから　　　　　← ＊

$$f(0)>0 \quad \Leftrightarrow \quad \dfrac{n^2}{2n+1}a>0$$
$$f(n)>0 \quad \Leftrightarrow \quad n^2-(a-1)n+\dfrac{n^2 a}{2n+1}>0$$
$$\Leftrightarrow \quad \dfrac{n(n+1)(2n+1-a)}{2n+1}>0$$

n は正の整数であるから

$$a>0, \ 2n+1-a>0$$
$$\therefore \quad 0<a<2n+1$$

よって, 題意の必要条件は,

$$0<a<2n+1 \quad \cdots ①$$ 　　　　　　　　　　← 必要条件

一方,

$$（頂点のy座標）=\frac{(2n+1-a)\{(2n+1)a-1\}}{4(2n+1)}>0$$

$$\Leftrightarrow \frac{1}{2n+1}<a<2n+1$$

よって，①のうち，$\frac{1}{2n+1}<a<2n+1$ の範囲に関しては十分． …②　　　　← 十分条件

$0<a\leq\frac{1}{2n+1}$ のとき，$0<a<2n+1$ $0<a<2n+1$
$y=f(x)$ の頂点はx軸の下側になるが，$y=f(x)$ の軸 $x=\frac{a-1}{2}$
について，$n>0$ より

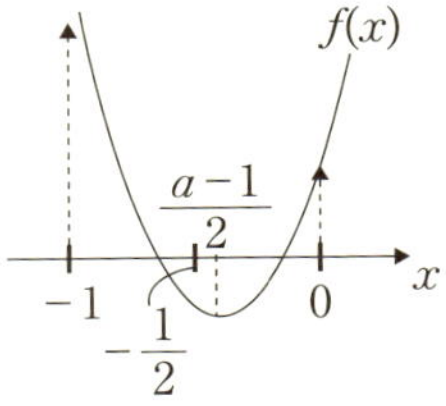

$$-\frac{1}{2}<\frac{a-1}{2}\leq -\frac{n}{2n+1}<0 \quad \cdots③$$

$x=\frac{a-1}{2}$ に最も近い整数値 $x=0$ において調べると,

$$f(0)=\frac{n^2}{2n+1}a>0$$

であるから

$0<a\leq\frac{1}{2n+1}$ のとき，すべての整数 m に対して $f(m)>0$．よって，十分． …④

②，④から，求める a の値の範囲は　$0<a<2n+1$　　　　← 必要十分条件

分析

* **解答**は特別な m の値 $m=0$，n での成立から必要条件を求め，その範囲を2つに分けて，「$\frac{1}{2n+1}<a<2n+1$ のとき」「$0<a\leq\frac{1}{2n+1}$ のとき」，それぞれの十分性を調べている．

* a を含む項を分離して，$m^2+m>\left(m-\frac{n^2}{2n+1}\right)a$ とし，放物線 $y=x^2+x$ と直線 $y=a\left(x-\frac{n^2}{2n+1}\right)$ は，$a=2n+1$ のとき，点 (n, n^2+n) で接することから，$0<a<2n+1$ が必要十分であることを発見的に導いても良い．

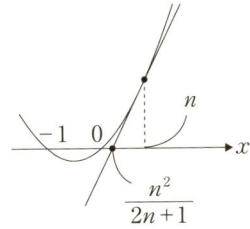

9 合成関数による方程式

難易度
時間 30分

(1) x は $0° \leq x \leq 90°$ を満たす角とする.

$$\begin{cases} \sin y = |\sin 4x| \\ \cos y = |\cos 4x| \\ 0° \leq y \leq 90° \end{cases}$$

となる y を x で表し,そのグラフを xy 平面上に図示せよ.

(2) α は $0° \leq \alpha \leq 90°$ を満たす角とする.$0° \leq \theta_n \leq 90°$ を満たす角 θ_n,$n = 1, 2, \cdots\cdots$ を

$$\begin{cases} \theta_1 = \alpha \\ \sin \theta_{n+1} = |\sin 4\theta_n| \\ \cos \theta_{n+1} = |\cos 4\theta_n| \end{cases}$$

で定める.k を 2 以上の整数として,$\theta_k = 0°$ となる α の個数を k で表せ.

(1998 年 文科)

ポイント

・三角関数の方程式 ⇨ 三角関数の性質 $\sin(180° - \theta) = \sin \theta$,$\cos(180° - \theta) = -\cos \theta$ などを用いる.

・合成関数による方程式 ⇨ グラフを描いて解の個数の対応を場合分けして考える.

解答

(1)(ⅰ) $0° \leq 4x \leq 90°$ ⇔ $0° \leq x \leq 22.5°$ のとき

$\sin y = \sin 4x$,$\cos y = \cos 4x$　$0° \leq y \leq 90°$ から　$y = 4x$

(ⅱ) $90° < 4x \leq 180°$ ⇔ $22.5° < x \leq 45°$ のとき

$\sin y = \sin 4x = \sin(180° - 4x)$,
$\cos y = -\cos 4x = \cos(180° - 4x)$

$0° \leq y \leq 90°$ から　$y = 180° - 4x$

(ⅲ) $180° < 4x \leq 270°$ ⇔ $45° < x \leq 67.5°$ のとき

$\sin y = -\sin 4x = \sin(4x - 180°)$,
$\cos y = -\cos 4x = \cos(4x - 180°)$

$0° \leq y \leq 90°$ から　$y = 4x - 180°$

(ⅳ) $270°<4x≦360°$ ⇔ $67.5°<x≦90°$ のとき
$\sin y = -\sin 4x = \sin(360°-4x)$,
$\cos y = \cos 4x = \cos(360°-4x)$
$0°≦y≦90°$ から $y=360°-4x$

(ⅰ)〜(ⅳ)より，グラフは右図．

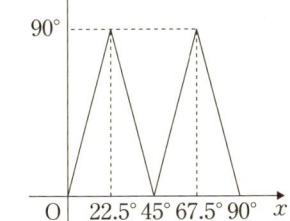

(2) (1)で y が与えられたときの x の解の個数の対応は，A〜Cの3型に分かれる．

$\begin{cases} A：y=90° \text{なる} x \text{は} x=22.5°, 67.5° \text{の2個．} \\ B：y=p° (0<p<90°) \text{なる} x \text{は(1)のグラフ} \\ \quad \text{より4個．} \\ \quad (\text{ただし} x≠0°, 45°, 90°, 22.5°, 67.5°) \\ C：y=0° \text{なる} x \text{は} x=0°, 45°, 90° \text{の3個，} \end{cases}$

$θ_k=0°$ となる $θ_1$ の個数を a_k と表すと，
$θ_{k+1}=0°$ となる $θ_2$ の個数が a_k 個．
その内訳は，$0°$（C型）と $90°$（A型）が1つずつと，
残り a_k-2 個は $0°$ より大きく $90°$ 未満（B型）．
よって，それらの $θ_2$ に対する $θ_1$ の個数 a_{k+1} は

$$a_{k+1} = 3+2+4(a_k-2) \text{ 個}$$

と表される．

$$a_{k+1} = 4a_k - 3 \quad \cdots ①$$
$$⇔ \quad a_{k+1} - 1 = 4(a_k - 1)$$
$$∴ \quad a_k - 1 = 4^{k-2}(a_2-1) = 4^{k-2}(3-1) = 2 \cdot 4^{k-2}$$

← 漸化式の解法

よって

$$a_k = 2 \cdot 4^{k-2} + 1 \quad (k≧2)$$

分析

* ①は $a_{n+1} = pa_n + q$ 型の漸化式であり，典型解法に基づき，一般項を導いている．
* たとえば，$θ_k = 0°$ となる $θ_{k-1}$ は3個（$θ_{k-1} = 0°, 45°, 90°$）であり，

$θ_{k-1} = 90°$ はA型なので，$θ_{k-2}$ は2個．
$θ_{k-1} = 45°$ はB型なので，$θ_{k-2}$ は4個．
$θ_{k-1} = 0°$ はC型なので，$θ_{k-2}$ は3個． より，$θ_{k-2}$ は9個．

この特徴的な増え方を捉えるために，漸化式の立式を試みている．

§1 方程式・不等式・関数　解説

傾向・対策

「方程式・不等式・関数」分野は，大学入試数学において一般的な分野だと言えます．教科書の単元では「数と式（数Ⅰ）」「2次関数（数Ⅰ）」「式と証明（数Ⅱ）」「複素数と方程式（数Ⅱ）」に対応しますが，「三角関数（数Ⅱ）」「指数関数・対数関数（数Ⅱ）」「微積分（数Ⅱ・Ⅲ）」なども関連してきます．高度な発想を必要とする問題は出題されにくい文科に対して，理科では抽象性が高くなり，「"捉えにくさ"という意味での難しさ」を持つことも少なくありません．はじめの段階で捉えにくいだけで，本質的には，典型問題と大きくは異ならないので，平静を保って正しく処理したいところです．具体的には「解の配置」「解の存在」「解の個数」に関する問題が多く出題されます．

対策としては，典型解法力をきちんと身に付けることが最重要になります．特に，「解の配置問題」や「解の個数」などには要注意です．その中でも，受験生が苦手とするものを挙げるとするならば，解の個数に関する問題です．変数置換自体は，問題なく行える受験生は多いのですが，その変数置換によって発生する解の個数の対応についてきちんと追える受験生は少ないのです．さらに，定数分離や定数絡み分離によって，解をグラフの共有点と考えるとき，「方程式の解が，図・グラフのどこの値に対応するのか」を意識することも重要です．また，文字や変数が2つ以上登場する問題は多く，「文字が実数として存在する条件」を考えることも高く意識すべきことです．本書の中でも別解としてできる限り提示しましたが，「図形的に捉えること」も積極的に考えるクセを付けておきたいところです．

学習のポイント

- 典型解法力をつける．
- 変数置換に伴う変域，個数の対応に注意する．
- 変数と定数の区別，存在条件を意識する．
- 多変数関数，多変数方程式に対応できるようにしておく．
- 図形的解法の可能性を探る．

§2 整数・数列

	内容	出題年	難易度	時間
10	離散関数の最小値	1995年	■■■□	20分
11	整数の性質	2005年	■■■□	20分
12	因数分解と評価	1989年	■■■□	15分
13	n乗数になる条件	2012年	■■■□	20分
14	2項係数の性質①	2009年	■■■□	15分
15	2項係数の性質②	2015年	■■■□	20分
16	2項係数の性質③	1999年	■■■■	30分
17	漸化式と倍数	1993年	■■□□	20分
18	1が連続する整数	2008年	■■■□	25分
19	3次元格子点の個数	1998年	■■■□	15分
20	除法と漸化式	2002年	■■■□	15分
21	三角関数と漸化式	1994年	■■■□	15分
22	対称式と漸化式	1997年	■■□□	15分
23	解と係数と漸化式	2003年	■■■□	15分
24	不等式と論理	2001年	■■■■	25分

10 離散関数の最小値

難易度　時間　20分

Nは自然数，nはNの正の約数とする．
$$f(n) = n + \frac{N}{n}$$
とするとき，次の各Nに対して$f(n)$の最小値を求めよ．

(1) $N = 2^k$（kは正の整数）

(2) $N = 7!$

(1995年　理科)

ポイント

・分数関数の最小値　⇨　微分をする前に，相加・相乗平均の関係の利用を考える．

・$\sqrt{2^k}$が2^kの約数かどうか　⇨　kについて偶奇で場合分け．

・離散関数の最大最小

　　　⇨　連続関数としてグラフを描き，「トビトビ」であることを後で考える．

解答

(1) $f(x) = x + \dfrac{N}{x}$（xは実数）とおくと，相加・相乗平均の関係より，

$f(x) = x + \dfrac{N}{x} \geq 2\sqrt{x \cdot \dfrac{N}{x}} = 2\sqrt{N}$ （等号は$x = \sqrt{N}$のとき成立）

また，グラフは右図のようになる．…①

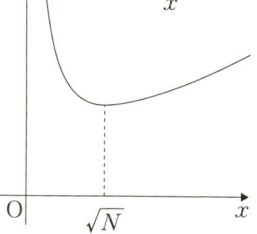

(i) k：偶数のとき　$k = 2m$（mは自然数）とおける．

このとき$\sqrt{N} = 2^m$はNの正の約数であり，$f(n)$が最小．

∴ $\min f(n) = f(2^m) = 2 \cdot 2^m = 2^{\frac{k}{2}+1}$

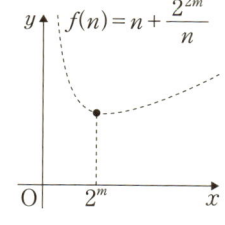

(ii) k：奇数のとき　$k = 2m-1$（mは自然数）とおける．

このとき$\sqrt{N} = 2^{m-\frac{1}{2}}$は，$N$の約数ではないので，
$f(n)$が最小となるのは，$\sqrt{N}$に近い$n = 2^{m-1}$，2^mのいずれかのとき．

$f(2^{m-1}) = f(2^m) = 3 \cdot 2^{m-1}$より

∴ $\min f(n) = f(2^{m-1}) = f(2^m) = 3 \cdot 2^{m-1} = 3 \cdot 2^{\frac{k-1}{2}}$

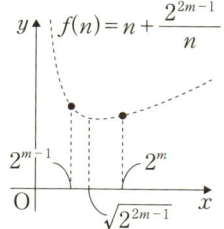

(2)　$7! = 5040$

　　$70^2 = 4900$, $71^2 = 5041$ より　$\sqrt{N}$ は整数でない.

　　$7! = 5040 = 70 \cdot 72$ であり,　…②

　　また，71 は $7!$ の約数ではないので,

　　$f(n)$ が最小となるのは，$n = 70$, 72 のいずれかのとき.

$$f(70) = 70 + \frac{5040}{70} = 142$$

$$f(72) = 72 + \frac{5040}{72} = 142 \quad \text{より},$$

　　$n = 70$, 72 のとき　$f(n)$ は最小.

$$\therefore \quad \min f(n) = f(70) = f(72) = 142$$

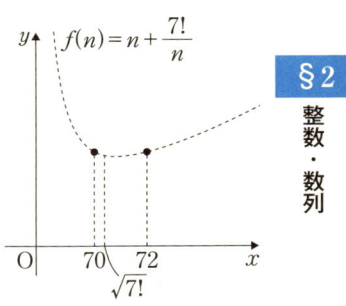

分析

* ①は，厳密には，$f'(x)$ の符号を調べて，下のような増減表を書いて考える.

x	$\cdots$	$\sqrt{N}$	$\cdots$
$f'(x)$	$-$	0	$+$
$f(x)$	↘	極小	↗

* ②は，$7! = 7 \cdot 6 \cdot 5 \cdot 4 \cdot 3 \cdot 2 \cdot 1 = 2^4 \cdot 3^2 \cdot 5 \cdot 7$　と素因数分解をしてから $70 \cdot 72$ の形を見つけても良い.

* 一般に，離散関数 $f(n)$ の最大最小は，

$$\left(\begin{array}{l} \cdot \dfrac{f(n+1)}{f(n)} と 1 との大小を調べる. \\ \cdot f(n+1) - f(n) と 0 との大小を調べる. \end{array} \right.$$

などが代表的な解法となる.

10 離散関数の最小値

11 整数の性質

難易度 ■■□□
時間 20分

3以上9999以下の奇数 a で，a^2-a が10000で割り切れるものをすべて求めよ．

(2005年 文理共通)

ポイント

- 整数問題における具体値 ⇨ 素因数分解して考える．
- 連続する2整数 ⇨ 互いに素，つまり共通する素因数を持たない．
- 積の形で表される整数 ⇨ 素因数の振分けを考える．
- 1次不定方程式 ⇨ 特殊解を見つけて，式変形を行う．
- 係数が大きい不定方程式 ⇨ ユークリッドの互除法を用いた解法が有効．解答3

解答1

条件より，$a(a-1)=10000N$ （N は自然数）…① とおける．

$$① \Leftrightarrow a(a-1)=2^4 \cdot 5^4 \cdot N \cdots ②$$

← 素因数分解

ここで，a, $a-1$ は互いに素なので，
2数は共通の素因数を持たない．
また，a は奇数なので，
②の右辺の素因数のうち，2は全て $a-1$ の素因数に含まれる．
よって，

$$a-1=16b \ (b \text{ は自然数}, \ 1 \leq b \leq 624)$$

とおける．

また，$a \leq 9999$ より，①式の右辺の素因数5は全て a に含まれる．
よって，

$$a=625c \ (c \text{ は自然数}, \ 1 \leq c \leq 15)$$

とおける．

$$a=625c=16b+1 \Leftrightarrow 625c-16b=1 \cdots ③$$

← 1次不定方程式

$$③ \Leftrightarrow 625(c-1)=16(b-39)$$

$$\therefore \ (b, c)=(625k+39, 16k+1) \ (k \text{ は整数})$$

$1 \leq b \leq 624$ より，$k=0$ よって $a=625$

解答 2

（③まで同様）

③において，mod 16 を考えると，
$$625c - 16b \equiv 1c - 0 \equiv 1 \pmod{16}$$
$1 \leq c \leq 15$ より，$c = 1$．よって $a = 625$

解答 3

（③まで同様）
$$625c - 16b = 1 \Leftrightarrow 16(39c - b) + c = 1 \quad \cdots ④$$
ここで，$39c - b = d$ とすると，
$$④ \Leftrightarrow 16d + c = 1$$
$$\Leftrightarrow 16(d - 1) = -(c + 15)$$

← 1次不定方程式

$\therefore (d, c) = (k + 1, -16k - 15)$ （k は整数）
$1 \leq c \leq 15$ より，$k = -1$．
$\therefore (d, c) = (0, 1) \Leftrightarrow (b, c) = (39, 1)$ よって $a = 625$

解答 4

（③まで同様）
$$625c - 16b = 1 \Leftrightarrow b = \frac{625c - 1}{16} = 39c + \frac{c - 1}{16}$$
$1 \leq c \leq 15$，b は整数より，$c = 1$ よって $a = 625$

分析

* 一般に，連続する 2 整数は，互いに素である．（証明は 13 類題）
* 本問とは直接的には無関係だが，
  $$連続する 2 整数の積は偶数．$$
  また一般に，
  $$連続する n 整数の積は n! の倍数$$
  となる．
* 解答 3 はユークリッドの互除法を利用した不定方程式の解法となっている．

12 因数分解と評価

難易度　時間　15分

$\dfrac{10^{210}}{10^{10}+3}$ の整数部分の桁数と，一の位の数字を求めよ．ただし，$3^{21}=10460353203$ を用いてもよい．

(1989年　理科)

ポイント

・$\dfrac{10^{210}}{10^{10}+3}$　⇒　桁数だけを求めればいいので，分母を $10^{10}<10^{10}+3<10^{11}$ と（粗く）評価する．

・分子の 10^{210} が扱いにくい　⇒　$x^n-y^n=(x-y)(x^{n-1}+x^{n-2}y+\cdots+y^{n-1})$ の形が利用できるように分子を変形する．

解答 1

[前半]

$10^{10}<10^{10}+3<10^{11}$ …① より，
$$\dfrac{10^{210}}{10^{11}}<\dfrac{10^{210}}{10^{10}+3}<\dfrac{10^{210}}{10^{10}}=10^{200}$$

よって，$\dfrac{10^{210}}{10^{10}+3}$ の整数部分は 200 桁．

[後半]

$t=10^{10}$ とすると，
$$\begin{aligned}\dfrac{10^{210}}{10^{10}+3}&=\dfrac{t^{21}}{t+3}\\&=\dfrac{t^{21}-(-3)^{21}}{t-(-3)}-\dfrac{3^{21}}{t-(-3)} \quad\cdots②\\&=t^{20}+t^{19}(-3)+t^{18}(-3)^2+\cdots+(-3)^{20}-\dfrac{3^{21}}{t-(-3)} \quad\cdots③\end{aligned}$$

← 足して引く

③において，$3^{21}=10460353203$ より，

$$3^{20} \text{ の 1 の位の数は 1} \quad\cdots④$$

$$\dfrac{3^{21}}{t+3}=\dfrac{10460353203}{10^{10}+3}=1.04\cdots \quad\cdots⑤$$

であるから，
$$\dfrac{10^{210}}{10^{10}+3}=10N+1-1.04\cdots \quad(N\text{ は自然数})$$

と表されるので，1 の位の数は 9 である．

解答2

[後半]

$s = 10^{10} + 3$ とすると,

$$10^{210} = (s-3)^{21}$$
$$= s^{21} - {}_{21}C_1 s^{20} \cdot 3 + {}_{21}C_2 s^{19} \cdot 3^2 - \cdots + {}_{21}C_{20} s \cdot 3^{20} - 3^{21}$$

$$\therefore \quad \frac{10^{210}}{10^{10}+3} = s^{20} - {}_{21}C_1 s^{19} \cdot 3 + \cdots + {}_{21}C_{20} 3^{20} - \frac{3^{21}}{10^{10}+3} \quad \cdots ⑥$$

$s \equiv 3 \pmod{10}$ より, ⑥の最後の項を取り除いた式は

$$s^{20} - {}_{21}C_1 s^{19} \cdot 3 + \cdots + {}_{21}C_{20} 3^{20}$$
$$\equiv 3^{20}({}_{21}C_0 - {}_{21}C_1 + \cdots + {}_{21}C_{20}) \pmod{10} \quad \cdots ⑦$$

ここで, 二項定理

$$(a+b)^n = {}_nC_0 a^n + {}_nC_1 a^{n-1}b + {}_nC_2 a^{n-2}b^2 + \cdots + {}_nC_r a^{n-r}b^r + \cdots + {}_nC_{n-1} ab^{n-1} + {}_nC_n b^n$$

において, $a=1, b=-1, n=21$ とすると,

$$(1-1)^{21} = {}_{21}C_0 - {}_{21}C_1 + {}_{21}C_2 - \cdots - {}_{21}C_{21} = 0$$

よって, ⑦の式は

$$3^{20}({}_{21}C_0 - {}_{21}C_1 + \cdots + {}_{21}C_{20})$$
$$\equiv 3^{20}({}_{21}C_0 - {}_{21}C_1 + \cdots + {}_{21}C_{20} - {}_{21}C_{21} + {}_{21}C_{21})$$
$$\equiv 3^{20} \equiv 1 \pmod{10}$$

($\because \quad 3^{21} = 10460353203$ より, 3^{20} の1の位の数は1)

(以下同様)

分析

* ①は, $10^{10}+3$ を 10^{210} を割ったときに桁数がはっきりする数 (10^n の形) で評価している.

* 一般に, 二項定理

$$(a+b)^n = {}_nC_0 a^n + {}_nC_1 a^{n-1}b + {}_nC_2 a^{n-2}b^2 + \cdots + {}_nC_r a^{n-r}b^r + \cdots + {}_nC_{n-1} ab^{n-1} + {}_nC_n b^n$$

において,

$a=b=1$ とすると, $2^n = {}_nC_0 + {}_nC_1 + {}_nC_2 + \cdots + {}_nC_{n-1} + {}_nC_n$

$a=1, b=-1$ とすると, $0 = {}_nC_0 - {}_nC_1 + {}_nC_2 - \cdots \begin{cases} + {}_nC_n & (n: 偶数) \\ - {}_nC_n & (n: 奇数) \end{cases}$

n:偶数のとき, 上2式の辺々を足したり引いたりして,

$$2^{n-1} = {}_nC_0 + {}_nC_2 + {}_nC_4 + \cdots + {}_nC_{n-2} + {}_nC_n$$
$$2^{n-1} = {}_nC_1 + {}_nC_3 + {}_nC_5 + \cdots + {}_nC_{n-3} + {}_nC_{n-1}$$

が成り立つ.

13 n 乗数になる条件

n を 2 以上の整数とする．自然数（1 以上の整数）の n 乗になる数を n 乗数とよぶことにする．

(1) 連続する 2 個の自然数の積は n 乗数でないことを示せ．

(2) 連続する n 個の自然数の積は n 乗数でないことを示せ． (2012年　理科)

ポイント

- そのまま証明しにくい問題　⇨　背理法を利用する．
- 連続する 2 つの自然数　⇨　互いに素である（＊参考）ことから，素数に注目して証明を構成する．
- n 乗数に含まれる素因数　⇨　素因数の指数は全て n の倍数になっている．

解答

(1) 連続する 2 個の自然数 k, $k+1$ の積 $k(k+1)$ が n 乗数 l^n（l は自然数）である，と仮定する．

l が $l = p_1^{a_1} \cdot p_2^{a_2} \cdots$（$p_1, p_2, \cdots$：素数，$a_1, a_2, \cdots$：自然数）と素因数分解されたとすると

$$l^n = p_1^{a_1 n} \cdot p_2^{a_2 n} \cdots = k(k+1) \quad \cdots ①$$

ところで，連続 2 整数の k と $k+1$ は互いに素であるから k と $k+1$ に共通な素因数は存在しない． ← ＊

このことから，①のそれぞれの $p_i^{a_i n}$ は，k か $k+1$ のいずれかの約数である．

よって，k も $k+1$ も n 乗数になる．

一方，n 乗数の差は 2^n と 1^n の差が最小で，

$$2^n - 1^n \geqq 2^2 - 1^2 = 3$$

であるため，連続 2 整数の k と $k+1$ が共に n 乗数になることはない． $\cdots ②$

以上より，連続する 2 個の自然数の積は n 乗数でない．

(2) $n=2$ のときは，(1)で $n=2$ とすれば題意は示される．

$n \geq 3$ のとき連続する n 個の自然数 $k, k+1, \cdots\cdots, k+n-1$ の積が n 乗数 l^n (l は自然数) である．

$$k(k+1)(k+2)\cdots\cdots(k+n-1)=l^n \quad \cdots ③ \qquad \leftarrow \text{両辺の個数が一致}$$

と仮定する．

$k<l<k+n-1$ であるから，l は

$$k+1,\ k+2,\ \cdots,\ k+n-2$$

のいずれかに等しい．それを，

$$l=k+m \quad (1 \leq m \leq n-2) \quad \cdots ④$$

とする．

ここで，$k+m+1$ の素因数の1つを p とすると，

③より，p は $l=k+m$ の約数でもある． $\cdots ⑤$

ところで，連続2整数の $k+m$ と $k+m+1$ は互いに素であるから，$l=1$ $\qquad \leftarrow *$

④より，$l=k+m \geq 2$ となるはずなので矛盾．

以上から，連続する n 個の自然数の積は n 乗数でない．

分析

* ①は，

「n 乗数の差が1となるとき，$a^n - b^n = (a-b)(a^{n-1} + a^{n-2}b + \cdots + b^{n-1}) = 1$
となるはずだが，$a^{n-1} + a^{n-2}b + \cdots + b^{n-1} \geq 2$ より不適」

と考えてもよい．

* ⑤は厳密には，「p は l^n の約数」→「p は l の約数」($\because$ p は素数)を考えている．

類題

一般に，「連続する2整数は互いに素」であることを示せ．

> k と $k+1$ の最大公約数を g とすると，
> $$k=ga,\ k+1=gb \quad (a,\ b \text{ は互いに素な自然数})$$
> とおける．よって
> $$(k+1)-k=gb-ga \quad \text{すなわち} \quad 1=g(b-a)$$
> したがって，g は1の約数であるから $g=1$
> $\therefore$ k と $k+1$ は互いに素である．

14 2項係数の性質①

難易度　
時間　15分

自然数 $m \geq 2$ に対し，$m-1$ 個の二項係数 ${}_m\mathrm{C}_1, {}_m\mathrm{C}_2, \ldots, {}_m\mathrm{C}_{m-1}$ を考え，これらすべての最大公約数を d_m とする．すなわち d_m はこれらすべてを割り切る最大の自然数である．

(1) m が素数ならば，$d_m = m$ であることを示せ．
(2) すべての自然数 k に対し，$k^m - k$ が d_m で割り切れることを，k に関する数学的帰納法によって示せ．

(2009年　文科)

ポイント

・「m が素数ならば，$d_m = m$ である」
　⇨ ${}_m\mathrm{C}_1 = {}_m\mathrm{C}_{m-1} = m$ なので，${}_m\mathrm{C}_k \ (2 \leq k \leq m-2)$ がすべて m で割りきれることを示せば十分．

・数学的帰納法による証明　⇨　「k に関する（m ではなく）」に注意して構成する．

解答 1

(1) $m = 2$ のときと，$m \geq 3$ のときに分けて考える．

(ⅰ) $m = 2$ のとき

d_2 は 1 個の二項係数 ${}_2\mathrm{C}_1 = 2$ を割り切る最大の自然数であるから，$d_2 = 2$.
∴ $d_m = m$

(ⅱ) m が 3 以上の素数のとき

${}_m\mathrm{C}_1 = m$ であるから，${}_m\mathrm{C}_2, {}_m\mathrm{C}_3, \ldots, {}_m\mathrm{C}_{m-1}$ が m の倍数であることを示せば，m が最大公約数ということになる．

$k = 2, 3, \ldots, m-1$ のとき

$${}_m\mathrm{C}_k = \frac{m!}{k!(m-k)!} = \frac{m}{k} \times \frac{(m-1)!}{(k-1)!(m-k)!} = \frac{m}{k} \times {}_{m-1}\mathrm{C}_{k-1} \quad \cdots ①$$

よって

$$k \cdot {}_m\mathrm{C}_k = m \cdot {}_{m-1}\mathrm{C}_{k-1}$$

$k < m$ かつ m は素数であるから，k と m は互いに素なので ${}_m\mathrm{C}_k$ は m の倍数．
∴ $d_m = m$

(ⅰ)，(ⅱ)から，m が素数ならば，$d_m = m$.

(2) 「$k^m - k$ が d_m で割り切れる」 …②

　[1] $k=1$ のとき

　　$1^m - 1 = 0$ であり，$d_m \neq 0$ であるから，0 は d_m で割り切れる．

　　∴ ②は成立．

　[2] $k=l$ のとき②の成立を仮定．

　　「$l^m - l$ が d_m で割り切れる」 $k=l+1$ のときを考えると
$$(l+1)^m - (l+1) = (l^m + {}_m C_1 l^{m-1} + {}_m C_2 l^{m-2} + \cdots\cdots + 1) - (l+1)$$
$$= (l^m - l) + {}_m C_1 l^{m-1} + {}_m C_2 l^{m-2} + \cdots\cdots + {}_m C_{m-1} l$$

　　仮定から $l^m - l$ は d_m で割り切れる．

　　また，(1)より d_m は ${}_m C_1$, ${}_m C_2$, ……, ${}_m C_{m-1}$ の最大公約数であるから，${}_m C_1 l^{m-1} + {}_m C_2 l^{m-2} + \cdots\cdots + {}_m C_{m-1} l$ は d_m で割り切れる．

　　よって，$(l+1)^m - (l+1)$ は d_m で割り切れる．

　　∴ $k=l+1$ のときも②は成立．

　[1], [2]から，②はすべての自然数 k について成り立つ．

解答2

(1) $\quad {}_m C_k = \dfrac{m!}{k!(m-k)!} = \dfrac{m(m-1)\cdots(m-(k-1))}{k(k-1)\cdots 1}$

　m が素数のとき，m と k, $k-1$, $\cdots$, 1 は互いに素だから，

　$\dfrac{(m-1)\cdots(m-(k-1))}{k(k-1)\cdots 1}$ が約分されて整数となる．

　よって，${}_m C_k$ は m の倍数．

分析

＊　本問は，

　　フェルマーの小定理

　　　　　　p が素数，a が任意の自然数のとき，$a^p \equiv a \pmod{p}$

　　　　　　特に，a が p と互いに素な自然数のとき，

　　　　両辺を a でわることができるので，$a^{p-1} \equiv 1 \pmod{p}$

　の証明法を背景にしている．

15　2項係数の性質②

難易度　
時間　20分

m を 2015 以下の正の整数とする．$_{2015}C_m$ が偶数となる最小の m を求めよ．

(2015 年　理科)

ポイント

- $_{2015}C_m$ の偶奇　⇒　展開して，各項の偶奇を調べる．
- $_{2015}C_m$ の計算における分母／分子の2の素因数
  ⇒　実験してみて，m の値に目安をつける．
- 自然数 m の表現　⇒　一般に，$m = 2^a \cdot b$ （a は0以上の整数，b は奇数）と一意に表現できる．

解答 1

$$_{2015}C_m = \frac{2015 \times 2014 \times \cdots \times (2016-m)}{m!}$$
$$= \frac{2016-1}{1} \cdot \frac{2016-2}{2} \cdot \cdots \cdot \frac{2016-m}{m} \quad \cdots ①$$

ここで，自然数 k に対して，

$$k = 2^a \cdot b \quad (a は 0 以上の整数，b は奇数) \quad \cdots ②$$

← ＊

とすると，
$k \leq 31$ においては $a \leq 4$ であるから，

← 発見的

$$2016 - k = 2^5 \cdot 63 - 2^a \cdot b = 2^a(2^{5-a} \cdot 63 - b)$$ と表され，

$$\frac{2016-k}{k} = \frac{2^a \cdot (2^{5-a} \cdot 63 - b)}{2^a \cdot b} = \frac{2^{5-a} \cdot 63 - b}{b}$$

は分母分子共に奇数となるため，$_{2015}C_k$ は奇数．

以上から $_{2015}C_1, {}_{2015}C_2, \cdots, {}_{2015}C_{31}$ はすべて奇数．

一方，

$$_{2015}C_{32} = \frac{2016-1}{1} \cdot \frac{2016-2}{2} \cdot \cdots \cdot \frac{1985}{31} \cdot \frac{1984}{32}$$
$$= (奇数) \cdot 62$$

となるので，

$$_{2015}C_m が偶数となる最小の m は 32$$

である．

解答 2

（①まで同様）

整数 n を素因数分解したときの 2 の指数を $d(n)$ とすると，

①の分子 2015, 2014, 2013, …について，

$$d(2015)=0, \ d(2014)=1, \ d(2013)=0, \ d(2012)=2,$$
$$d(2011)=0, \ d(2010)=1, \ d(2009)=0, \ d(2008)=3,$$
$$d(2007)=0, \ d(2006)=1, \ d(2005)=0, \ d(2004)=2, \ \cdots$$

①の分母 1, 2, 3, …について，

$$d(1)=0, \ d(2)=1, \ d(3)=0, \ d(4)=2,$$
$$d(5)=0, \ d(6)=1, \ d(7)=0, \ d(8)=3,$$
$$d(9)=0, \ d(10)=1, \ d(11)=0, \ d(12)=2, \ \cdots$$

分母，分子，それぞれの一番右の列だけを取り出すと，

$$d(2000)=d(16)=4, \ d(1996)=d(20)=2, \ d(1992)=d(24)=3$$
$$d(1988)=d(28)=2, \ d(1984)=6, \ d(32)=5$$

となることから，

$$_{2015}\mathrm{C}_m \text{ が偶数となる最小の } m \text{ は } 32$$

分析

* ①のように項を整理することで，素因数 2 の個数について考えやすくしている．
* 一般に，整数 n は
  ・$n=10N+a$ （N は 0 以上の整数，a は 0 から 9 までの整数）
  ・$n=10^m \cdot a_m + 10^{m-1} \cdot a_{m-1} + \cdots + a_0$ （$a_m \sim a_0$ は 0 から 9 までの整数）
  ・$n=2^m(2l+1)$ （m, l は 0 以上の整数）
  などとおくことができる．

  解答 1 の②は上記 $n=2^m(2l+1)$ の $2l+1$ を b とおいたものである．

* 本問は，パスカルの三角形を偶奇で考えることで，題意が捉えやすくなる．
* C の性質としては，以下のようなものに注意しておきたい．
  ・$_n\mathrm{C}_k = {}_{n-1}\mathrm{C}_{k-1} + {}_{n-1}\mathrm{C}_k$
  ・$\sum_{k=0}^{n} {}_n\mathrm{C}_k = 2^n$
  ・$k \cdot {}_n\mathrm{C}_k = n \cdot {}_{n-1}\mathrm{C}_{k-1}$

16　2項係数の性質③

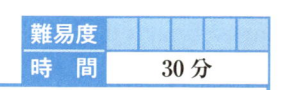

(1) k を自然数とする．m を $m=2^k$ とおくとき，$0<n<m$ を満たすすべての整数 n について，二項係数 ${}_m C_n$ は偶数であることを示せ．

(2) 次の条件を満たす自然数 m をすべて求めよ．
　条件：$0 \leq n \leq m$ を満たすすべての整数 n について，二項係数 ${}_m C_n$ は奇数である．

(1999年　理科)

ポイント

・「$m=2^k$ のとき，すべての整数 n について，${}_m C_n$ は偶数」
　⇒　${}_m C_n$ を分解して，素因数2の個数に注目して考える．

・「すべての整数 n について，${}_m C_n$ は奇数」
　⇒　(1)より，$m=2^k$ のときは不適．$m \neq 2^k$ を前提に，条件をみたす整数 m を考える．

・Cの性質　⇒　$r \cdot {}_m C_r = m \cdot {}_{m-1} C_{r-1}$，${}_n C_{r+1} = {}_{n-1} C_{r+1} + {}_{n-1} C_r$ などを用いる．

解答1

(1) 一般に，$m \geq 2$, $1 \leq n \leq m$ なる自然数 m, n に対して，
$$n \cdot {}_m C_n = m \cdot {}_{m-1} C_{n-1} \quad \cdots ①$$
　← Cの性質

が成立する．

ここで，題意より $m=2^k$ であり，k は自然数であるから $m \geq 2$ は確かに満たされる．$n \neq 0$ より，
$$n \cdot {}_{2^k} C_n = 2^k \cdot {}_{2^k -1} C_{n-1}$$
$$\Leftrightarrow \quad {}_{2^k} C_n = \frac{2^k}{n} \times {}_{2^k -1} C_{n-1} \quad \cdots ②$$

${}_{2^k -1} C_{n-1}$ は整数．また，$n=2^a(2N-1)$（N は自然数）とおくと，$0<n<m=2^k$ から $a<k$ であるので，$\dfrac{2^k}{n}$ を約分したとき，分子には素因数2が必ず残る．よって，${}_m C_n$ は偶数． ∎

(2) ${}_m C_0 = {}_m C_m = 1$ であるから，$n=0, m$ のときは条件を満たす．

よって，$1 \leq n \leq m-1$ について条件を満たすことを考える．

一般に，$m \geq 2$, $1 \leq r \leq m$ なる自然数 m, n に対して，
$$ {}_m C_{r+1} = {}_{m-1} C_{r+1} + {}_{m-1} C_r \quad \cdots ③$$
　← Cの性質

が成立する．

$m=2^k$ として，

$$_{2^k}C_{r+1} = {}_{2^k-1}C_{r+1} + {}_{2^k-1}C_r \quad (r=0,\ 1,\ \cdots,\ 2^k-2)$$

において，(1)より左辺は偶数であるから，右辺も偶数．$r=0$ を代入すると

$$_{2^k}C_1 = {}_{2^k-1}C_1 + {}_{2^k-1}C_0$$
$$\Leftrightarrow\ {}_{2^k}C_1 = {}_{2^k-1}C_1 + 1$$

$_{2^k}C_1 = 2^k$：偶数であるから，$_{2^k-1}C_1$ は奇数．同様にして，$r=1$ とすると，

$$_{2^k}C_2 = {}_{2^k-1}C_2 + {}_{2^k-1}C_1$$

左辺は(1)より偶数，$_{2^k-1}C_1$ は上より奇数であるから，$_{2^k-1}C_2$ は奇数．
このように，等式の r に 1, $\cdots$, 2^k-2 を順に代入することにより
$_{2^k-1}C_{r+1}$ は奇数であることがわかる．よって，$m=2^k-1$ は条件を満たす．
逆に，$2^k \leq m \leq 2^{k+1}-2$ を満たす整数 $m=2^k,\ 2^k+1,\ 2^k+2,\ \cdots,\ 2^{k+1}-2$ について考える．ここで，$n=m-(2^k-1)$ について考えると，

$$\begin{aligned}
{}_mC_{m-(2^k-1)} &= \frac{m!}{\{m-(2^k-1)\}!(2^k-1)!} \\
&= \frac{2^k}{m-(2^k-1)} \times \frac{m!}{(m-2^k)!(2^k)!} \\
&= \frac{2^k}{n} \times {}_mC_{2^k}
\end{aligned}$$

ここで，$n<2^k$ であるから，$_mC_n$ は偶数となり，不適． ← **唯一性を示した**

以上から $m=2^k-1$ （k は任意の自然数）

解答2

(1)
$$\begin{aligned}
{}_{2^k}C_m &= \frac{2^k \times (2^k-1) \times \cdots \times (2^k-n+1)}{n!} \\
&= \frac{2^k-1}{1} \cdot \frac{2^k-2}{2} \cdot \cdots \cdot \frac{2^k-n+1}{n-1} \cdot \frac{2^k}{n} \quad \cdots ③
\end{aligned}$$

← **分子は降順**
分母は昇順

対称性より，$n \leq 2^k - n\ \Leftrightarrow\ n \leq 2^{k-1}$ とする．$\cdots ④$

第 i 項 $\dfrac{2^k-i}{i}$ （$1 \leq i \leq n-1$）について，$i = 2^a \cdot b$（a は 0 以上の整数，b は奇数）とすると，分子 $2^i - i = 2^a(2^{i-a} - b)$ において，$2^{i-a} - b$ は奇数であるから，分母分子の素因数 2 の個数は等しい．一方，第 n 項 $\dfrac{2^k}{n}$ について，分子の素因数 2 の個数は k 個，分母の素因数 2 の個数は④より，$k-1$ 個以下なので，分子の個数の方が多い．よって偶数．一般に二項係数が整数であることを考えあわせて，③は偶数であることが示せた．■

分析

* 解答2は **15** と同様の考え方をしている．

17 漸化式と倍数

整数からなる数列 $\{a_n\}$ を漸化式

$$\begin{cases} a_1=1,\ a_2=3 \\ a_{n+2}=3a_{n+1}-7a_n\ (n=1,2,\cdots) \end{cases}$$

によって定める.

(1) a_n が偶数となることと，n が 3 の倍数となることは同値であることを示せ．
(2) a_n が 10 の倍数となるための n の条件を求めよ． (1993 年　理科)

ポイント

- 「偶数となる n」の決定　⇨　2 を法とする合同式の利用．
- 隣接 3 項間漸化式　⇨　必要に応じて，一般項を求めることも可能．
- 漸化式で表される整数列　⇨　一般項を求める必要はないことも多い．
- 「10 の倍数」　⇨　「偶数」かつ「5 の倍数」となる条件を考える．

解答 1

(1) $a_n \equiv b_n \pmod 2\ (0 \leq b_n \leq 1)$ とする．　　　　　　　　　　　← 合同式

$a_1=1,\ a_2=3$ より，$b_1=1,\ b_2=1$，

また，$a_{n+2}=3a_{n+1}-7a_n$ より，

$$b_{n+2} \equiv 3b_{n+1}-7b_n \equiv b_{n+1}-b_n \pmod 2$$

数列 $\{b_n\}$ を表にすると以下のようになる．

n	1	2	3	4	5	6	7	$\cdots$
b_n	1	1	0	1	1	0	1	$\cdots$

$\{b_n\}$ は，前 2 項にのみ依存するので，1，1，0 を繰り返す．(周期 3)

よって，a_n が偶数となる n は　$n=3m$ (m は自然数)．

(2) 「10 の倍数」となるためには，(1)に加え「5 の倍数」であればよい．

$a_n \equiv c_n \pmod 5\ (0 \leq c_n \leq 4)$ とする．　　　　　　　　　　　← 合同式

$a_1=1,\ a_2=3$ より，$c_1=1,\ c_2=3$，

また，$a_{n+2}=3a_{n+1}-7a_n$ より，

$$c_{n+2} \equiv 3c_{n+1}-7c_n \equiv 3c_{n+1}-2c_n \pmod 5$$

数列 $\{b_n\}$ を表にすると以下のようになる．

n	1	2	3	4	5	6	7	⋯
c_n	1	3	2	0	1	3	2	⋯

$\{c_n\}$ は，前2項にのみ依存するので，1，3，2，0 を繰り返す．（周期4）
よって，a_n が5の倍数となる n は $n=4p$（p は自然数）．
(1)の結果と合わせて，a_n が10の倍数となる n は $n=12l$（l は自然数）．

解答2

(1) 任意の $n=1, 2, \cdots$ に対し，
$$\begin{aligned} a_{n+3} &= 3a_{n+2} - 7a_{n+1} \\ &= 3(3a_{n+1}-7a_n) - 7a_{n+1} \\ &= 2a_{n+1} - 21a_n \end{aligned}$$
$\{a_n\}$ は整数列なので，a_n：偶数 $\Leftrightarrow$ a_{n+3} が偶数
$a_1=1$, $a_2=3$, $a_3=3a_2-7a_1=2$ より，
$$a_3, a_6, a_9, \cdots \text{ が偶数．}$$
よって a_n が偶数となる n は $n=3m$（m は自然数）．

分析

* (2)は直接 mod 10 を考えても良いが，周期が大きくなりメンドウ．

* ちなみに，$a_1=1$, $a_2=3$, $a_{n+2}=3a_{n+1}-7a_n$ の一般項を求めると，
$$a_n = \frac{-i}{\sqrt{19}}\left\{\left(\frac{3+\sqrt{19}\,i}{2}\right)^n - \left(\frac{3-\sqrt{19}\,i}{2}\right)^n\right\}$$
となるが，本問の題意を示す上では適した解法ではない．

* 一般に，$a_{n+2}=ka_{n+1}+la_n$ 型の隣接3項間漸化式の一般項は，$x^2-kx-l=0$ の2解を α, β として，$\alpha\neq\beta$ のとき $a_n=p\alpha^n+q\beta^n$ の形になる．

18　1が連続する整数

難易度　　　時間　25分

自然数 n に対し，$\frac{10^n-1}{9} = \overset{n個}{\overline{111\cdots111}}$ を $\boxed{n}$ で表す．例えば $\boxed{1}=1$, $\boxed{2}=11$, $\boxed{3}=111$ である．

(1) m を 0 以上の整数とする．$\boxed{3^m}$ は 3^m で割り切れるが，3^{m+1} では割り切れないことを示せ．

(2) n が 27 で割り切れることが，$\boxed{n}$ が 27 で割り切れるための必要十分条件であることを示せ．

(2008年　理科)

ポイント

- 直接示すことが難しい，自然数限定の全称命題　⇒　数学的帰納法の利用を考える．
- 「3 の累乗で割り切れる／割り切れない」
  ⇒　mod 3, mod 9, mod 27 などの有用性を考える．
- 「必要十分条件であること」の証明
  ⇒　2 条件を結ぶ「⇒」と「⇐」のそれぞれを証明する．

解答 1

(1)　「$\boxed{3^m}$ は 3^m で割り切れるが，3^{m+1} では割り切れない（m は 0 以上の整数）」　…①

[1]　$m=0$ のとき

$\boxed{3^0} = \boxed{1} = 1$ は $3^0=1$ で割り切れるが，$3^1=3$ では割り切れない．

よって，$m=0$ のとき①は成り立つ．

[2]　$m=k$ のとき①が成り立つと仮定する．

$m=k+1$ のときを考える．

$$\boxed{3^{k+1}} = \overset{3^{k+1}個}{\overline{11\cdots1}} = \overset{3^k個}{\overline{11\cdots1}}\,\overset{3^k個}{\overline{11\cdots1}}\,\overset{3^k個}{\overline{11\cdots1}} = 10^{3^k \times 2}\boxed{3^k} + 10^{3^k}\boxed{3^k} + \boxed{3^k}$$
$$= (10^{2\times 3^k} + 10^{3^k} + 1) \times 3^k$$

ここで

$$10^{2\cdot 3^k} + 10^{3^k} + 1 \equiv 3 \pmod 9$$

であるから，

$m=k$ のときの仮定より，$\boxed{3^{k+1}}$ は 3^{k+1} で割り切れるが，3^{k+2} で割り切れない．

よって，$m=k+1$ のときにも①は成り立つ．

[1]，[2]により，①は 0 以上の整数 m に対して成り立つ．

46

(2) n が 27 で割り切れるとき，$n=27m$（m は自然数）とおける．このとき
$$\boxed{n} = \overbrace{11\cdots1}^{27m個} = \boxed{27} \times 10^{27(m-1)} + \boxed{27} \times 10^{27(m-2)} + \cdots\cdots + \boxed{27}$$
$$= \boxed{27}\{10^{27(m-1)} + 10^{27(m-2)} + \cdots\cdots + 1\}$$
ここで，(1) より $\boxed{27} = \boxed{3^3}$ は $3^3 = 27$ で割り切れるから，$\boxed{n}$ は 27 で割り切れる．…②

逆に，$\boxed{n}$ が 27 で割り切れるときを考える．
$n = 27l + m$（l は 0 以上の整数，m は 0 以上
26 以下の整数）とする．ここで $m=0$ のとき n は 27 で割り切れる．

$$\boxed{n} = \underbrace{\overbrace{11\cdots1}^{27個}\overbrace{11\cdots1}^{27個}\cdots\cdots\overbrace{11\cdots1}^{27個}}_{27l個}\overbrace{11\cdots1}^{m個}$$

$1 \leq m \leq 26$ のとき，$11\cdots1$（$27l$ 個）は (1) から 3^3 で割り切れる．
$$11\cdots1 = \boxed{m} = 10^{m-1} + 10^{m-2} + \cdots\cdots + 1 \equiv m \pmod 9$$
よって，$m \equiv 0 \pmod 9$ が必要． ← 必要条件

・$m=9$ のとき，(1) から $\boxed{9}$ は $3^3 = 27$ で割り切れない．

・$m=18$ のとき $\boxed{18} = \overbrace{11\cdots11}^{9個}\overbrace{11\cdots11}^{9個} = \boxed{9} \times (10^9 + 1)$

 $10^9 + 1 \equiv 2 \pmod 9$ であり，$\boxed{9}$ は 27 で割り切れないので，$\boxed{18}$ は 27 で割り切れない．

これらより，$1 \leq m \leq 26$ のとき，$\boxed{n}$ は 27 で割り切れない．

よって，$\boxed{n}$ が 27 で割り切れるとき，n は 27 で割り切れる．…③

②③より，n が 27 で割り切れることが，$\boxed{n}$ が 27 で割り切れるための必要十分条件である．

解答 2

(②まで同様）逆に，$\boxed{n}$ が 27 で割り切れるときを考える．
$$\boxed{n} = 10^{n-1} + 10^{n-2} + \cdots\cdots + 1 \equiv n \pmod 3$$
より，$n \equiv 0 \pmod 3$ が必要．$n = 3t$（t は自然数）とおける．
$$\boxed{n} = \boxed{3t} = 111(10^3)^{t-1} + 111(10^3)^{t-2} + \cdots + 111 \cdot 10^3 + 111$$
$$\equiv 111 \cdot 1^{t-1} + 111 \cdot 1^{t-2} + \cdots + 111 \cdot 1 + 111 \pmod{27}$$
$$\equiv 111 \equiv 3t \pmod{27}$$
よって，t は 9 の倍数であればよい．（以下同様）

分析

* A：「n が 27 で割り切れる」 B：「$\boxed{n}$ が 27 で割り切れる」とすると，
 (2)において，②までで「A⇒B」，②以降で「A⇐B」を示していることに注意．

19　3次元格子点の個数

難易度　
時間　15分

n を正の整数とする．連立不等式 $\begin{cases} x+y+z \leq n \\ -x+y-z \leq n \\ x-y-z \leq n \\ -x-y+z \leq n \end{cases}$ を満たす xyz 空間の点 $P(x, y, z)$ で，x, y, z がすべて整数であるものの個数を $f(n)$ とおく．極限 $\displaystyle\lim_{n\to\infty} \dfrac{f(n)}{n^3}$ を求めよ．

（1998年　理科）

ポイント

- 不等式をみたす整数組の個数
  ⇨ 「不等式が表す領域内の格子点の個数」と言い換えて考える．
  本問では，3次元空間内の格子点の個数が $f(n)$ となる．

- 格子点の総数
  ⇨ 1つの文字を $=k$（k は定数）と固定して，その条件下での格子点の個数 $g(k)$ を求め，その後，k の範囲に注意して，シグマ計算を実行して総数を導く．

- $\displaystyle\lim_{n\to\infty} \dfrac{f(n)}{n^3}$
  ⇨ 数列の極限値を考えるときは，除法や有理化などを用いて，$\dfrac{1}{n}$ の形を作ることなどを考える．

解答

$z = k$ と固定すると
$$k - n \leq x + y \leq n - k \quad \text{かつ} \quad -n - k \leq y - x \leq n + k \quad \cdots ①$$
よって，点 (x, y) の存在する領域の境界線の4つの交点は
$$(-k, n), \ (-n, k), \ (k, -n), \ (n, -k) \qquad \leftarrow \text{連立して求めた}$$
たとえば，$n=5$，$k=2$ のとき，

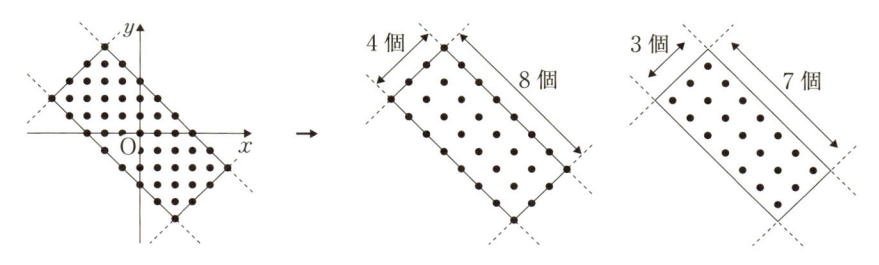

図のように格子点列を2つに分けて，格子点の個数は
$$(5-2+1)\cdot(5-(-2)+1)+(5-2)((5-(-2)))=53（個）$$
と求められる．

上の計算方法を参考に，
①に含まれる格子点の個数を求めると，
$$(n-k+1)(n+k+1)+(n-k)(n+k)=2n^2+2n+1-2k^2（個）$$
①より，
$$k-n \leq n-k, \quad -n-k \leq n+k$$
$$\Leftrightarrow \quad -n \leq k \leq n \qquad \leftarrow k \text{の範囲}$$

よって格子点の総数 $f(n)$ は，
$$f(n)=\sum_{k=-n}^{n}(2n^2+2n+1-2k^2)$$
$$=(2n+1)(2n^2+2n+1)-4\sum_{k=1}^{n}k^2 \qquad \leftarrow \sum_{k=-n}^{n}k^2=2\sum_{k=1}^{n}k^2$$
$$=(2n+1)(2n^2+2n+1)-\frac{2}{3}n(n+1)(2n+1)$$
$$\therefore \lim_{n\to\infty}\frac{f(n)}{n^3}=\lim_{n\to\infty}\left\{\left(2+\frac{1}{n}\right)\left(2+\frac{2}{n}+\frac{1}{n^2}\right)-\frac{2}{3}\left(1+\frac{1}{n}\right)\left(2+\frac{1}{n}\right)\right\}$$
$$=4-\frac{4}{3}=\frac{8}{3}$$

分析

* 一般に，格子点の総数は，本問のように，文字を固定して考えるとうまくいくことが多いが，「条件下での格子点の個数 $g(k)$」の式が扱いやすい形になるように，「どの文字を先に固定するか」に気をつけることが重要．

* 「x, y, z がすべて整数」という条件が含まれる不等式の問題は，本問のように格子点数と捉える以外にも「個数の処理」「整数問題」分野の解法の可能性も考えられる．

20 除法と漸化式

難易度 / 時間 15分

n は正の整数とする。x^{n+1} を x^2-x-1 で割った余りを $a_n x + b_n$ とおく．

(1) 数列 a_n, b_n ($n=1, 2, 3, \cdots\cdots$) は $\begin{cases} a_{n+1}=a_n+b_n \\ b_{n+1}=a_n \end{cases}$ を満たすことを示せ．

(2) $n=1, 2, 3, \cdots\cdots$ に対して，a_n, b_n はともに正の整数で，互いに素であることを証明せよ．

(2002年 文理共通)

ポイント

- 整式の除法の問題 ⇒ 乗法の形で表現して考える．
- 係数に関する漸化式 ⇒ n 番目の状態から $n+1$ 番目の状態を作り，係数を比較する．
- すべての自然数に関する証明 ⇒ 数学的帰納法の利用を考える．
- 「互いに素である」ことの証明 ⇒ 公約数を g とおいて，$g=1$ であることを示す．

解答

(1) $x^{n+1} = (x^2-x-1)P(x) + a_n x + b_n$ とおける．

両辺に x をかけて，整理すると
$$\begin{aligned} x^{n+2} &= (x^2-x-1)xP(x) + a_n x^2 + b_n x \\ &= (x^2-x-1)xP(x) + a_n(x^2-x-1) + a_n(x+1) + b_n x \quad \cdots ① \\ &= (x^2-x-1)\{xP(x) + a_n\} + (a_n+b_n)x + a_n \quad \cdots ② \end{aligned}$$

x^{n+2} を x^2-x-1 で割った余りは $a_{n+1}x + b_{n+1}$ であるから，②より
$$a_{n+1} = a_n + b_n, \quad b_{n+1} = a_n$$

(2) [前半]

$x^2 = (x^2-x-1) + x + 1$ であるから $a_1=1$, $b_1=1$

まず，a_n, b_n がともに正の整数であることを数学的帰納法で証明する．

[1] $n=1$ のとき $a_1=b_1=1$ であるから成り立つ．

[2] $n=k$ のとき a_k, b_k がともに正の整数と仮定する．

(1)から $a_{k+1}=a_k+b_k$, $b_{k+1}=a_k$

よって，a_{k+1}, b_{k+1} はともに正の整数．

[後半]

[1]，[2]から，すべての自然数 n について，a_n，b_n は正の整数．

次に，a_n，b_n は互いに素であることを証明する．

$n \geq 2$ のとき a_n と b_n の最大公約数を g とする．

$a_{n-1} = b_n$ より，a_{n-1} は g で割り切れる．

よって，$b_{n-1} = a_n - a_{n-1}$ より，b_{n-1} も g で割り切れる．

これを繰り返すと，a_1，b_1 はいずれも g で割り切れることがわかる． ← 降下法

これと $a_1 = b_1 = 1$ から $g = 1$．

よって，a_n と b_n は互いに素．

分析

* ①②は，
  $a_n x^2 + b_n x$ を $x^2 - x - 1$ で割るという除法を実行し，
  商が a_n，余りが $(a_n + b_n)x + a_n$ ということを導いている．

* (2)における**[前半]**は，2系列に関する数学的帰納法を用いている．

* (2)における**[後半]**は，漸化式を利用した降下法を用いて $g = 1$ を導いている．

* 連立漸化式 $\begin{cases} a_{n+1} = a_n + b_n \\ b_{n+1} = a_n \end{cases}$ を整理すると，
  $$a_{n+1} = a_n + a_{n-1}, \quad b_{n+2} = b_{n+1} + b_n$$
  が導ける．この漸化式で表される数列のことをフィボナッチ数列という．
  フィボナッチ数列 $\{a_n\}$ の一般項は，
  $$a_n = \frac{1}{\sqrt{5}} \left(\left(\frac{1 + \sqrt{5}}{2} \right)^n - \left(\frac{1 - \sqrt{5}}{2} \right)^n \right)$$
  となることが知られている．

* フィボナッチ数列に関する問題としては1992年文科でも出題されている．

21 三角関数と漸化式

難易度 ◻◻◻
時間 15分

$a = \sin^2 \dfrac{\pi}{5}$, $b = \sin^2 \dfrac{2\pi}{5}$ とおく．このとき，以下のことが成り立つことを示せ．

(1) $a+b$ および ab は有理数である．

(2) 任意の自然数 n に対し $(a^{-n} + b^{-n})(a+b)^n$ は整数である．　　　(1994 年　理科)

ポイント

- 対称式　⇨　基本対称式のみで表現できる．
- $\theta = \dfrac{\pi}{5}$ のときの $\sin\theta$, $\cos\theta$
  ⇨　3 倍角の公式を用いて具体値を導くことができる．
- 基本対称式の値　⇨　各変数の存在条件（実数条件）の吟味が必要．
- 自然数限定の全称命題　⇨　数学的帰納法の利用可能性．
- $a^n + b^n$ の形　⇨　数列，漸化式（隣接 3 項間）の利用可能性．

解答

(1) $\theta = \dfrac{\pi}{5}$ とすると，$3\theta = \pi - 2\theta$ から

$$\sin 3\theta = \sin(\pi - 2\theta) = \sin 2\theta$$
$$\Leftrightarrow\ 3\sin\theta - 4\sin^3\theta = 2\sin\theta\cos\theta \quad\quad \leftarrow\ 3倍角$$
$$\therefore\ \sin\theta(4\cos^2\theta - 2\cos\theta - 1) = 0$$

$0 < \sin\theta < 1$, $0 < \cos\theta < 1$ より，

$$\cos\theta = \dfrac{1+\sqrt{5}}{4} \quad\quad \sin^2\theta = 1 - \cos^2\theta = \dfrac{5-\sqrt{5}}{8}$$

$$a + b = \sin^2\theta + \sin^2 2\theta$$
$$= \sin^2\theta(1 + 4\cos^2\theta) = \dfrac{5}{4}$$
$$ab = \sin^2\theta \cdot \sin^2 2\theta$$
$$= 2\sin^4\theta\cos^2\theta = \dfrac{5}{16}$$

よって，$a+b$, ab は有理数．

(2) $c_n = (a^{-n} + b^{-n})(a+b)^n$ $(n = 1, 2, \cdots)$ とおくと

$$c_n = (a^{-n} + b^{-n})(a+b)^n = \frac{a^n + b^n}{a^n b^n}(a+b)^n = \left(\frac{a+b}{ab}\right)^n (a^n + b^n)$$

(1)より,$\frac{a+b}{ab} = 4$ であるから,$c_n = 4^n(a^n + b^n)$

[1] $n = 1, 2$ のとき $c_1 = 4(a+b) = 5$

$$c_2 = 16(a^2 + b^2)$$
$$= 16\{(a+b)^2 - 2ab\} = 15$$

より,c_1, c_2 は整数.

[2] $n = k, k+1$ のとき,c_k, c_{k+1} が整数であると仮定. ← 2つ仮定

$n = k+2$ のとき

$$c_{k+2} = 4^{k+2}(a^{k+2} + b^{k+2})$$
$$= 4(a+b)(4^{k+1}(a^{k+1} + b^{k+1})) - 4^2 ab(4^k(a^k + b^k))$$
$$= 5c_{k+1} - 5c_k$$

より,c_{k+1}, c_k が整数であるから,c_{k+2} は整数.

[1][2]より,数学的帰納法によって,題意は示せた.

分析

* 一般に,
$\theta = \frac{\pi}{5}$ の三角関数の具体値は求められることを認識しておくとよい.
(1)のような「3倍角の公式から導く」方法の他に,
右図のような AB = AC の二等辺三角形を用いても,以下のように導ける.

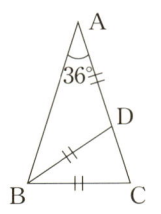

> BC = 1,AB = AC = x とし,△ABC∽△BCD より,
> AB : BC = BC : CD = x : 1 ∴ CD = $\frac{1}{x}$
> AC = x = $1 + \frac{1}{x}$,$x > 0$ より $x = \frac{1+\sqrt{5}}{2}$
> 余弦定理より,$\cos\frac{\pi}{5} = \frac{2x^2 - 1}{2x^2} = \frac{1+\sqrt{5}}{4}$

21 三角関数と漸化式

22 対称式と漸化式

難易度 ◼︎◻︎◻︎
時間 15分

a, b は実数で $a^2+b^2=16$, $a^3+b^3=44$ を満たしている.

(1) $a+b$ の値を求めよ.

(2) n を 2 以上の整数とするとき, a^n+b^n は 4 で割り切れる整数であることを示せ.

(1997年 文科)

ポイント

- 対称式 ⇨ 基本対称式のみで表現できる.
- 基本対称式 ⇨ 「解と係数の関係」として捉え, 方程式を復元できる.
- 基本対称式の値 ⇨ 各変数の存在条件 (実数条件) の吟味が必要.
- 自然数限定の全称命題 ⇨ 数学的帰納法の利用可能性を考える.
- a^n+b^n の形 ⇨ 数列, 漸化式 (隣接 3 項間) の利用可能性を考える.
- 「〇で割り切れる」 ⇨ 合同式の利用可能性を考える.

解答 1

(1) $a+b=s$, $ab=t$ とおくと,　　　　← 基本対称式置換

a, b は $x^2-sx+t=0$ の 2 解.

a, b が実数であるから,

$s^2-4t \geq 0$ …①　　　　← 判別式 $D \geq 0$

$a^2+b^2=16$ ⇔ $s^2-2t=16$ …②

$a^3+b^3=44$ ⇔ $s^3-3st=44$ …③

①②より, $s^2-2(s^2-16) \geq 0$ ∴ $|s| \leq 4\sqrt{2}$ …④

②③より, $s^3-48s+88=0$ ⇔ $(s-2)(s^2+2s-44)=0$ ∴ $s=2, -1 \pm 3\sqrt{5}$

ここで, $2.23<\sqrt{5}<2.24$, $1.41<\sqrt{2}<1.42$ より, …⑤

$-1-3\sqrt{5}<-7.69<-4\sqrt{2}$,

$-1+3\sqrt{5}>5.69>4\sqrt{2}$　　　　← 根号の評価

であるから, ④より, $s=-1\pm 3\sqrt{5}$ は不適.

∴ $a+b=2$, $ab=t=-6$

54

(2) [1] $n=2, 3$ のとき
$a^2+b^2=16$, $a^3+b^3=44$ であるから，成り立つ．

[2] $n=k, k+1$（ただし，k は2以上の整数）のとき a^n+b^n が4の倍数であると仮定．
$n=k+2$ のとき
$$a^{k+2}+b^{k+2}=(a+b)(a^{k+1}+b^{k+1})-ab(a^k+b^k)=2(a^{k+1}+b^{k+1})+6(a^k+b^k)$$
となり，$a^{k+2}+b^{k+2}$ は4の倍数．

[1]，[2]から，2以上のすべての整数 n について，a^n+b^n は4の倍数となる．

解答2

(1)（④まで同様）

②③より，$s^3-48s+88=0 \Leftrightarrow (s-2)(s^2+2s-44)=0$

ここで $f(s)=s^2+2s-44$ とおくと，
$y=f(s)$ のグラフを考えると，軸は $s=-1$ であり，
$f(4\sqrt{2})=32+8\sqrt{2}-44=-12+8\sqrt{2}=4(2\sqrt{2}-3)<0$
であるから，
$f(s)=0$ は $|s|\leq 4\sqrt{2}$ の範囲に実数解をもたない． $\therefore s=2$

（以下同様）

解答3

(2) $c_n \equiv a^n+b^n \pmod{4}$ （$0 \leq c_n \leq 3$）とする．
$a^{n+2}+b^{n+2}=(a+b)(a^{n+1}+b^{n+1})-ab(a^n+b^n)$ より，
$$c_{n+2}=2c_{n+1}+6c_n. \quad \leftarrow 漸化式$$
$c_1=a+b=2$, $c_2=a^2+b^2=16$, より，c_n：偶数（n はすべての自然数）．…⑥
$c_{n+2}=2c_{n+1}+6c_n \equiv 2c_{n+1}+2c_n \equiv 2(c_n+c_{n+1}) \pmod{4}$ であり，
また⑥より，2以上の自然数 n で $c_n \equiv 0 \pmod{4}$．

分析

* ⑤では，根号の評価を小数第2位までで考えている．（小数第1位までだと不足）

* 解答2では，グラフを利用して，$4\sqrt{2}$ と $-1+3\sqrt{5}$ の大小を判別している．

* 解答3では，隣接3項間の漸化式が立式できるが，この漸化式は一般項を求める必要はない．

22 対称式と漸化式

23 解と係数と漸化式

2次方程式 $x^2 - 4x - 1 = 0$ の2つの実数解のうち大きいものを α，小さいものを β とする．$n = 1, 2, 3, \ldots\ldots$ に対し，$s_n = \alpha^n + \beta^n$ とおく．

(1) s_1, s_2, s_3 を求めよ．また，$n \geq 3$ に対し，s_n を s_{n-1} と s_{n-2} で表せ．
(2) β^3 以下の最大の整数を求めよ．
(3) α^{2003} 以下の最大の整数の一の位の数を求めよ． (2003年 理科)

ポイント

- 解 α, β の対称式 ⇒ 解と係数の関係から $\alpha + \beta, \alpha\beta$ を用意する．（基本対称式）
- 一の位の数の変遷 ⇒ mod 10 で漸化式を立式して考える．
- α^{2003} について ⇒ s_{2003} や β^{2003} についての性質を用いて，間接的に考える．

解答

(1) 解と係数の関係より，
$$\alpha + \beta = 4, \quad \alpha\beta = -1$$ ← 基本対称式

よって
$$s_1 = \alpha + \beta = 4,$$
$$s_2 = \alpha^2 + \beta^2 = (\alpha + \beta)^2 - 2\alpha\beta = 18,$$
$$s_3 = \alpha^3 + \beta^3 = (\alpha + \beta)^3 - 3\alpha\beta(\alpha + \beta) = 76$$

また，一般に
$$\alpha^n + \beta^n = (\alpha + \beta)(\alpha^{n-1} + \beta^{n-1}) - \alpha\beta(\alpha^{n-2} + \beta^{n-2})$$

が成り立つ．

$$\therefore \quad n \geq 3 \text{ に対して} \quad s_n = 4s_{n-1} + s_{n-2} \quad \cdots ①$$ ← 漸化式

(2) $\beta = 2 - \sqrt{5}$ から $-1 < \beta < 0$ ← 評価
$$\therefore \quad -1 < \beta^3 < 0$$
よって β^3 以下の最大の整数は -1

(3) ①より，$\{s_n\}$ の一の位の数は，直前 2 項によってのみ決定される．
$s_n \equiv d_n (\mathrm{mod}\ 10)$ $(0 \leqq d_n \leqq 9)$ とすると，
$d_1 \equiv 4 (\mathrm{mod}\ 10)$，$d_2 \equiv 8 (\mathrm{mod}\ 10)$ であり，①より，
$$d_n \equiv 4 d_{n-1} + d_{n-2} (\mathrm{mod}\ 10)$$
$\{d_n\}$ を表にすると，下表のようになり，周期 4 の数列となる．

n	1	2	3	4	5	6	7	8	9	⋯
d_n	4	8	6	2	4	8	6	2	4	⋯

$2003 = 4 \times 500 + 3$ であるから，$d_{2003} = 6$ つまり，s_{2003} の一の位は 6．
また，$-1 < \beta < 0$ より，$0 < -\beta^{2003} < 1$
$$\alpha^{2003} = s_{2003} - \beta^{2003} \text{ より，} \quad \cdots ②$$
∴ α^{2003} 以下の最大の整数の一の位の数は 6

分析

* ①の漸化式の一般項を求める必要はない．

* ②は，具体的には
$$\alpha^{2003} = s_{2003} - \beta^{2003} = \square\square \cdots \square 6 + 0.00 \cdots = \square\square \cdots \square 6.00 \cdots$$
となるため，α^{2003} 以下の最大の整数の一の位は 6 となる．（α^{2003} は整数ではない）

類題

2 次方程式 $x^2 - 4x + 1 = 0$ の 2 つの実数解のうち大きいものを α，小さいものを β とする．
また，$n = 1, 2, 3, \cdots\cdots$ に対し，$s_n = \alpha^n + \beta^n$ とおく．
(1) s_1, s_2, s_3 を求めよ．また，$n \geqq 3$ に対し，s_n を s_{n-1} と s_{n-2} で表せ．
(2) s_n は正の整数であることを示し，s_{2003} の一の位の数を求めよ．
(3) α^{2003} 以下の最大の整数の一の位の数を求めよ． (2003 年　文科)

```
        (1)  s_n = 4s_{n-1} - s_{n-2}    (2)  証明略，4    (3)  3
```

24 不等式と論理

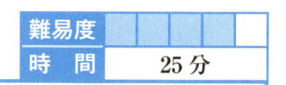

難易度 ■■□□
時間 25分

容量1リットルの m 個のビーカー（ガラス容器）に水が入っている．$m \geq 4$ で空のビーカーはない．入っている水の総量は1リットルである．また，x リットルの水が入っているビーカーがただ一つあり，その他のビーカーには x リットル未満の水しか入っていない．このとき，水の入っているビーカーが2個になるまで，次の(a)から(c)までの操作を，順に繰り返し行う．

(a) 入っている水の量が最も少ないビーカーを一つ選ぶ．

(b) 更に，残りのビーカーの中から，入っている水の量が最も少ないものを一つ選ぶ．

(c) 次に，(a)で選んだビーカーの水を(b)で選んだビーカーにすべて移し，空になったビーカーを取り除く．

この操作の過程で，入っている水の量が最も少ないビーカーの選び方が一通りに決まらないときは，そのうちのいずれも選ばれる可能性があるものとする．

(1) $x < \dfrac{1}{3}$ のとき，最初に x リットルの水の入っていたビーカーは，操作の途中で空になって取り除かれるか，または最後まで残って水の量が増えていることを証明せよ．

(2) $x > \dfrac{2}{5}$ のとき，最初に x リットルの水の入っていたビーカーは，最後まで x リットルの水が入ったままで残ることを証明せよ．

(2001年　理科)

ポイント

- ルールを正確に読解する．
  ⇒「水量の下位2つを1つにまとめていく．2つになるまで続ける」
- (1)「x リットルのビーカーが取り除かれるか，最後まで残って増量しているか」
  ⇒（否定）「取り除かれず，元の量で残っている」と仮定して，矛盾を導く．（背理法）
- (1)において着目するべき操作のタイミング
  ⇒ ビーカーの数が「3個→2個」となる最後の操作．
- (2)「x リットルのビーカーが元の量で残っている」
  ⇒（否定）「水量が変化する」と仮定して，矛盾を導く．（背理法）
- (2)において着目するべき操作のタイミング
  ⇒ 水量 x リットル以上のビーカーが現れて，水量の"順位"が2位に下がる操作．

解答

(1) 最後まで x リットルのままで残っていると仮定する.

残りが 3 個のビーカーになったとき x リットル以外の 2 つのビーカーの水の量を y リットル, z リットルとする.

$x < \dfrac{1}{3}$ より $y < \dfrac{1}{3}$, $z < \dfrac{1}{3}$

$$\therefore \quad x+y+z < \dfrac{1}{3}+\dfrac{1}{3}+\dfrac{1}{3}=1$$

これは, $x+y+z=1$ であることに矛盾. ← 矛盾を導く

よって, 与えられた命題は成り立つ.

(2) x リットルの水が入ったビーカーの水の量が変化すると仮定する.

条件から, 水の量が変化する操作の直前までに, x リットル以上の水の量のビーカーが少なくとも 1 つ存在していることが必要. …①

x リットル以上のビーカーが現れる直前のビーカーの数を n 個とし, 各ビーカーの水の量を

$$x, a_2, a_3, \cdots, a_n \text{ リットル}$$
$$(x > a_2 \geqq a_3 \geqq \cdots \geqq a_n, \ x+a_2+\cdots+a_n=1)$$

とすると

$$a_{n-1}+a_n \geqq x > a_2 \geqq a_3 \geqq \cdots \geqq a_n, \ n \geqq 4$$

よって

$a_{n-1}+a_n > \dfrac{2}{5}$ かつ $a_{n-1} \geqq a_n$ より $a_{n-1} > \dfrac{1}{5}$

$$\therefore \quad a_{n-2} < \dfrac{1}{5}$$

$$\therefore \quad x+a_{n-2}+a_{n-1}+a_n > \dfrac{2}{5}+\dfrac{1}{5}+\dfrac{2}{5}=1$$

これは $x+a_2+\cdots+a_n=1$ であることに矛盾. ← 矛盾を導く

よって, 与えられた命題は成り立つ.

分析

* そのまま証明しにくい命題に関しては, 本問のように背理法を利用するとうまくいくことがある. その際には「命題の否定」を正確に設定することに注意したい.
* ①は,「水量が変化するためには, 下位 2 位に入らなければならないので, そのためには x リットルのビーカーが 2 位以下になる必要がある」ことから考えている.

§2 整数・数列 解説

傾向・対策

「整数・数列」分野は，東大の数学入試を象徴する分野です．教科書の単元では「数と式（数Ⅰ）」「整数の性質（数A）」「式と証明（数Ⅱ）」「数列（数B）」が対応します．この分野からは，高級な数学的背景をもつ整数問題，他大学の入試では見られないような複雑な数列に関する問題，整数と数列の融合問題が出題されています．ある程度の発想力を必要とするものもありますが，基本は手を動かしながら"実験"をして，その整数・数列の性質を見破ったり，解法の糸口を段階的に掴んでいくような問題が大半です．もちろん，整数問題の典型解法や，数列分野における漸化式の解法の習得は前提となります．具体的には，「倍数・約数・剰余に関する整数問題」，「与えられた複雑な漸化式を解かず（一般項を求めず）に利用する数列の問題」だけでなく，整数（自然数）の離散性を活かして考える融合問題などにも注意したいところです．

対策としては，次のように言えます．「整数問題」に関しては，倍数・約数・剰余に関する典型解法が最重要となります．また，"互いに素"の条件を解法の中で使いこなせるようにしておく必要があります．「数列の問題」に関しては，漸化式の解法を前提としながらも，"実験"，逐次代入，数学的帰納法などを，適切に使えるようにしておくこと．融合問題に関しては，試行錯誤を恐れず，初見のタイプに見える問題に対しても，果敢に立ち向かっていく姿勢が重要になります．

学習のポイント

- 問題の内容を正確に把握する．
- 整数問題の典型解法を習得する．
- 倍数・約数・剰余，「互いに素」を意識する．
- "実験"をして糸口をつかむ能力をつける．
- 数学的帰納法の正しい使いこなし方を習得する．

§3 場合の数・確率

	内容	出題年	難易度	時間
25	個数の処理①	2001 年	■□□□□	10 分
26	個数の処理②	2002 年	■■■■□	25 分
27	組分けと区別	1996 年	■■■■□	30 分
28	場合の数と確率	1989 年	■■■□□	15 分
29	場合の数漸化式	1995 年	■■□□□	15 分
30	倍数の確率	2003 年	■■■□□	15 分
31	独立試行の確率	1994 年	■■■■□	25 分
32	反復試行の確率①	2009 年	■□□□□	15 分
33	反復試行の確率②	2006 年	■■■□□	15 分
34	巴戦の確率	2016 年	■■■□□	20 分
35	確率の乗法定理	2005 年	■■■■□	25 分
36	確率漸化式①	1991 年	■■□□□	10 分
37	確率漸化式②	2012 年	■■■□□	20 分
38	確率漸化式③	2015 年	■■■□□	20 分
39	確率漸化式④	2010 年	■■■■□	25 分

25 個数の処理①

白石 180 個と黒石 181 個の合わせて 361 個の碁（ご）石が横に 1 列に並んでいる．碁石がどのように並んでいても，次の条件を満たす黒の碁石が少なくとも 1 つあることを示せ．

その黒の碁石とそれより右にある碁石をすべて除くと，残りは白石と黒石が同数となる．ただし，碁石が 1 つも残らない場合も同数とみなす． （2001 年　文科）

ポイント

- 題意が抽象的で捉えにくい． ⇨ 「点数」を設定して，得点の変遷を考える．
- 白石を -1 点，黒石を $+1$ 点．
  ⇨ どんな場合も最初は 0 点から始まり，最後は 1 点で終わる．
- 得点の変遷を考える． ⇨ ダイヤグラムを利用して可視化することも有効．

解答

左から，

$$\text{白石を} -1, \text{黒石を} +1$$

← 点数を設定

と得点を設定すると，得点は 0 点から始まる．
また全体で，白石が 180 個，黒石が 181 個であるから，最後は必ず 1 点となる．

必ず途中に総得点が 0 点から 1 点になるときが存在し，
そのときの黒石が条件を満たす．

以上により，与えられた命題は成り立つ．

分析

* +1を右上矢印，−1を右下矢印として，得点の変遷をダイヤグラムで表すと図のようになる．

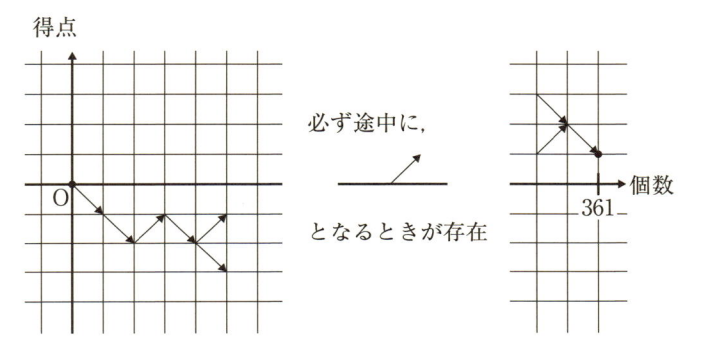

出発点は，(0, 0)であり，最終的に到着する点(361, 1)であることと，題意をみたすような黒い碁石は，「横軸上の点を出発点とする ↗」
であることから，題意の碁石は必ず存在することが感覚的に理解できる．

類題

円周上に m 個の赤い点と n 個の青い点を任意の順序に並べる．これらの点により，円周は $m+n$ 個の弧に分けられる．このとき，これらの弧のうち両端の点の色が異なるものの数は偶数であることを証明せよ．ただし，$m \geq 1$，$n \geq 1$ であるとする．（2002年 文科）

> $m=n=1$ のとき，題意を満たす弧は2個となり成立．
> $m \geq 2$ または $n \geq 2$ のとき ○を赤，●を青とする．
> ○と○の間に○を入れても増えない．
> ○と○の間に●を入れると2個増える．
> ○と●の間に○を入れても増えない．
> ○と●を逆にしても同様．$m=n=1$ の状態から点を増やしていくとき，題意を満たす弧の増える数は0個または2個ずつである．よって，題意を満たす弧は必ず偶数．

26 個数の処理②

難易度　
時間　25分

Nを正の整数とする．$2N$個の項からなる数列
$$\{a_1, a_2, \cdots\cdots, a_N, b_1, b_2, \cdots\cdots, b_N\}$$
を
$$\{b_1, a_1, b_2, a_2, \cdots\cdots, b_N, a_N\}$$
という数列に並べ替える操作を「シャッフル」と呼ぶことにする．並べ替えた数列はb_1を初項とし，b_iの次にa_i，a_iの次にb_{i+1}が来るようなものになる．また，数列$\{1, 2, \cdots, 2N\}$をシャッフルしたときに得られる数列において，数kが現れる位置を$f(k)$で表す．

例えば，$N=3$のとき，$\{1, 2, 3, 4, 5, 6\}$をシャッフルすると$\{4, 1, 5, 2, 6, 3\}$となるので，$f(1)=2$，$f(2)=4$，$f(3)=6$，$f(4)=1$，$f(5)=3$，$f(6)=5$である．

(1) 数列$\{1, 2, 3, 4, 5, 6, 7, 8\}$を3回シャッフルしたときに得られる数列を求めよ．

(2) $1 \leq k \leq 2N$を満たす任意の整数kに対し，$f(k)-2k$は$2N+1$で割り切れることを示せ．

(3) nを正の整数とし，$N=2^{n-1}$のときを考える．数列$\{1, 2, 3, \cdots\cdots, 2N\}$を$2n$回シャッフルすると，$\{1, 2, 3, \cdots\cdots, 2N\}$に戻ることを証明せよ．（2002年　理科）

ポイント

・特殊なルールの数列の変換　⇨　実験をして，有用な性質を見出してから，それを一般化する．

・$f(k)$についての考察　⇨　kが元の数列の前半 or 後半で場合分けして考える．

・「$2n$回シャッフルして元に戻る」　⇨　(2)を利用して，$f_{2n}(k)=k$を示す．合同式の利用も有効

解答 1

(1)　1回シャッフルすると　$\{5, 1, 6, 2, 7, 3, 8, 4\}$
　　　2回シャッフルすると　$\{7, 5, 3, 1, 8, 6, 4, 2\}$
　　　3回シャッフルすると　$\{8, 7, 6, 5, 4, 3, 2, 1\}$

← 具体的に処理

(2)(ⅰ)　$1 \leq k \leq N$のとき，$k=a_k$となる．
　　　$f(k)$はk番目の偶数となるので，
$$f(k)=2k \quad \therefore \quad f(k)-2k=0$$

(ⅱ)　$N+1 \leq k \leq 2N$のとき，$k=b_{k-N}$となる．
　　　$f(k)$は$k-N$番目の奇数となるので

$$f(k) = 2(k-N) - 1 = 2k - 2N - 1$$
$$\therefore \quad f(k) - 2k = -(2N+1)$$

よって，どちらの場合も $f(k)-2k$ は $2N+1$ で割り切れる．■

(3) i 回シャッフルした後の k の位置を $f_i(k)$ と表現する．題意は，$f_{2n}(k)=k$ を示せばよい．

まず，任意の自然数 i について，

$f_i(k) - 2^i k$ が $2N+1$ で割り切れることを数学的帰納法で証明する．…①

[1] $i=1$ のとき，(2) から成り立つ．

[2] $i=j$ のとき，$f_j(k) - 2^j k$ が $2N+1$ で割り切れると仮定．

$$f_j(k) - 2^j k = M(2N+1) \quad (M \text{ は整数})$$

$i=j+1$ のとき
$$\begin{aligned}
f_{j+1}(k) - 2^{j+1}k &= f(f_j(k)) - 2^{j+1}k \\
&= f(f_j(k)) - 2f_j(k) + 2f_j(k) - 2^{j+1}k \\
&= \{f(f_j(k)) - 2f_j(k)\} + 2\{f_j(k) - 2^j k\}
\end{aligned}$$

← $f(x)-x$ の形を作る

$1 \leq f_j(k) \leq 2N$ であるから，$f(f_j(k)) - 2f_j(k)$ は，(2) より $2N+1$ で割り切れる．仮定と合わせて，$f_{j+1}(k) - 2^{j+1}k$ は $2N+1$ で割り切れる．

[1]，[2] から，任意の自然数 i について，$f_i(k) - 2^i k$ は $2N+1$ で割り切れる．

よって，$f_{2n}(k) - 2^{2n}k$ は $2N+1$ で割り切れる．…②

また，
$$\begin{aligned}
f_{2n}(k) - k &= f_{2n}(k) - 2^{2n}k + 2^{2n}k - k = f_{2n}(k) - 2^{2n}k + (2^n-1)(2^n+1)k \\
&= f_{2n}(k) - 2^{2n}k + (2^n-1)(2N+1)k
\end{aligned}$$

②と合わせて，$f_{2n}(k) - k$ は $2N+1$ で割り切れる．

また，$1 \leq f_{2n}(k) \leq 2N$ から，$f_{2n}(k) - k = 0$ $\quad \therefore \quad f_{2n}(k) = k$

よって，題意は示された．■

解答2

(3) (①まで同様) $2N+1$ を法として考える．(2) より，$f(k) \equiv 2k$. ← 合同式の利用

[1] $i=1$ のとき，(2) から成り立つ．

[2] $i=j$ のとき，$f_j(k) \equiv 2^j k$ と仮定．

$$f_{j+1}(k) \equiv f(f_j(k)) \equiv 2f_j(k) \equiv 2^{j+1}k$$

[1]，[2] から，任意の自然数 i について，$f_i(k) \equiv 2^i k$

また，$f_{2n}(k) \equiv 2^{2n}k \equiv (2^n)^2 k \equiv (2N)^2 k \equiv (-1)^2 k \equiv k \quad (\because N \equiv -1 \pmod{2N+1})$

$1 \leq f_{2n}(k) \leq 2N$ から，$f_{2n}(k) = k$

よって，題意は示された．■

分析

* 本問(3)のような，取り組みにくい個数の処理や整数の問題は，実験の過程と結果((1))や，解法の誘導((2))を意識して，解答の着地点までの道のりを細分化して解決していくとよい．

27 組分けと区別

難易度 ☐☐☐
時間 30分

n を正の整数とし，n 個のボールを3つの箱に分けて入れる問題を考える．ただし，1個のボールも入らない箱があってもよいものとする．次に述べる4つの場合について，それぞれ相異なる入れ方の総数を求めたい．

(1) 1から n まで異なる番号のついた n 個のボールを，A，B，Cと区別された3つの箱に入れる場合，その入れ方は全部で何通りあるか．

(2) 互いに区別のつかない n 個のボールを，A，B，Cと区別された3つの箱に入れる場合，その入れ方は全部で何通りあるか．

(3) 1から n まで異なる番号のついた n 個のボールを，区別のつかない3つの箱に入れる場合，その入れ方は全部で何通りあるか．

(4) n が6の倍数 $6m$ であるとき，n 個の互いに区別のつかないボールを，区別のつかない3つの箱に入れる場合，その入れ方は全部で何通りあるか．

(1996年　理科)

ポイント

- 組分けの問題　⇨　要素（ボール）と集合（箱），それぞれの区別の有無に注意する．
- 場合の数　⇨　重複順列，重複組合せなどの解法モデルを適用する．
- 「区別ナシ」　⇨　まず，「区別アリ」として計算し，その後，「重複数」で割る．

解答

(1) 重複順列を考えて，3^n 通り．

(2) A，B，Cにそれぞれ x 個，y 個，z 個入れるとする．
$$x+y+z=n \quad (x \geqq 0,\ y \geqq 0,\ z \geqq 0)$$
これは「3種から重複を許して n 個選ぶ場合の数（重複組合せ）」である．
$$\therefore \quad {}_3H_n = {}_{n+2}C_n = \frac{1}{2}(n+2)(n+1) \text{ 通り．}$$

(3)(ⅰ) 2つの箱が空のとき $\dfrac{3}{3}=1$ 通り．　…①

(ⅱ) 1つの箱のみが空のとき $\dfrac{3(2^n-2)}{3!}=2^{n-1}-1$ 通り．　…②

(ⅲ) 空の箱がないとき $\dfrac{3^n-3(2^n-2)-3}{3!}=\dfrac{3^{n-1}-(2^n-2)-1}{2}$ 通り．　…③

$$\therefore \quad 1+2^{n-1}-1+\frac{1}{2}\times\{3^{n-1}-(2^n-2)-1\}=\frac{3^{n-1}+1}{2} \text{ 通り．}$$

66

(4) 区別のある3つの箱に分ける（(2)の条件）ときを以下の3つの場合に分ける．

(ⅰ) 3箱とも同じ個数のとき　1通り

(ⅱ) 2箱だけ同じ個数のとき
$(x, y, z) = (0, 0, 6m), (1, 1, 6m-2), \cdots, (2m-1, 2m-1, 2m+2)$ の $2m$ 通り
$(x, y, z) = (0, 3m, 3m), (2, 3m-1, 3m-1), \cdots, (2m-2, 2m+1, 2m+1)$ の m 通り
箱に区別があるので，$3m \times 3 = 9m$ 通り

(ⅲ) 同じ個数の箱がないとき(2)から $\frac{1}{2}(6m+2)(6m+1) - 1 - 9m$ 通り

箱の区別を外したとき，それぞれの重複数は，

(ⅰ)は1　　(ⅱ)は3　　(ⅲ)は3!

であるので，求める場合の数は，

$$\frac{1}{1} + \frac{9m}{3} + \frac{\frac{1}{2}(6m+2)(6m+1) - 1 - 9m}{3!} = 3m^2 + 3m + 1 \quad 通り$$

分析

* (3)　①②③は，仮に「区別アリ」とした3箱における

①：2つの箱が空となる場合の数　　　　　3通り　　を　重複数3　で割っている．
②：1つの箱のみが空となる場合の数　$3(2^n-2)$ 通り　　を　重複数3!　で割っている．
③：空の箱がない場合の数　$3^n - 3(2^n-2) - 3$ 通り　　を　重複数3!　で割っている．

* (4)と(2)の対応関係は，以下のとおりである．（$m=1$ のとき）

　　　　　　　　(4)：箱区別ナシ　　　　(2)：箱区別アリ
　　(ⅰ)　　2コ　　2コ　　2コ　——→　1通り
　　(ⅱ)　　1コ　　1コ　　4コ　——→　3通り
　　(ⅲ)　　1コ　　2コ　　3コ　——→　3!通り

28 場合の数と確率

難易度 ■■□□□
時間 15分

3個の赤玉と n 個の白玉を無作為に環状に並べるものとする．このとき白玉が連続して $k+1$ 個以上並んだ箇所が現れない確率を求めよ．ただし，$\dfrac{n}{3} \leqq k < \dfrac{n}{2}$ とする．

（1989年　理科）

ポイント

- 円形に並べる ⇨ 特定の1つを固定して，残りの並べ方を考える．
- 赤玉を1個固定する ⇨ 題意の条件をみたすような，残り2個の赤玉の置き方を考える．
- 「$k+1$ 個以上並んだ箇所が現れない」
  ⇨ 白玉が連続する3つの連続部分を，それぞれ，$k-a$ 個，$k-b$ 個，$k-c$ 個として考える．
- 「$\dfrac{n}{3} \leqq k < \dfrac{n}{2}$」
  ⇨ $2k < n$ … 連続部分は3つに分かれるということ（赤玉は隣り合わない）．
  $n \leqq 3k$ … 「3つの連続部分がすべて k 個以下」は，実現可能だということ．

解答1

赤玉の1個を固定する．
残り2個の赤玉との間にはさまれる白玉の個数を，$k-a$ 個，$k-b$ 個，$k-c$ 個とおくと

$$(k-a)+(k-b)+(k-c) = 3k-(a+b+c) = n$$

$$\therefore \quad a+b+c = 3k-n \quad (\geqq 0) \quad \cdots ①$$

白玉が連続して $k+1$ 個以上並んだ箇所が現れないための条件は

$$0 \leqq k-a \leqq k, \quad 0 \leqq k-b \leqq k, \quad 0 \leqq k-c \leqq k$$

$$\therefore \quad 0 \leqq a \leqq k, \quad 0 \leqq b \leqq k, \quad 0 \leqq c \leqq k \quad \cdots ②$$

ここで，

$$k-(3k-n) = n-2k > 0 \qquad \leftarrow \dfrac{n}{3} \leqq k < \dfrac{n}{2} \text{ より}$$

より，①かつ②は

$$a+b+c = 3k-n, \quad a \geqq 0, \quad b \geqq 0, \quad c \geqq 0$$

この式を満たす整数 a, b, c の組の数は「3種から重複を許して $3k-n$ 個選ぶ場合の数（重複組合せ）」だから，

$${}_3H_{3k-n} = {}_{3k-n+2}C_{3k-n} = {}_{3k-n+2}C_2$$

また，全場合の数は，赤玉2個と白玉n個の並べ方を考えて

$$_{n+2}C_2 \text{ 通り}$$

よって，求める確率は

$$\frac{_{3k-n+2}C_2}{_{n+2}C_2} = \frac{(3k-n+2)(3k-n+1)}{(n+2)(n+1)}$$

解答2

右図のように，平面 $x+y+z=n$ と1辺 k の立方体を考える．平面 $x+y+z=n$（$x\geqq 0$, $y\geqq 0$, $z\geqq 0$）上の格子点の数が全場合の数に対応し，平面と立方体の交わり部分（斜線部）にある格子点の数が，題意を満たす (a, b, c) の組数に対応する．

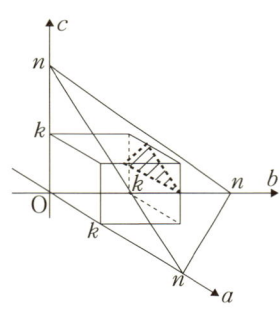

斜線部の三角形の頂点の座標は
$(k, k, n-2k)$, $(k, n-2k, n)$, $(n-2k, n, n)$
平面と立方体の交わり部分（斜線部）にある格子点の数は，ab 平面への正射影を考えた右下図の斜線部の内部の格子点の数と等しい．

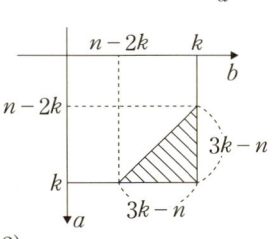

全場合の数は，

$$1+2+3+\cdots+(n+1) = \frac{1}{2}(n+1)(n+2)$$

題意の場合の数は，

$$1+2+3+\cdots+(3k-n+1) = \frac{1}{2}(3k-n+1)(3k-n+2)$$

∴ 求める確率は $\dfrac{(3k-n+2)(3k-n+1)}{(n+2)(n+1)}$

分析

* 解答1は，題意を読解して，重複組合せのモデルに帰着させることが大きなポイントになる．

* 本問のように，変数が多い場合の数を処理するときは，解答2のように格子点を利用した解法が有効となることがある．

29 場合の数漸化式

2辺の長さが1と2の長方形と，1辺の長さが2の正方形の2種類のタイルがある．縦2，横 n の長方形の部屋をこれらのタイルで過不足なく敷きつめることを考える．そのような並べ方の総数を A_n で表す．たとえば，$A_1=1$，$A_2=3$，$A_3=5$ である．このとき以下の問に答えよ．

(1) $n \geq 3$ のとき，A_n を A_{n-1}，A_{n-2} を用いて表せ．
(2) A_n を n で表せ．

(1995年 理科)

ポイント

・場合の数漸化式 ⇒ 「最初の1手」で場合分けして，漸化式を立式する．
・長方形と正方形のタイル
 ⇒ 長方形のタイルは横向きに並べることもできることに注意．

解答

(1) 長方形のタイルをA，正方形のタイルをBとする．
縦2，横 $n+2$ の並べ方は，

(i) はじめにBを並べ，その後，縦2横 n の領域にタイルを並べる

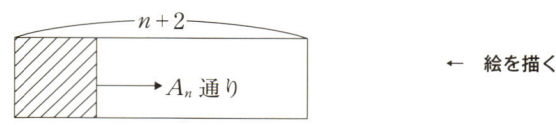

(ii) はじめにAを横向きに2枚並べ，その後，縦2横 n の領域にタイルを並べる

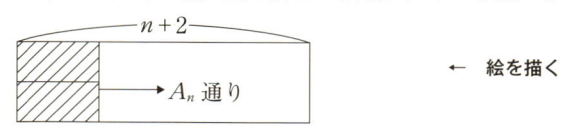

(iii) はじめにAを縦向きに並べ，その後，縦2横 $n+1$ の領域にタイルを並べる

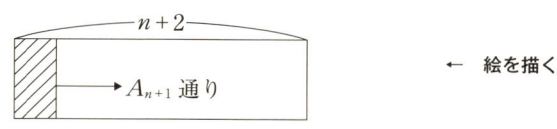

の3つに排反に分けることができる．
よって，
$$A_{n+2} = A_n + A_n + A_{n+1} = 2A_n + A_{n+1}$$
$$\therefore \quad A_n = A_{n-1} + 2A_{n-2}$$

(2) 隣接3項間漸化式 $A_n = A_{n-1} + 2A_{n-2}$ は，

$$A_n = A_{n-1} + 2A_{n-2}$$
$$\Leftrightarrow A_n + A_{n-1} = 2(A_{n-1} + A_{n-2}) \quad \cdots ①$$
$$\Leftrightarrow A_n - 2A_{n-1} = -(A_{n-1} - 2A_{n-2}) \quad \cdots ②$$

← 漸化式の解法

と変形できる．
ここで，$A_n + A_{n-1} = B_{n-1}$，$A_n - 2A_{n-1} = C_{n-1}$ とすると，
$A_1 = 1$，$A_2 = 3$ より，

$$① \Leftrightarrow B_{n-1} = 2B_{n-2}, \quad B_1 = A_2 - A_1 = 3 + 1 = 4$$
$$② \Leftrightarrow C_{n-1} = -C_{n-2}, \quad C_1 = A_2 - 2A_1 = 1$$
$$\therefore \quad B_n = 2^{n+1}, \quad C_n = (-1)^{n-1}$$

$A_n = \dfrac{1}{3}(B_n - C_n)$ であるから，

$$A_n = \frac{1}{3}\{2^{n+1} + (-1)^n\}$$

類題

先頭車両から順に1から n までの番号のついた n 両編成の列車がある．ただし $n \geq 2$ とする．
各車両を赤色，青色，黄色のいずれか1色で塗るとき，隣り合った車両の少なくとも一方が赤色となるような色の塗り方は何通りか． (京都大)

> $(n+2)$ 両を塗る場合
> （ⅰ） 先頭車両を赤色で塗る場合　残りの $(n+1)$ 両の色の塗り方は　a_{n+1} 通り
> （ⅱ） 先頭車両を青色または黄色で塗る場合
> 　　2両目は赤色を塗り，残りの n 両の塗り方は a_n 通りあるから，全部で　$2a_n$ 通り
> $\therefore \quad a_{n+2} = a_{n+1} + 2a_n.$ 　この漸化式を解いて，$a_n = \dfrac{1}{3}\{2^{n+2} - (-1)^n\}$

29 場合の数漸化式　71

30 倍数の確率

難易度　
時間　15分

さいころを n 回振り，第 1 回目から第 n 回目までに出たさいころの目の数 n 個の積を X_n とする．

(1) X_n が 5 で割り切れる確率を求めよ．

(2) X_n が 4 で割り切れる確率を求めよ．

(3) X_n が 20 で割り切れる確率を p_n とおく．$\displaystyle\lim_{n\to\infty}\frac{1}{n}\log(1-p_n)$ を求めよ．

注意：さいころは 1 から 6 までの目が等確率で出るものとする．　　（2003 年　理科）

ポイント

- 「積が○の倍数となる」 ⇨ ○の素因数に注意して，条件を細分化する．
- 複雑な条件に基づく事象 ⇨ 否定表現を集合として設定し，ベン図等を用いて要領良く考える．
- 極限値の決定 ⇨ 極限の代表的な求め方を用いる．$0<r<1$ のとき，$\displaystyle\lim_{n\to\infty}nr^n=0$ などに注意．

解答

A：5 の目が出ない　　　　　　　　　　　　　　　← 集合を設定

B：2, 4, 6 の目が出ない

C：2 or 6 の目が 1 回だけ出て，残りは 1, 3, 5 のいずれか．

と事象を設定する．

$$P(A)=\left(\frac{5}{6}\right)^n,\ P(B)=\left(\frac{3}{6}\right)^n,\ P(C)={}_nC_1\cdot\left(\frac{2}{6}\right)\cdot\left(\frac{3}{6}\right)^{n-1}\ \cdots ①$$

(1) 少なくとも 1 回 5 の目が出る場合であるから，X_n が 5 で割り切れる確率は

$$P(\overline{A})=1-P(A)=1-\left(\frac{5}{6}\right)^n$$

(2) X_n が 4 で割り切れる確率は，$P(\overline{B\cup C})$ である．

$$P(\overline{B\cup C})=1-P(B\cup C) \qquad ← 包除原理$$
$$=1-(P(B)+P(C)-P(B\cap C))$$

ここで，

$$P(B\cap C)=0$$

であることと，①から，

$$P(\overline{B\cup C})=1-\left(\frac{1}{2}\right)^n-\frac{n}{3}\left(\frac{1}{2}\right)^{n-1}$$

(3) X_n が 20 で割り切れる確率は，$P(\overline{A \cup B \cup C})$ である．右の図より，$P(B \cap C) = 0$ に注意して

$$1 - p_n = 1 - P(\overline{A \cup B \cup C})$$
$$= P(A \cup B \cup C)$$
$$= P(A) + P(B) + P(C) - P(A \cap B) - P(A \cap C)$$

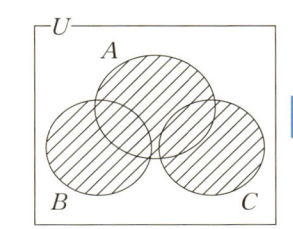

ここで，

$$P(A \cap B) = \left(\frac{2}{6}\right)^n, \quad P(A \cap C) = {}_nC_1 \cdot \left(\frac{2}{6}\right) \cdot \left(\frac{2}{6}\right)^{n-1}$$

であるから，

$$1 - p_n = P(A) + P(B) + P(C) - P(A \cap B) - P(A \cap C)$$
$$= \left(\frac{5}{6}\right)^n + \left(\frac{3}{6}\right)^n + \frac{n}{3}\left(\frac{3}{6}\right)^{n-1} - \left(\frac{2}{6}\right)^n - \frac{n}{3}\left(\frac{2}{6}\right)^{n-1}$$
$$= \left(\frac{5}{6}\right)^n \left\{ 1 + \left(\frac{3}{5}\right)^n + \frac{2}{3}n\left(\frac{3}{5}\right)^n - \left(\frac{2}{5}\right)^n - n\left(\frac{2}{5}\right)^n \right\} \quad \cdots ②$$

よって

$$\frac{1}{n}\log(1 - p_n) = \log\frac{5}{6} + \frac{1}{n}\log\left\{ \left(1 + \frac{2}{3}n\right)\left(\frac{3}{5}\right)^n + 1 - (n+1)\left(\frac{2}{5}\right)^n \right\}$$

ここで，

$$\lim_{n \to \infty}\left(\frac{3}{5}\right)^n = 0, \quad \lim_{n \to \infty}\left(\frac{2}{5}\right)^n = 0, \quad \lim_{n \to \infty}n\left(\frac{3}{5}\right)^n = 0, \quad \lim_{n \to \infty}n\left(\frac{2}{5}\right)^n = 0 \quad \cdots ③$$

であるから

$$\lim_{n \to \infty}\frac{1}{n}\log(1 - p_n) = \log\frac{5}{6}$$

分析

* ③では，一般に，$0 < r < 1$ のとき，$\lim_{n \to \infty} nr^n = 0$ を説明無しに用いているが，証明は以下のようになる．

<証明>

$r = \dfrac{1}{1+x}$ $(x > 0)$ とおくことができ，

$$(1+x)^n = {}_nC_0 + {}_nC_1 x + {}_nC_2 x^2 + \cdots\cdots + {}_nC_n x^n > {}_nC_2 \cdot x^2 = \frac{n(n-1)}{2}x^2$$

より，

$$0 < nr^n = \frac{n}{(1+x)^n} < \frac{2}{(n-1)x^2}$$

はさみうちの原理より，

$$\lim_{n \to \infty} nr^n = 0 \quad \blacksquare$$

30 倍数の確率

31 独立試行の確率

難易度 □□□
時間 25分

大量のカードがあり，各々のカードに 1, 2, 3, 4, 5, 6 の数字のいずれかの 1 つが書かれている．これらのカードから無作為に 1 枚をひくとき，どの数字のカードをひく確率も正である．さらに，3 の数字のカードをひく確率は p であり，1, 2, 5, 6 の数字のカードをひく確率はそれぞれ q に等しいとする．

これらのカードから 1 枚をひき，その数字 a を記録し，このカードをもとに戻して，もう 1 枚ひき，その数字を b とする．このとき，$a+b \leqq 4$ となる事象を A，$a<b$ となる事象を B とし，それぞれのおこる確率を $P(A)$, $P(B)$ と書く．

(1) $E = 2P(A) + P(B)$ とおくとき，E を p, q で表せ．
(2) $\dfrac{1}{p}$ と $\dfrac{1}{q}$ がともに自然数であるとき，E の値を最大にするような p, q を求めよ．

(1994 年 理科)

ポイント

- $a+b \leqq 4$ となる確率 $P(A)$ ⇒ $a+b \leqq 4$ となる場合をすべて書き出して考える．
- $a<b$ となる確率 $P(B)$ ⇒ $a<b$ となる確率と，$a>b$ となる確率が等しいこと（対称性）を利用して，$P(B)$ を求める．
- 「$\dfrac{1}{p}$ と $\dfrac{1}{q}$ がともに自然数」⇒ $\dfrac{1}{p}=m$, $\dfrac{1}{q}=n$ （m, n は自然数）とおいて，E を m, n の離散 2 変数関数として考える．

解答

(1) $a+b \leqq 4$ となるのは，

$$(a, b) = (1, 1),\ (1, 2),\ (2, 1),\ (1, 3),\ (2, 2),\ (3, 1)$$

のとき．

$$P(A) = q^2 + q^2 + q^2 + pq + q^2 + pq = 2pq + 4q^2 \quad \cdots ①$$

← それぞれ計算

また，対称性より

$$P(B) = \dfrac{1}{2}(1 - P(a=b))$$

であり，

$$P(a=b) = q^2 + q^2 + p^2 + (1 - p - 4q)^2 + q^2 + q^2$$

← それぞれ計算

より，

$$P(B) = \dfrac{1}{2}(1 - P(a=b)) = \dfrac{1}{2}(1 - (p^2 + 4q^2 + (1 - p - 4q)^2))$$
$$= -p^2 - 10q^2 - 4pq + p + 4q \quad \cdots ②$$

①, ②より,
$$E = 2P(A) + P(B) = -p^2 - 2q^2 + p + 4q \quad \cdots ③$$

(2) $\dfrac{1}{p} = m \Leftrightarrow p = \dfrac{1}{m}$, $\dfrac{1}{q} = n \Leftrightarrow q = \dfrac{1}{n}$ (m, n は自然数) とすると ← 整数を設定

$$E = -\left(\dfrac{1}{m}\right)^2 - 2\left(\dfrac{1}{n}\right)^2 + \left(\dfrac{1}{m}\right) + 4\left(\dfrac{1}{n}\right)$$
$$= -\left(\dfrac{1}{m} - \dfrac{1}{2}\right)^2 - 2\left(\dfrac{1}{n} - 1\right)^2 + \dfrac{9}{4} = f(m, n) \quad \cdots ④$$

← m, n の離散 2変数関数

ただし, $0 < p$, $0 < q$, $0 < 1 - p - 4q$ であるから
$$0 < \dfrac{1}{n}, \quad 0 < \dfrac{1}{m} \leq 1 - \dfrac{4}{n}$$
$$\therefore n \geq 5, \quad m > \dfrac{n}{n-4} = 1 + \dfrac{4}{n-4} \quad \cdots ⑤$$

ここで, E を最大とするには, ④の式の形から, $\left|\dfrac{1}{m} - \dfrac{1}{2}\right|$, $\left|\dfrac{1}{n} - 1\right|$ をなるべく小さくすることを考える.

← $(\ )^2 \geq 0$ より

(ⅰ) $n = 5$ のとき, $m \geq 6$
$$E = f(m, 5) \leq f(6, 5) = \dfrac{773}{900} = 0.858\cdots$$

(ⅱ) $n = 6$ のとき, $m \geq 4$
$$E = f(m, 6) \leq f(4, 6) = \dfrac{115}{144} = 0.798\cdots$$

(ⅲ) $n = 7$, 8 のとき, $m \geq 3$
$$f(m, 8) < f(m, 7) \text{ であり}, \quad E \leq f(m, 7) \leq f(3, 7) = \dfrac{332}{441} = 0.752\cdots$$

(ⅳ) $n \geq 9$ のとき, $m \geq 2$
$$E \leq f(m, 9) \leq f(2, 9) = \dfrac{217}{324} = 0.669\cdots$$

よって, E を最大にする p, q の値は, $p = \dfrac{1}{6}$, $q = \dfrac{1}{5}$

分析

* 本問は「復元抽出」であることから, a と b の対称性を考えて, $P(a < b) = P(a > b)$ に注目する.
* (ⅰ)～(ⅳ)は, n の値を fix してから, ⑤をみたすように, m を変化させ, 全体の最大値を探索している.

31 独立試行の確率

32 反復試行の確率①

難易度 / 時間 15分

スイッチを1回押すごとに，赤，青，黄，白のいずれかの色の玉が1個，等確率 $\frac{1}{4}$ で出てくる機械がある．2つの箱LとRを用意する．次の3種類の操作を考える．

(A) 1回スイッチを押し，出てきた玉をLに入れる．

(B) 1回スイッチを押し，出てきた玉をRに入れる．

(C) 1回スイッチを押し，出てきた玉と同じ色の玉が，Lになければその玉をLに入れ，Lにあればその玉をRに入れる．

(1) LとRは空であるとする．操作(A)を5回行い，さらに操作(B)を5回行う．このときLにもRにも4色すべての玉が入っている確率 P_1 を求めよ．

(2) LとRは空であるとする．操作(C)を5回行う．このときLに4色すべての玉が入っている確率 P_2 を求めよ．

(3) LとRは空であるとする．操作(C)を10回行う．このときLにもRにも4色すべての玉が入っている確率を P_3 とする．$\frac{P_3}{P_1}$ を求めよ．

(2009年 文理共通)

ポイント

・確率 … 「その場合の数／全場合の数」 or 「確率の乗法定理」

・同じものを含む順列 … $\dfrac{n!}{p!q!r!\cdots}$ （$p+q+r+\cdots=n$）

・(A)と(C)はLにとっては同じ試行

　… (1)と(2)における「Lが4種類含む確率」は等しい．

解答

(1) 5回行うとき，全場合の数は

$$4^5 = 1024 \text{ (通り)}$$

5回で4色揃う場合の数は，同じものを含む順列とどの色が2回出るかを考えて，

$$\frac{5!}{2!} \cdot 4 = 240 \text{ 通り}$$

よって，1人が5回行って4色揃う確率は，

$$\frac{240}{1024} = \frac{15}{64} \quad \cdots ①$$

2人が独立に同じ試行をするので，求める確率は，

$$P_1 = \left(\frac{15}{64}\right)^2 = \frac{225}{4096}$$

(2) 求める確率は①と同じなので，$P_2 = \dfrac{15}{64}$

(3) 10回行うとき，全場合の数は 4^{10} 通り

　　　　（ⅰ）ある色が4回出て他の色が2回ずつ出る．
　　　　（ⅱ）ある2色が3回ずつ出て他の色が2回ずつ出る．

（ⅰ）の場合の確率は
$$_4C_1 \times \dfrac{10!}{4!2!2!2!}$$

（ⅱ）の場合の確率は
$$_4C_2 \times \dfrac{10!}{3!3!2!2!}$$

よって　$P_3 = \left({}_4C_1 \times \dfrac{10!}{4!2!2!2!} + {}_4C_2 \times \dfrac{10!}{3!3!2!2!} \right) \Big/ 4^{10} = \dfrac{10!}{16} \left(\dfrac{1}{4} \right)^{10}$

$\therefore \quad \dfrac{P_3}{P_1} = \dfrac{10!}{16} \left(\dfrac{1}{4} \right)^{10} \div \dfrac{225}{4096} = \dfrac{63}{16}$

分析

* (1)において，「操作(A)を1人が5回行って4色揃う確率 p」は確率の乗法定理を用いて，

$p =$ (2回目に重複が起こる確率) + (3回目に〃) + (4回目に〃) + (5回目に〃)
$= \dfrac{4}{4} \cdot \dfrac{1}{4} \cdot \dfrac{3}{4} \cdot \dfrac{2}{4} \cdot \dfrac{1}{4} + \dfrac{4}{4} \cdot \dfrac{3}{4} \cdot \dfrac{2}{4} \cdot \dfrac{2}{4} \cdot \dfrac{1}{4} + \dfrac{4}{4} \cdot \dfrac{3}{4} \cdot \dfrac{2}{4} \cdot \dfrac{3}{4} \cdot \dfrac{1}{4} + \dfrac{4}{4} \cdot \dfrac{3}{4} \cdot \dfrac{2}{4} \cdot \dfrac{1}{4} \cdot \dfrac{4}{4} = \dfrac{15}{64}$

としても求まり，$P_1 = p^2$ として導いても良い．
（ただし，(3)に関しては，処理が多く，この解法は得策ではない．）

* (3)で問われている $\dfrac{P_3}{P_1}$ は，「ランダムで当たる何かを全種類集めたい」ときにおいて，「独立プレーで2人共全種類揃える確率 P_1」と「協力プレーで2人共全種類揃える確率 P_3」の比率を表しているとも考えられる．

33 反復試行の確率②

難易度／時間 15分

コンピュータの画面に，記号○と×のいずれかを表示させる操作を繰り返し行う．このとき，各操作で，直前の記号と同じ記号を続けて表示する確率は，それまでの経過に関係なく，p であるとする．最初に，コンピュータの画面に記号×が表示された．操作を繰り返し行い，記号×が最初のものも含めて3個出るよりも前に，記号○が n 個出る確率を P_n とする．ただし，記号○が n 個出た段階で操作は終了する．
(1) P_2 を p で表せ．　　(2) $n \geqq 3$ のとき，P_n を p と n で表せ．

(2006年　文理共通)

ポイント

- ○×が繰り返し表示される．　⇨　確率の乗法定理の利用を考える．
- 「直前の記号と同じ記号を続けて表示する確率は p」
  ⇨　○と×の個数の内訳だけではなく，「途中で記号が何回入れ替わるか」が重要．
- (1) 場合の数は少ないので，具体的に書き出して考える．
- (2) 「×が3個出るよりも前に，記号○が n 個出る確率 P_n」
  ⇨　×が1個出てるとき（×○○…○）と，×が2個出てるとき（×○×○…○など）に分けて考えるが，後者の「2個めの×の出方」に注意する．　解答1
- (2) 「○○」で終わる場合と「×○」で終わる場合にわけて漸化式を立式する．
  解答2

解答1

(1) 記号×が3個出るよりも前に，記号○が2個出る場合は，次の（ⅰ），（ⅱ），（ⅲ）のいずれか．　…①　　　　　　　　　　　　　　　　　　　　　← 場合分け

　　　　（ⅰ）　×○○　　　　この確率は　$(1-p)p$
　　　　（ⅱ）　×○×○　　　この確率は　$(1-p)^3$
　　　　（ⅲ）　××○○　　　この確率は　$p \cdot (1-p) \cdot p = (1-p)p^2$

　　∴　$P_2 = (1-p)p + (1-p)^3 + (1-p)p^2 = (1-p)(2p^2 - p + 1)$

(2) 記号×が3個出るよりも前に，記号○が n 個出る場合は，次の（ⅰ），（ⅱ），（ⅲ）のいずれか．　…②　　　　　　　　　　　　　　　　　　　　　← 場合分け

　　　　（ⅰ）　×○○…○　　　　この確率は　$(1-p)p^{n-1}$
　　　　（ⅱ）　××○○…○　　　この確率は　$p \cdot (1-p) \cdot p^{n-1} = (1-p)p^n$
　　　　（ⅲ）　×○○…○×○…○

$n+1$ 回の変化のうち，直前の記号と同じ表示は $n-2$ 回，直前の記号と異なる表示は 3 回行われる．

また，2 個目の × の位置は，$n-1$ 通りありうる． …③

よって，この確率は $(n-1) \times p^{n-2}(1-p)^3$ …④

$$\therefore \quad P_n = (1-p)p^{n-1} + (1-p)p^n + (n-1)p^{n-2}(1-p)^3$$
$$= (1-p)p^{n-2}\{np^2 - (2n-3)p + n-1\}$$

解答 2

(2)

上の推移図から，

$$P_{n+1} = p \times P_n + (1-p)^3 p^{n-1} \qquad \leftarrow \text{漸化式}$$

両辺を p^{n+1} で割って，$Q_n = \dfrac{P_n}{p^n}$ とすると，　　　　←漸化式の解法

$$Q_{n+1} = Q_n + \frac{(1-p)^3}{p^2}, \quad Q_1 = \frac{P_1}{p} = \frac{1-p^2}{p}$$

$$\therefore \quad Q_n = \frac{1-p^2}{p} + (n-1)\frac{(1-p)^3}{p^2}$$

$$\therefore \quad P_n = p^{n-1}(1-p^2) + (n-1)p^{n-2}(1-p)^3$$

分析

* (2)の(ⅱ)(ⅲ)を一括りにして反復試行の確率の公式を用いてはいけない．
  ○×の出現確率が「独立」でなく，直前の記号に影響される「従属」であるからである．

* ③は，×○×○……○ 〜 ×○○…○×○ であるが，×と×の間に入る○の個数が，1〜$n-1$ 個であることから，$n-1$ 通りと考えられる．

33 反復試行の確率② 79

34 巴戦の確率

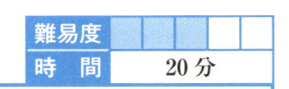

A, B, Cの3つのチームが参加する野球の大会を開催する. 以下の方式で試合を行い, 2連勝したチームが出た時点で, そのチームを優勝チームとして大会は終了する.
(a) 1試合目でAとBが対戦する.
(b) 2試合目で, 1試合目の勝者と, 1試合目で待機していたCが対戦する.
(c) k試合目で優勝チームが決まらない場合は, k試合目の勝者とk試合目で待機していたチームが$k+1$試合目で対戦する. ここでkは2以上の整数とする.

なお, すべての対戦において, それぞれのチームが勝つ確率は$\frac{1}{2}$で, 引き分けはないものとする.

(1) nを2以上の整数とする. ちょうどn試合目でAが優勝する確率を求めよ.
(2) mを正の整数とする. 総試合数が$3m$回以下でAが優勝したときの, Aの最後の対戦相手がBである条件付き確率を求めよ. 　(2016年　理科)

ポイント

- 特別なルールの勝者の変遷　⇨　勝者の変遷をダイヤグラムで表現して考える.
- 無限に続くかもしれない試行
  ⇨　状態の周期性（再帰性）を見出して, その性質を利用する.
- 条件付き確率　⇨　2つの事象の確率をそれぞれ求め, $P_A(B) = \dfrac{P(A \cap B)}{P(A)}$ の式を利用.

解答

(1)(ⅰ) 1試合目にAが勝つとき

右図点線内の勝者変遷（確率 $\left(\dfrac{1}{2}\right)^3$）を k 回繰り返し, その後, Aが勝つと優勝する. よって求める確率は,
$$p_{3k+2} = \frac{1}{2} \cdot \left(\left(\frac{1}{2}\right)^3\right)^k \cdot \frac{1}{2} = \left(\frac{1}{2}\right)^{3k+2}$$

(ⅱ) 1試合目にAが負けるとき

右図点線内の勝者変遷（確率 $\left(\dfrac{1}{2}\right)^3$）を k 回繰り返し, その後, Aが勝つと優勝する. よって求める確率は,
$$p_{3k+1} = \left(\left(\frac{1}{2}\right)^3\right)^k \cdot \frac{1}{2} = \left(\frac{1}{2}\right)^{3k+1}$$

これ以外には優勝することはないので,

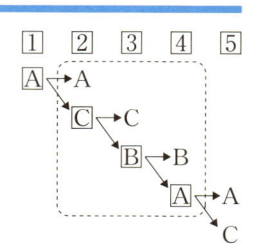

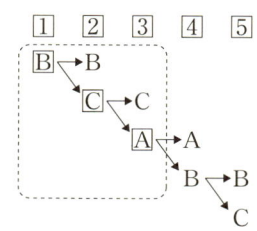

$$p_n = \begin{cases} 0 & (n\text{ が3の倍数のとき}) \\ \left(\dfrac{1}{2}\right)^n & (n\text{ が3の倍数でないとき}) \end{cases}$$

(2) $\quad E$：総試合数が $3m$ 以下で A が優勝する事象，
$\quad\quad F$：最後の対戦相手が B であるという事象

(1)より $m \geqq 2$ のとき

$$P(E) = \sum_{n=2}^{3m} p_n = \sum_{k=2}^{m-1} p_{3k+1} + \sum_{k=0}^{m-1} p_{3k+2} = \sum_{k=1}^{m-1}\left(\frac{1}{2}\right)^{3k+1} + \sum_{k=0}^{m-1}\left(\frac{1}{2}\right)^{3k+2}$$

$$= \frac{\left(\dfrac{1}{2}\right)^4\left\{1-\left(\dfrac{1}{8}\right)^{m-1}\right\}}{1-\dfrac{1}{8}} + \frac{\left(\dfrac{1}{2}\right)^2\left\{1-\left(\dfrac{1}{8}\right)^m\right\}}{1-\dfrac{1}{8}} = \frac{5}{14} - \frac{6}{7}\left(\frac{1}{2}\right)^{3m}$$

$m=1$ のとき，$P(E) = p_2 = \dfrac{1}{4}$ であるから，$m=1$ のときも成り立つ．

総試合数が $3m$ 以下で A が優勝し，かつ最後の対戦相手が B となるのは(1)より，
1試合目に B が勝つ場合に限られるから，

$$P(E \cap F) = \sum_{k=1}^{m-1} p_{3k+1} = \sum_{k=1}^{m-1}\left(\frac{1}{2}\right)^{3k+1} = \frac{\dfrac{1}{16}\left\{1-\left(\dfrac{1}{8}\right)^{m-1}\right\}}{1-\dfrac{1}{8}} = \frac{1}{14}\left\{1-\left(\frac{1}{2}\right)^{3(m-1)}\right\}$$

求める条件付き確率は $\quad P_E(F) = \dfrac{P(E \cap F)}{P(E)} = \dfrac{\dfrac{1}{14}\left\{1-\left(\dfrac{1}{2}\right)^{3(m-1)}\right\}}{\dfrac{5}{14} - \dfrac{6}{7}\left(\dfrac{1}{2}\right)^{3m}} = \dfrac{2^{3m-2}-2}{5\cdot 2^{3m-2}-3}$

分析

* 本問において，「1試合目で A が勝ったとき，A が優勝する確率 P」は，

$$P = (2\text{試合目に A が勝つ}) + (C \to B \to A \text{ の順で勝ち}) \times P$$

と表現できるので，$P = \dfrac{1}{2} + \left(\dfrac{1}{2}\right)^3 P$．この漸化式を解いて $P = \dfrac{4}{7}$ となる．

$\left(P = \dfrac{1}{2} + \left(\dfrac{1}{2}\right)^3 \cdot \dfrac{1}{2} + \left(\dfrac{1}{2}\right)^6 \cdot \dfrac{1}{2} + \cdots = \displaystyle\lim_{n\to\infty}\sum_{k=1}^{n}\left(\dfrac{1}{2}\cdot\left(\dfrac{1}{8}\right)^{k-1}\right) = \dfrac{4}{7}$ と直接計算してもよい$)$

類題

(本問と同じ問題設定)

(3) 総試合数が $3m$ 回以下で A が優勝する確率を求めよ．（2016年　文科）

$$\sum_{n=2}^{3m} p_n = \sum_{k=1}^{m-1} p_{3k+1} + \sum_{k=0}^{m-1} p_{3k+2} = \sum_{k=1}^{m-1}\left(\frac{1}{2}\right)^{3k+1} + \sum_{k=0}^{m-1}\left(\frac{1}{2}\right)^{3k+2} = \frac{5}{14} - \frac{6}{7}\left(\frac{1}{2}\right)^{3m}$$

($m=1$ のときも成立)

35 確率の乗法定理

難易度 ／ 時間 25分

N を1以上の整数とする．数字 1, 2, ……, N が書かれたカードを1枚ずつ，計 N 枚用意し，甲，乙の2人が次の手順でゲームを行う．

（ⅰ）甲が1枚カードを引く．そのカードに書かれた数を a とする．引いたカードはもとに戻す．

（ⅱ）甲はもう1回カードを引くかどうかを選択する．引いた場合は，そのカードに書かれた数を b とする．引いたカードはもとに戻す．引かなかった場合は，$b=0$ とする．$a+b>N$ の場合は乙の勝ちとし，ゲームは終了する．

（ⅲ）$a+b \leqq N$ の場合は，乙が1枚カードを引く．そのカードに書かれた数を c とする．引いたカードはもとに戻す．$a+b<c$ の場合は乙の勝ちとし，ゲームは終了する．

（ⅳ）$a+b \geqq c$ の場合は，乙はもう1回カードを引く．そのカードに書かれた数を d とする．$a+b<c+d \leqq N$ の場合は乙の勝ちとし，それ以外の場合は甲の勝ちとする．

（ⅱ）の段階で，甲にとってどちらの選択が有利であるかを，a の値に応じて考える．以下の問いに答えよ．

(1) 甲が2回目にカードを引かないことにしたとき，甲の勝つ確率を a を用いて表せ．

(2) 甲が2回目にカードを引くことにしたとき，甲の勝つ確率を a を用いて表せ．ただし，各カードが引かれる確率は等しいものとする． (2005年 文理共通)

ポイント

・確率 $\Rightarrow$ $\dfrac{\text{その場合の数}}{\text{全場合の数}}$ あるいは「確率の乗法定理」の都合の良い方で考える．

・(2)「2回目も引く」
　　$\Rightarrow$ $a+b(\leqq N)$ の値が決定した後は，(1)と同じ構造であることを利用．

・2変数以上が含まれる場合の数 $\Rightarrow$ 格子点の個数で考える．解答2

解答1

(1) 甲が2回目にカードを引かずに勝つのは

$$a \geqq c \quad \text{かつ} \quad (a \geqq c+d \quad \text{または} \quad c+d>N) \quad \cdots ①$$

のとき．$c=k (1 \leqq k \leqq a)$ と固定すると　　← 固定する

$$① \Leftrightarrow d \leqq a-k \quad \text{または} \quad d > N-k$$

よって
$$d = 1, 2, \cdots, a-k \quad \text{または} \quad N-k+1, N-k+2, \cdots, N$$
であるから，d は
$$(a-k) + (N-(N-k+1)+1) = a \text{ (通り)}$$
乙が1回目に k を引く確率は $\dfrac{1}{N}$, 2回目に①をみたすカードを引く確率は $\dfrac{a}{N}$．
$$\therefore \quad \text{求める確率は} \quad \sum_{k=1}^{a}\left(\dfrac{1}{N} \times \dfrac{a}{N}\right) = \dfrac{a}{N^2} \times a = \dfrac{a^2}{N^2}$$

(2) (ii) 終了後の甲の点数を $a+b=l(a+1 \leqq l \leqq N)$ と固定すると,

甲が2回目に $b=l-a$ を引く確率は $\dfrac{1}{N}$，その後，最終的に甲が勝つ確率は，

(1)より $\dfrac{l^2}{N^2}$

$$\therefore \quad \text{求める確率は} \quad \sum_{l=a+1}^{N}\left\{\dfrac{1}{N} \times \dfrac{l^2}{N^2}\right\} = \dfrac{1}{N^3}\sum_{l=a+1}^{N} l^2 = \dfrac{1}{N^3}\left(\sum_{l=1}^{N} l^2 - \sum_{l=1}^{a} l^2\right)$$
$$= \dfrac{1}{N^3}\left\{\dfrac{1}{6}N(N+1)(2N+1) - \dfrac{1}{6}a(a+1)(2a+1)\right\}$$
$$= \dfrac{1}{6N^3}\{N(N+1)(2N+1) - a(a+1)(2a+1)\}$$

解答2

(1) 与条件を格子点を用いて考えると，甲が勝つときの (c, d) は，右図の黒丸に対応する．(右図は $a=5$ のとき)
$$\therefore \quad \text{求める確率は} \quad \dfrac{a^2}{N^2}$$

(2) 甲が勝つときの (c, d) は，右図の黒丸に対応する．(右図は $a+b=10$ のとき) $a+b=l$ が決まったとき，甲が勝つ確率は $\dfrac{l^2}{N^2}$

一方，a を引いたあと $a+b=l$ となるような b を引く確率は $\dfrac{1}{N}$

$$\therefore \quad \text{求める確率は} \quad \sum_{l=a+1}^{N}\left\{\dfrac{1}{N} \times \dfrac{l^2}{N^2}\right\} = \dfrac{1}{N^3}\sum_{l=a+1}^{N} l^2 = \cdots$$

(以下同様)

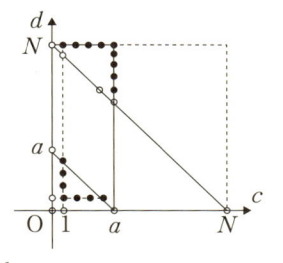

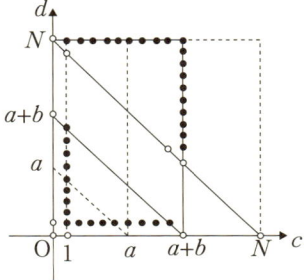

分析

* 東京大学の確率の問題は，本問のように「時系列を付加」し，乗法定理を利用して解くと，要領よく解けることも多い．

36 確率漸化式①

平面上に正4面体が置いてある．平面と接している面の3辺の1つを任意に選び，これを軸として正4面体を倒す．n 回の操作の後に，最初に平面と接していた面が再び平面と接する確率を求めよ． (1991年　理科)

ポイント

- 整数 n の変化に伴って遷移する確率　⇨　「確率漸化式」の問題だと認識する．
- 漸化式の立式　⇨　状態遷移のダイヤグラムを描いて，漸化式を立式する．
- ダイヤグラムの描き方　⇨　最後の1手に注目して，状態を場合分けする．
- 漸化式を解く　⇨　漸化式の典型解法を利用して，一般項を求める．

解答

はじめに平面に接していた面を A 面とする．

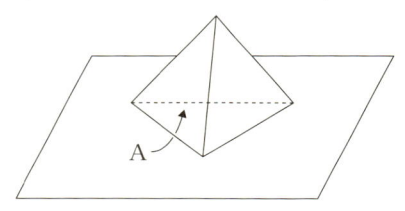

A 面が平面と接しているとき，
その後の1回の操作で，A 面が平面に接する確率は 0．
A 面でない面が平面と接しているとき，
その後の1回の操作で，A 面が平面に接する確率は $\dfrac{1}{3}$．
以上より，右のようなダイヤグラムが描ける．　…①

よって，求める確率を p_n とすると，

$$p_{n+1} = \dfrac{1}{3}(1 - p_n)$$

← 漸化式の解法

$$\Leftrightarrow \quad p_{n+1} = -\dfrac{1}{3} p_n + \dfrac{1}{3} \quad \cdots ②$$

$$\Leftrightarrow \quad p_{n+1} - \dfrac{1}{4} = -\dfrac{1}{3} \left(p_n - \dfrac{1}{4} \right) \quad \cdots ③$$

$q_n = p_n - \dfrac{1}{4}$ とする.

③ $\Leftrightarrow$ $q_{n+1} = -\dfrac{1}{3} q_n$ また, $q_1 = p_1 - \dfrac{1}{4} = -\dfrac{1}{4}$.

$$\therefore \quad q_n = \left(-\dfrac{1}{4}\right)\left(-\dfrac{1}{3}\right)^{n-1}$$

$$\Leftrightarrow \quad p_n - \dfrac{1}{4} = \left(-\dfrac{1}{4}\right)\left(-\dfrac{1}{3}\right)^n$$

$$\therefore \quad p_n = \dfrac{1}{4}\left\{1 - \left(\left(-\dfrac{1}{3}\right)^{n-1}\right)\right\}$$

分析

* ①を考えて,
「n 回後に A 面が平面に接する確率 p_n」「n 回後に他の面が平面に接する確率 $1-p_n$」
を用いて,「$n+1$ 回後に A 面が平面に接する確率 p_{n+1}」を表現する.

* ②から③の変形は, $p_{n+1} = p_n = x$ とした特性方程式
$$x = -\dfrac{1}{3}x + \dfrac{1}{3} \quad \Leftrightarrow \quad x = \dfrac{1}{4}$$
を参考にして, 両辺から $\dfrac{1}{4}$ を引いて, 等比型に式変形している.

* 確率漸化式の問題は, 本問のような「隣接 2 項間漸化式」の他に
「隣接 3 項間漸化式」「複数系列の隣接 2 項間漸化式」なども出題される.

37 確率漸化式②

難易度	
時間	20分

図のように，正三角形を9つの部屋に辺で区切り，部屋P, Qを定める．1つの球が部屋Pを出発し，1秒ごとに，そのままその部屋にとどまることなく，辺を共有する隣の部屋に等確率で移動する．球が n 秒後に部屋Qにある確率を求めよ．

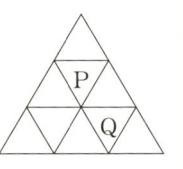

(2012年　文理共通)

ポイント

- 整数 n の変化に伴って遷移する確率　⇨　「確率漸化式」の問題だと認識する．
- n が奇数のとき，部屋Qには存在しない
  　　　　　⇨　n が偶数のときと奇数のときで場合分けする必要がある．
- 漸化式とダイヤグラム　⇨　最後の2手に注目して，状態を場合分けする．

解答

右図のように部屋R, 部屋 X_1〜X_6 を定める．
球が n 秒後に部屋P, Q, Rにある確率をそれぞれ p_n, q_n, r_n とする．
このとき，図形の対称性から，$r_n = q_n$ である．　…①

(i) n が奇数のとき
　球は部屋 X_1〜X_6 のいずれかに存在し，部屋Qに存在し得ない　∴ $q_n = 0$

(ii) n が2以上の偶数のとき
　$n+2$ 秒後に部屋Qにある球は，n 秒後には部屋P, Q, Rのいずれかにある．
$$p_n + q_n + r_n = 1.$$
ダイヤグラムより，q_{n+2} を p_n, q_n, r_n で表現すると，

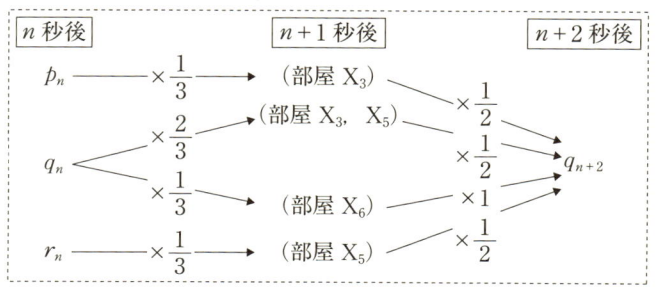

```
[n秒後]              [n+1秒後]            [n+2秒後]
 p_n ──×1/3──→ (部屋 X_3) ──×1/2──┐
                                      │
         ×2/3  → (部屋 X_3, X_5) ──×1/2──→ q_{n+2}
 q_n ─┤
         ×1/3  → (部屋 X_6)      ──×1──┘
 r_n ──×1/3──→ (部屋 X_5)     ──×1/2──┘
```

$$q_{n+2} = p_n \times \frac{1}{3} \times \frac{1}{2} + q_n \times \frac{2}{3} \times \frac{1}{2} + q_n \times \frac{1}{3} \times 1 + r_n \times \frac{1}{3} \times \frac{1}{2}$$
$$= \frac{1}{6}p_n + \frac{5}{6}q_n \quad (\because \ r_n = q_n) \quad \cdots ②$$

また，
$p_n + q_n + r_n = p_n + 2q_n = 1 \ (\because \ ①)$ より，$p_n = 1 - 2q_n.$ $\quad \cdots ③$ ← 対称性の利用

③を②に代入して，

$$② \ \Leftrightarrow \ q_{n+2} = \frac{1}{6}(1 - 2q_n) + \frac{5}{6}q_n = \frac{1}{2}q_n + \frac{1}{6} \quad \cdots ④$$
$$\Leftrightarrow \ q_{n+2} - \frac{1}{3} = \frac{1}{2}\left(q_n - \frac{1}{3}\right) \quad \cdots ⑤$$

$a_n = q_n - \frac{1}{3}$ とする．

$$⑤ \ \Leftrightarrow \ a_{n+2} = \frac{1}{2}a_n \quad また，a_0 = q_0 - \frac{1}{3} = -\frac{1}{3}$$

よって，

$$a_n = -\frac{1}{3} \cdot \left(\frac{1}{2}\right)^{\frac{n}{2}} = q_n - \frac{1}{3}$$
$$\therefore \ q_n = \frac{1}{3}\left(1 - \frac{1}{2^{\frac{n}{2}}}\right)$$

この式は $n=0$ のときも成り立つ． ← $n=0$ のときの確認

(ⅰ), (ⅱ)から，

求める確率は n が奇数のとき 0, n が偶数のとき $\dfrac{1}{3}\left(1 - \dfrac{1}{2^{\frac{n}{2}}}\right)$

分析

* ④から⑤の変形は，$q_{n+2} = q_n = x$ とした特性方程式 $x = \frac{1}{2}x + \frac{1}{6} \ \Leftrightarrow \ x = \frac{1}{3}$ を参考にして，④の両辺から $\frac{1}{3}$ を引いて，等比型に式変形している．

* ④は，厳密には隣接2項間漸化式ではないが，偶数項限定になっているだけなので本質的には隣接2項間漸化式と同じ．

37 確率漸化式②

38 確率漸化式③

難易度
時間 20分

投げたとき表と裏の出る確率がそれぞれ $\frac{1}{2}$ のコインを1枚用意し，次のように左から順に文字を書く．コインを投げ，表が出たときは文字列 AA を書き，裏が出たときは文字 B を書く．更に繰り返しコインを投げ，同じ規則に従って，AA, B をすでにある文字列の右側につなげて書いていく．例えば，コインを5回投げ，その結果が順に表，裏，裏，表，裏であったとすると，得られる文字列は，AABBAAB となる．このとき，左から4番目の文字は B, 5番目の文字は A である．

(1) n を正の整数とする．n 回コインを投げ，文字列を作るとき，文字列の左から n 番目の文字が A となる確率を求めよ．

(2) n を2以上の整数とする．n 回コインを投げ，文字列を作るとき，文字列の左から $n-1$ 番目の文字が A で，かつ n 番目の文字が B となる確率を求めよ．

(2015年 文科)

ポイント

- 整数 n の変化に伴って遷移する確率 ⇨ 「確率漸化式」の問題だと認識する．
- 「最後の1手で場合分け」が不向きな問題 ⇨ 「最初の1手で場合分け」を考える．

解答

(1) n 回コインを投げ，左から n 番目の文字が A となる確率を p_n とおく．

$n+2$ 番目の文字が A となるのは，

(ⅰ) 1回目が表のとき

　1番目と2番目は A．3番目から $n+2$ 番目まで n 個の文字を並べ，$n+2$ 番目の文字が A である確率は　p_n

(ⅱ) 1回目が裏のとき

　1番目は B．2番目から $n+2$ 番目まで $n+1$ 個の文字を並べ，$n+2$ 番目の文字が A である確率は　p_{n+1}

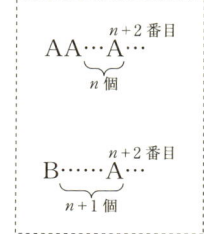

(ⅰ)，(ⅱ)は排反であるから

$$p_{n+2} = \frac{1}{2}p_n + \frac{1}{2}p_{n+1} \quad \cdots ①$$

← 隣接3項間漸化式

また，

$$p_1 = \frac{1}{2}, \quad p_2 = \frac{1}{2} + \frac{1}{2} \cdot \frac{1}{2} = \frac{3}{4}$$

① ⇔ $p_{n+2} + \frac{1}{2}p_{n+1} = p_{n+1} + \frac{1}{2}p_n$ ⇔ $p_{n+2} - p_{n+1} = -\frac{1}{2}(p_{n+1} - p_n)$ $\cdots ②$

$a_n = p_{n+1} + \dfrac{1}{2} p_n$ とすると，$a_{n+1} = a_n$，$a_1 = 1$　∴　$a_n = 1 = p_{n+1} + \dfrac{1}{2} p_n$ …③

$b_n = p_{n+1} - p_n$ とすると，$b_{n+1} = -\dfrac{1}{2} b_n$，$b_1 = \dfrac{1}{4}$　∴　$b_n = \dfrac{1}{4} \left(-\dfrac{1}{2}\right)^{n-1} = p_{n+1} - p_n$ …④

③，④ から $p_n = \dfrac{2}{3} + \dfrac{1}{3} \left(-\dfrac{1}{2}\right)^n$

(2) $n \geq 2$ のとき，n 回コインを投げ，左から $n-1$ 番目の文字が A で，かつ n 番目の文字が B となる確率を q_n とおく．

$n+1$ 番目の文字が A で，かつ $n+2$ 番目の文字が B となるのは，

（ⅰ）1 回目が表のとき

　　1 番目と 2 番目は A．3 番目から $n+2$ 番目まで n 個の文字を並べ，$n+1$ 番目の文字が A で，かつ $n+2$ 番目の文字が B である確率は　q_n

（ⅱ）1 回目が裏のとき

　　1 番目は B．2 番目から $n+2$ 番目まで $n+1$ 個の文字を並べ，$n+1$ 番目の文字が A で，かつ $n+2$ 番目の文字が B である確率は　q_{n+1}

（ⅰ），（ⅱ）は排反であるから

$$q_{n+2} = \dfrac{1}{2} q_n + \dfrac{1}{2} q_{n+1} \quad \text{…⑤} \qquad \leftarrow \text{漸化式}$$

また，

$$q_2 = 0, \quad q_3 = \dfrac{1}{2} \cdot \dfrac{1}{2} = \dfrac{1}{4}$$

⑤ $\Leftrightarrow$ $q_{n+2} + \dfrac{1}{2} q_{n+1} = q_{n+1} + \dfrac{1}{2} q_n$ $\Leftrightarrow$ $q_{n+2} - q_{n+1} = -\dfrac{1}{2}(q_{n+1} - q_n)$ …⑥

$c_n = q_{n+1} + \dfrac{1}{2} q_n$ とすると，$c_{n+1} = c_n$，$c_2 = \dfrac{1}{4}$　∴　$c_n = \dfrac{1}{4} = q_{n+1} + \dfrac{1}{2} q_n$ …⑦

$d_n = q_{n+1} - q_n$ とすると，$d_{n+1} = -\dfrac{1}{2} d_n$，$d_2 = \dfrac{1}{4}$　∴　$d_n = \dfrac{1}{4} \left(-\dfrac{1}{2}\right)^{n-2} = q_{n+1} - q_n$ …⑧

⑦，⑧ から $q_n = \dfrac{1}{6} - \dfrac{2}{3} \cdot \left(-\dfrac{1}{2}\right)^n$

分析

* 本問は，「最初の 1 手で場合分け」して考えるタイプの確率漸化式の問題である．

* ①⑤は典型的な $a_{n+2} = p a_{n+1} + q a_n$ 型の隣接 3 項間漸化式なので，特性方程式 $x^2 = \dfrac{1}{2} + \dfrac{1}{2} x$ の解 $x = 1$，$-\dfrac{1}{2}$ を参考に，②⑥のような変形をしている．

39 確率漸化式④

2つの箱 L と R, ボール 30 個, コイン投げで表と裏が等確率 $\frac{1}{2}$ で出るコイン 1 枚を用意する. x を 0 以上 30 以下の整数とする. L に x 個, R に $30-x$ 個のボールを入れ, 次の操作(#)を繰り返す.

(#) 箱 L に入っているボールの個数を z とする. コインを投げ, 表が出れば箱 R から箱 L に, 裏が出れば箱 L から箱 R に, $K(z)$ 個のボールを移す. ただし, $0 \leq z \leq 15$ のとき $K(z) = z$, $16 \leq z \leq 30$ のとき $K(z) = 30 - z$ とする.

m 回の操作の後, 箱 L のボールの個数が 30 である確率を $P_m(x)$ とする.

例えば, $P_1(15) = P_2(15) = \frac{1}{2}$ となる.

(1) $m \geq 2$ のとき, x に対してうまく y を選び, $P_m(x)$ を $P_{m-1}(y)$ で表せ.

(2) n を自然数とするとき, $P_{2n}(10)$ を求めよ.

(3) n を自然数とするとき, $P_{4n}(6)$ を求めよ.

(2010年 理科)

ポイント

・複雑なルールの試行 ⇨ ルールを正確に読み取り, 状態遷移の種類を整理する.

・確率と漸化式 ⇨ 「最後の 1 手で場合分け」がうまくいかないときは「最初の 1 手で場合分け」を行う.

解答

箱 L に x 個, 箱 R に $30-x$ 個のボールが入っている状態を $(x, 30-x)$ と表すことにする.

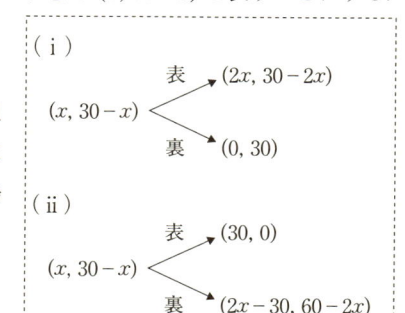

(1) [1] $0 \leq x \leq 15$ のとき, $K(x) = x$.

1 回の操作(#)による遷移は右図(i)

箱 L のボールの個数が 30 になるのは, 1 回目が表で, 箱 L のボールの個数が $2x$ になり, $m-1$ 回の操作の後, 30 個になる場合であるから

$$P_m(x) = \frac{1}{2} P_{m-1}(2x)$$

[2] $16 \leq x \leq 30$ のとき, $K(x) = 30 - x$ である.

1 回の操作(#)による遷移は右図(ii)

箱 L のボールの個数が 30 になるのは, 1 回目が表である場合, または 1 回目が裏で, 箱 L のボールの個数が $2x - 30$ になり, $m-1$ 回の操作の後, 30 個になる場合であ

(i)
$(x, 30-x)$ 表 → $(2x, 30-2x)$
 裏 → $(0, 30)$

(ii)
$(x, 30-x)$ 表 → $(30, 0)$
 裏 → $(2x-30, 60-2x)$

るから
$$P_m(x) = \frac{1}{2} + \frac{1}{2}P_{m-1}(2x-30)$$

$$\therefore \quad P_m(x) = \begin{cases} \frac{1}{2}P_{m-1}(2x) & (0 \leq x \leq 15) \\ \frac{1}{2} + \frac{1}{2}P_{m-1}(2x-30) & (16 \leq x \leq 30) \end{cases}$$

(2) (1)から $P_{2n}(10) = \frac{1}{2}P_{2n-1}(20) = \frac{1}{2}\left\{\frac{1}{2} + \frac{1}{2}P_{2n-2}(2\cdot 20 - 30)\right\} = \frac{1}{4}P_{2n-2}(10) + \frac{1}{4}$

$$\therefore \quad P_{2n}(10) = \frac{1}{4}P_{2n-2}(10) + \frac{1}{4} \quad \cdots ① \qquad \leftarrow 1つとばし$$

$q_n = P_{2n}(10)$ なる数列 $\{q_n\}$ を用いると，$q_0 = P_0(10) = 0$.

$$① \Leftrightarrow q_n = \frac{1}{4}q_{n-1} + \frac{1}{4} \Leftrightarrow q_n - \frac{1}{3} = \frac{1}{4}\left\{q_{n-1} - \frac{1}{3}\right\} \qquad \leftarrow 漸化式の解法$$

$$\therefore \quad q_n - \frac{1}{3} = -\frac{1}{3}\left(\frac{1}{4}\right)^n$$

$$\therefore \quad P_{2n}(10) = q_n = -\frac{1}{3}\left(\frac{1}{4}\right)^n + \frac{1}{3} = \frac{1}{3}\left(1 - \frac{1}{4^n}\right)$$

(3) (1)から $P_{4n}(6) = \frac{1}{2}P_{4n-1}(12) = \frac{1}{2}\cdot\frac{1}{2}P_{4n-2}(24)$

$$= \frac{1}{4}\left\{\frac{1}{2} + \frac{1}{2}P_{4n-3}(2\cdot 24 - 30)\right\} = \frac{1}{8}P_{4n-3}(18) + \frac{1}{8}$$

$$= \frac{1}{8}\left\{\frac{1}{2} + \frac{1}{2}P_{4n-4}(2\cdot 18 - 30)\right\} + \frac{1}{8}$$

$$= \frac{1}{16}P_{4n-4}(6) + \frac{3}{16}$$

$$\therefore \quad P_{4n}(6) = \frac{1}{16}P_{4n-4}(6) + \frac{3}{16} \quad \cdots ② \qquad \leftarrow 3つとばし$$

$r_n = P_{4n}(6)$ なる数列 $\{r_n\}$ を用いると，$r_0 = P_0(6) = 0$.

$$② \Leftrightarrow r_n = \frac{1}{16}r_{n-1} + \frac{3}{16} \Leftrightarrow r_n - \frac{1}{5} = \frac{1}{16}\left\{r_{n-1} - \frac{1}{5}\right\} \qquad \leftarrow 漸化式の解法$$

$$\therefore \quad r_n - \frac{1}{5} = -\frac{1}{5}\left(\frac{1}{16}\right)^n$$

$$\therefore \quad P_{4n}(6) = -\frac{1}{5}\left(\frac{1}{16}\right)^n + \frac{1}{5} = \frac{1}{5}\left(1 - \frac{1}{16^n}\right)$$

分析

* 一般に，確率漸化式の問題は「最後の1手」，場合の数漸化式の問題は「最初の1手」で場合分けすることが定石であるが，本問や問題 **38** のように「最初の1手」で場合分けする方が捉えやすい確率漸化式の問題も存在することに注意．

§3 場合の数・確率　解説

傾向・対策

「場合の数・確率」分野は，「整数・数列」分野と共に，大きく東大入試の特徴が現れている分野です．教科書の単元では「場合の数と確率（数A）」が対応しますが，解答の中で「整数の性質（数A）」や「数列（数B）」が関連することも多くあります．この分野からは，具体的な連続する試行によって遷移する状態に関する場合の数や確率を問われることが多く，問題の設定そのものを理解するまでにある程度の労力を必要とすることもあります．具体的には，「複雑なルールの連続試行に関する問題」，「遷移する状態を漸化式で表現して，それを解く問題（場合の数漸化式・確率漸化式）」などが挙げられます．

対策としては，題意を正確に読解し，同値に言い換えながら，単純化していく演習が有効となります．絵や図で視覚化しながら，読み解いていくような解き方になります．また，更に頻出といえる「場合の数漸化式・確率漸化式」に対しては，題意を構造化して，ダイヤグラムを描き，漸化式を立式するトレーニングが必要となります．特に，この「場合の数漸化式・確率漸化式」に関しては，様々な応用問題が，繰り返し出題されているので，十分に対策しておく必要があります．東大数学入試の他分野の問題にも共通して言えることでありますが，「手を動かして，絵・図を描きながら，糸口を見つけていく」ということがやはり最も重要な姿勢となります．

学習のポイント

・題意の正しい理解ができるような読解力の養成．
・連続試行に伴って遷移する状態への意識．
・絵や図で視覚化し，題意を構造化する練習．
・場合の数漸化式・確率漸化式の解法に慣れる．
・場合の数漸化式・確率漸化式の応用問題への対応力をつける．

§4 図形

	内容	出題年	難易度	時間
40	点の動く領域	1982 年	■□□□	15 分
41	円周率の評価	2003 年	■■■□	15 分
42	立体図形の計量①	2001 年	■■□□	15 分
43	立体図形の計量②	1998 年	■■■□	25 分
44	図形量の比	1983 年	■■■□	20 分
45	立体図形の性質	1996 年	■■■□	25 分
46	図形量の最大最小	2012 年	■■□□	20 分
47	2 動点間の距離	1999 年	■■□□	15 分
48	座標上の正三角形	1997 年	■■■□	20 分
49	軌跡①	2011 年	■■■□	20 分
50	軌跡②	2008 年	■■■□	20 分
51	場合分け線形計画法	2013 年	■■■□	20 分
52	直線の通過領域	1997 年	■■■□	20 分
53	放物線の通過領域	2015 年	■■■□	20 分
54	ベクトルと三角形	2013 年	■■■□	25 分
55	ベクトルと数列	1998 年	■■■□	20 分
56	ベクトルと存在条件	1997 年	■■■□	20 分
57	複素数と図形①	2016 年	■■□□	15 分
58	複素数と図形②	2003 年	■■■□	20 分
59	複素数列と図形	2001 年	■■■□	20 分

40 点の動く領域

平面上に2定点 A, B があり,線分 AB の長さ $\overline{AB}$ は $2(\sqrt{3}+1)$ である.この平面上を動く3点 P, Q, R があって,つねに

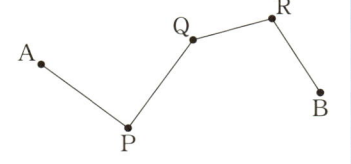

$$\begin{cases} \overline{AP} = \overline{PQ} = 2 \\ \overline{QR} = \overline{RB} = \sqrt{2} \end{cases}$$

なる長さを保ちながら動いている.このとき,点 Q が動きうる範囲を図示し,その面積を求めよ. (1982年 文科)

ポイント

・複数の動点の問題 ⇨ 「固定する」あるいは「無視する」などの手法で点の動きを捉える.

・点 Q の動く範囲 ⇨ おおまかに予想したあと,「点 A からどれだけ離れることができるか」「点 B からどれだけ離れることができるか」を考える.

解答

点 Q の動きうる範囲は右図の斜線部. …①
ただし,境界線を含む.

$\overline{AC} = 4$, $\overline{BC} = 2\sqrt{2}$, $\overline{AB} = 2(\sqrt{3}+1)$

△ABC は,直角三角形2つに分割できる.

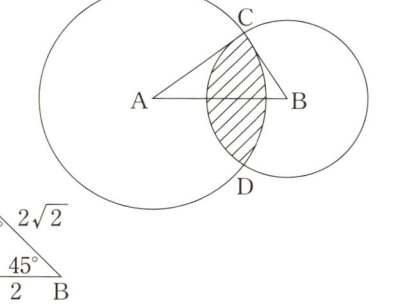

よって求める面積は,

$$(\text{扇形 ACD} - \triangle\text{ACD}) + (\text{扇形 BCD} - \triangle\text{BCD}) = \frac{14}{3}\pi - 4(\sqrt{3}+1)$$

分析

* まず，辺 QR，辺 RB を無視して，点 Q を自由に動かすと動きうる範囲は右図の斜線部．

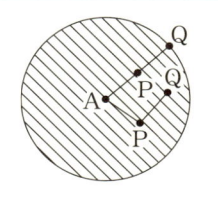

同様に，まず，辺 AP，辺 PQ を無視して，点 Q を自由に動かすと動きうる範囲は右図の斜線部．

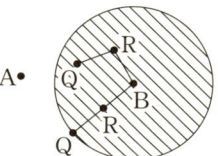

これら 2 つの円の共通部分を考えて，①の斜線部を導く．

類題 1

1 辺 1 の正 6 角形の頂点を中心とする 6 つの円を考えたとき，右図の太線で囲まれる面積 S を求めよ． （1962 年　文科）

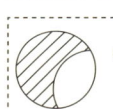

> の面積を求めると，$\dfrac{\pi}{3}+\dfrac{\sqrt{3}}{2}$
>
> 6 倍して，$S=2\pi+3\sqrt{3}$

類題 2

半径 1 の円 O の内部の点 P と，1 辺 4 の正三角形 ABC の周上の点 Q を結ぶ線分 PQ を考える．点 P，Q が自由に動くとき，線分 PQ の中点 R の動きうる範囲を図示し，その面積を求めよ． （1965 年　文科）

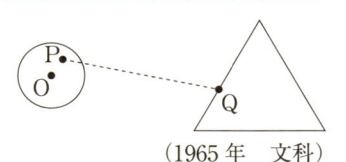

> 相似拡大とアニメーションを考えて，半径 $\dfrac{1}{2}$ の円と，1 辺 2 の正三角形で右図の斜線部のように描ける．（ただし，黒塗り部分は範囲外）
>
> この面積を計算すると　$6-\dfrac{3\sqrt{3}}{4}+\dfrac{\pi}{4}$

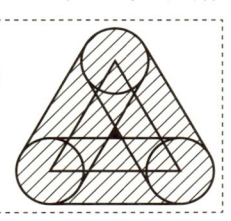

40 点の動く領域

41 円周率の評価

難易度 ■■■□□
時間 15分

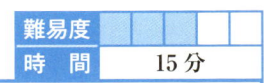

円周率が 3.05 より大きいことを証明せよ．

(2003 年　理科)

ポイント

- 「円周率」とは？　⇨　(円周率)＝(円周)／(直径) が定義だが，面積公式の利用も可能．
- 「○○より大きい」の証明　⇨　図形量同士での大小関係の利用．
- 円と比較する図形　⇨　面積や周長が求めやすい単純な図形を考える．
- 根号の評価　⇨　小数で表現した概算値で挟む．もし評価が甘い場合は，小数点以下の桁数を増やして考える．
- 評価の向き　⇨　本当の値よりも「小さい値」と「大きい値」のいずれにすり替えるべきか，を見極める．（向きを間違えると証明にならない）

解答 1

半径 1 の円に内接する正 12 角形の周長 l を考える．
円周率を a とすると，円周の長さは $2a$．
正 12 角形を 12 等分した 2 等辺 3 角形 ABC を考える．
右図において三平方の定理より

$$x^2 = \left(\frac{1}{2}\right)^2 + \left(1-\frac{\sqrt{3}}{2}\right)^2 = 2-\sqrt{3}$$

$$\therefore\ x = \sqrt{2-\sqrt{3}} = \frac{\sqrt{4-2\sqrt{3}}}{\sqrt{2}} = \frac{\sqrt{3}-1}{\sqrt{2}} = \frac{\sqrt{6}-\sqrt{2}}{2}$$

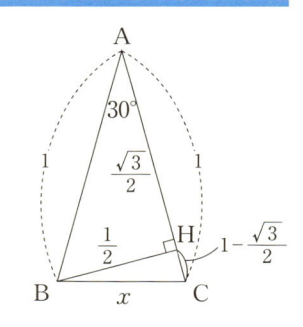

正 12 角形の周の長さは　$l = 12 \times \dfrac{\sqrt{6}-\sqrt{2}}{2} = 6(\sqrt{6}-\sqrt{2})$

$2a > l$ であるから，

$$a > \frac{6(\sqrt{6}-\sqrt{2})}{2} = 3(\sqrt{6}-\sqrt{2}) > 3(2.44-1.42) = 3 \times 1.02 = 3.06 > 3.05 \quad \cdots ①$$

よって，円周率は 3.05 より大きい．

解答2

半径1の円に内接する正8角形の周長 l を考える．（中略）

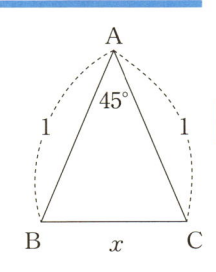

正8角形の周の長さ l は $l = 8\sqrt{2-\sqrt{2}}$

$2a > l$ であるから，$l > 6.1$ を示せば十分．

$$l^2 - (6.1)^2 = 64(2-\sqrt{2}) - 37.21 > 64(2-1.415) - 37.21$$
$$= 0.23 > 0 \quad \cdots ②$$
$$\therefore \quad l^2 > (6.1)^2$$

①が示せたので，円周率 a は 3.05 より大きい．

解答3

半径1の円に内接する正24角形の面積 S を考える．

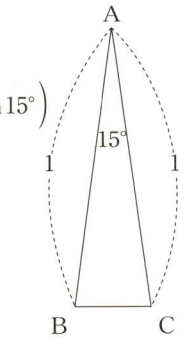

円周率を a とすると，円の面積は a．

正24角形を24等分した2等辺3角形 ABC を考えると，$S = 24\left(\dfrac{1}{2} \cdot 1 \cdot 1 \cdot \sin 15°\right)$

ここで，$\sin 15° = \sqrt{\dfrac{1-\cos 30°}{2}} = \dfrac{\sqrt{2-\sqrt{3}}}{2} = \dfrac{\sqrt{6}-\sqrt{2}}{4}$

であるから，$S = 3(\sqrt{6}-\sqrt{2})$

$a > S$ であるから，

$$a > 3(\sqrt{6}-\sqrt{2}) > 3(2.44 - 1.42) = 3 \times 1.02 = 3.06 > 3.05 \quad \cdots ③$$

よって，円周率は 3.05 より大きい．

解答4

原点中心，半径5の円の第一象限だけを考える．

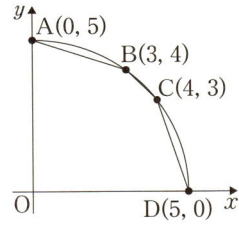

このとき，A(0, 5)，B(3, 4)，C(4, 3)，D(5, 0) は円周上の点．

円周率を a とすると，弧 $\overparen{AD}$ の長さは $\dfrac{5}{2}a$．

$$AB + BC + CD = \sqrt{10} + \sqrt{2} + \sqrt{10} = 2\sqrt{10} + \sqrt{2}$$

$2 \times 3.16 + 1.41 = 7.73 < AB + BC + CD < \dfrac{5}{2}a \iff 3.092 < a \quad \cdots ④$

よって，円周率は 3.05 より大きい．

分析

* 十分条件を導けるように，①③では，$\sqrt{6} > 2.44$ と小さい値で，$\sqrt{2} < 1.42$ と大きい値で評価．
  ②では，$\sqrt{2} < 1.415$ と大きい値で評価．④では，$\sqrt{10} > 3.16$，$\sqrt{2} > 1.41$ と小さい値で評価している．（評価の向きに注意）

* 正12角形の面積で評価すると，円周率が3以上であることしか示せない．（甘い評価になる）

41 円周率の評価

42 立体図形の計量①

難易度
時間 15分

半径 r の球面上に4点 A, B, C, D がある．四面体 ABCD の各辺の長さは，$AB = \sqrt{3}$, $AC = AD = BC = BD = CD = 2$ を満たしている．このとき r の値を求めよ．

(2001年 文理共通)

ポイント

- 立体図形の問題 ⇒ 対称面を取り出して考える． 解答1
- 特殊な性質をもつ図形 ⇒ 特殊性を活かすような解法を考える． 解答2
- 座標設定の可能性 ⇒ 特殊性を活かせるような座標の設定をする． 解答3

解答1

CD の中点を M とすると，$AC = CD = DA = 2$ から $AM = \sqrt{3}$
同様にして $BM = \sqrt{3}$
△ABM は1辺 $\sqrt{3}$ の正三角形．

AB の中点を N とすると，
図形の対称性から，球の中心 O は線分 MN 上． …①

$OM = x$ とおくと，$MN = \dfrac{3}{2}$ より $ON = \dfrac{3}{2} - x$
△OCM において三平方の定理より，
$$OC^2 = CM^2 + OM^2 \Leftrightarrow r^2 = 1^2 + x^2 \quad \cdots ②$$
△OAN において三平方の定理より，
$$OA^2 = AN^2 + ON^2 \Leftrightarrow r^2 = \left(\dfrac{\sqrt{3}}{2}\right)^2 + \left(\dfrac{3}{2} - x\right)^2 \quad \cdots ③$$

②，③から
$$x^2 + 1 = x^2 - 3x + 3$$
$$\therefore \quad x = \dfrac{2}{3}$$
$$\therefore \quad r = \sqrt{1 + x^2} = \sqrt{1 + \dfrac{4}{9}} = \dfrac{\sqrt{13}}{3}$$

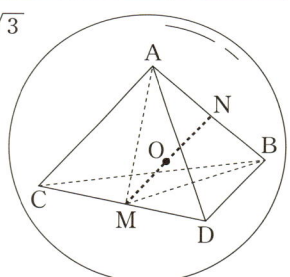

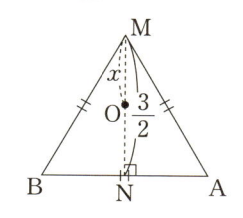

解答 2

（①まで**解答 1** と同様）

O から面 BCD に垂線を下ろし，その共有点を G とする．
△BCD は 1 辺 2 の正三角形なので，G は △BCD の重心となるので，MG：GB ＝ 1：2

$$\therefore \quad MG = \frac{1}{3}MB = \frac{1}{\sqrt{3}}, \quad GB = \frac{2}{3}MB = \frac{2}{\sqrt{3}}$$

また，△MOG∽△MBN より，$OM = \frac{2}{\sqrt{3}}MG = \frac{2}{3}$

△OBN において三平方の定理より，

$$OB^2 = ON^2 + BN^2 \quad \Leftrightarrow \quad r^2 = \left(\frac{3}{2} - \frac{2}{3}\right)^2 + \left(\frac{\sqrt{3}}{2}\right)^2$$

$$\therefore \quad r = \frac{\sqrt{13}}{3}$$

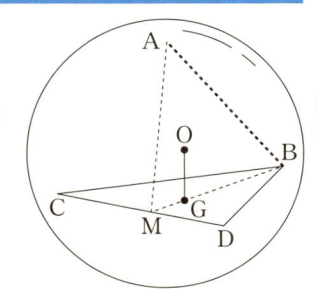

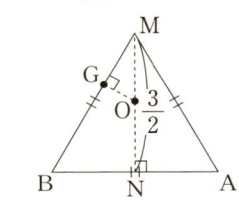

解答 3

$B(0, \sqrt{3}, 0)$，$C(-1, 0, 0)$，$D(1, 0, 0)$，$A(x, y, z)$ ← 座標設定
とすると，$AB = \sqrt{3}$，$AC = 2$，$AD = 2$ より，

$$\begin{cases} x^2 + (y - \sqrt{3})^2 + z^2 = 3 \\ (x+1)^2 + y^2 + z^2 = 4 \\ (x-1)^2 + y^2 + z^2 = 4 \end{cases}$$

これを解いて，$x = 0$，$y = \frac{\sqrt{3}}{2}$，$z = \frac{3}{2}$

球の方程式を $(x-a)^2 + (y-b)^2 + (z-c)^2 = r^2$ とすると，
この球は，A，B，C，D を通るので，代入して（中略）

$$\therefore \quad r = \frac{\sqrt{13}}{3}$$

分析

* **解答 2** において，G は △BCD の外心であり，△BCD が正三角形であることから（外心）＝（重心）となっている．
* **解答 3** は，処理が少なくなるように，特殊性を活かし △BCD を xy 平面に置いて考えている．

43 立体図形の計量②

難易度 □□□
時間 25分

xyz 空間に 3 点 A(1, 0, 0), B(−1, 0, 0), C(0, $\sqrt{3}$, 0) をとる. △ABC を 1 つの面とし, $z≧0$ の部分に含まれる正四面体 ABCD をとる. 更に △ABD を 1 つの面とし, 点 C と異なる点 E をもう 1 つの頂点とする正四面体 ABDE をとる.

(1) 点 E の座標を求めよ.
(2) 正四面体 ABDE の $y≦0$ の部分の体積を求めよ.

(1998年 文科)

ポイント

・正四面体の 4 つの頂点 ⇒ 互いに等距離の位置にある, 1 点は他 3 点からなる正三角形の重心線上にある.

・正四面体 ABCD の △ABD を 1 つの面とする正四面体 ABDE
  ⇒ 2 つの正四面体は, △ABD に関して対称となる.

・点 C と点 E が平面 ABD に関して対称
  ⇒ △ABD の重心 G_2 が線分 CE の中点となる.

解答1

(1) △ABC の重心を G_1 とすると, G_1 は $\left(0, \dfrac{\sqrt{3}}{3}, 0\right)$

よって, $D\left(0, \dfrac{\sqrt{3}}{3}, z\right)$ とおける.

$$AD^2 = AB^2$$
$$\Leftrightarrow 1 + \dfrac{1}{3} + z^2 = 2^2$$
$$\therefore z = \dfrac{2\sqrt{6}}{3} \quad (\because z > 0)$$
$$\therefore D\left(0, \dfrac{\sqrt{3}}{3}, \dfrac{2\sqrt{6}}{3}\right) \quad \cdots ①$$

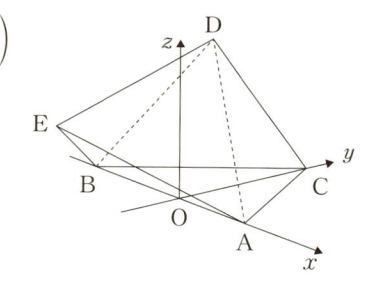

△ABD の重心を G_2 とすると, G_2 は $\left(0, \dfrac{\sqrt{3}}{9}, \dfrac{2\sqrt{6}}{9}\right)$　　← 3頂点の平均

点 G_2 は線分 CE の中点であるから, 点 E は G_2C を 1:2 に外分する点となり

$$E\left(2 \times 0 - 0, \; 2 \times \dfrac{\sqrt{3}}{9} - \sqrt{3}, \; 2 \times \dfrac{2\sqrt{6}}{9} - 0\right)$$
$$\therefore E\left(0, \; -\dfrac{7\sqrt{3}}{9}, \; \dfrac{4\sqrt{6}}{9}\right)$$

(2) E, D はともに yz 平面上にあるから線分 ED と z 軸とは交わる．交点を F とすると

$$EF:FD = E'O:OD' = \left|-\frac{7\sqrt{3}}{9}\right| : \frac{\sqrt{3}}{3} = 7:3$$

よって，求める体積は

$$\frac{7}{10} \times (\text{正四面体ABDE}) = \frac{7}{10} \times (\text{正四面体ABCD})$$
$$= \frac{7}{10} \times \frac{1}{3} \cdot \frac{1}{2} \cdot 2 \cdot 2 \cdot \frac{\sqrt{3}}{2} \cdot \frac{2\sqrt{6}}{3} = \frac{7\sqrt{2}}{15}$$

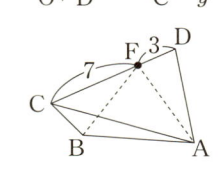

解答 2

(①まで解答 1 と同様)

(1) $E(X, Y, Z)$ とすると，

$$EA = EB = ED = 2$$

より

$$\begin{cases} (X-1)^2 + Y^2 + Z^2 = 2^2 \\ (X+1)^2 + Y^2 + Z^2 = 2^2 \\ X^2 + \left(Y - \frac{\sqrt{3}}{3}\right)^2 + \left(Z - \frac{2\sqrt{6}}{3}\right)^2 = 2^2 \end{cases}$$

← 2 点間の距離

これを解いて，C でない方を考えると

$$E\left(0, -\frac{7\sqrt{3}}{9}, \frac{4\sqrt{6}}{9}\right)$$

分析

* (1)は，ベクトルを用いて，

$$\vec{CE} = 2\vec{CG_2}$$

と考えてもよい．

* 一般に，1 辺 1 の正四面体は，1 辺 $\frac{1}{\sqrt{2}}$ の立方体に埋め込むことができ，体積は，その立方体の $\frac{1}{3}$ になることが知られている．正四面体の体積を求めるときには，この性質が有効となる．

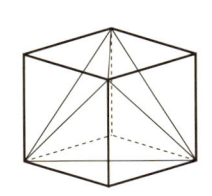

43 立体図形の計量②

44 図形量の比

正4角錐 V に内接する球を S とする。V をいろいろ変えるとき，

$$R = \frac{S \text{の表面積}}{V \text{の表面積}}$$

のとりうる値のうち，最大のものを求めよ．
ここで正4角錐とは，底面が正方形で，底面の中心と頂点を結ぶ直線が底面に垂直であるような角錐のこととする．

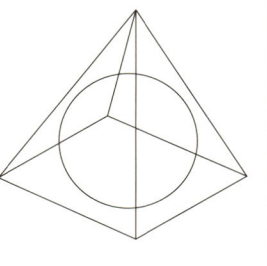

(1983年 理科)

ポイント

- 立体図形の計量 ⇨ 断面（対称面，特殊面，球の中心を含む面など）を取り出して考える．
- 図形量の max, min ⇨ パラメータを設定して，関数化して考える．
- $R = \dfrac{(\text{表面積})}{(\text{表面積})}$ ⇨ R は0次元量なので，底面の1辺を1としても一般性を失わない．（本問では，計算しやすいように1辺を2とおくとよい．）

解答

正4角錐の頂点を P，底面の正方形の中心を H，辺 AB の中点を M，辺 CD の中点を N，内接球と面 PAB の接点を L とする．また，内接球の半径を r とする．

← パラメータ設定

$AB = 2$，$PH = x$ $(x > 0)$ とおくと，

$$PM = \sqrt{1 + x^2}$$

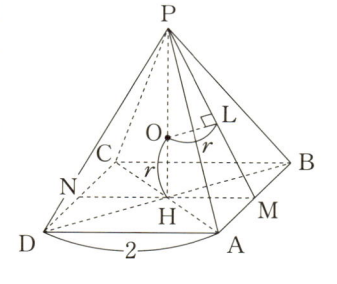

断面の△PNM を考えると，右図において，

$$\triangle POL \backsim \triangle PMH$$

$\therefore$ PO : OL = PM : MH ← 初等幾何

$\Leftrightarrow (x-r) : r = \sqrt{1+x^2} : 1$

$\therefore r = \dfrac{x}{\sqrt{1+x^2}+1}$

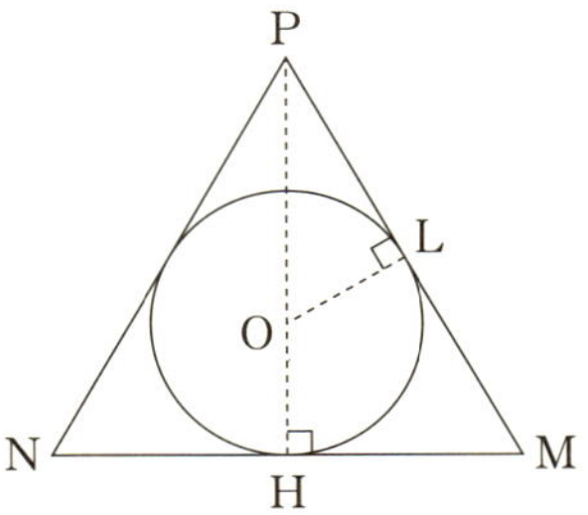

よって，S の表面積 $= 4\pi r^2 = 4\pi \cdot \dfrac{x^2}{(\sqrt{1+x^2}+1)^2}$ …①

また，V の表面積 $= 4 + 4\sqrt{1+x^2}$ …②

①②より，

$$R = \dfrac{S \text{の表面積}}{V \text{の表面積}} = \pi \cdot \dfrac{x^2}{(\sqrt{1+x^2}+1)^3}$$

ここで，$\sqrt{1+x^2} = t$（$t>1$）とおくと， ← 置換

相加・相乗平均の関係より，

$$R = \pi \cdot \dfrac{t^2-1}{(t+1)^3} = \pi \cdot \dfrac{t-1}{t^2+2t+1}$$

$$= \pi \cdot \dfrac{1}{t-1+\dfrac{4}{t-1}+4} \leq \pi \dfrac{1}{2\sqrt{(t-1)\cdot\dfrac{4}{t-1}}+4} = \dfrac{\pi}{8} \quad \text{…③} \quad \leftarrow *$$

等号は，$t-1 = \dfrac{4}{t-1} \Leftrightarrow t = 3$（$\because t > 1$）のときに成立.

$$\therefore \quad \text{最大値は，} \dfrac{\pi}{8}$$

分析

* ③において，相加・相乗平均の関係を考えるために，

$$\dfrac{t-1}{t^2+2t+1} = \dfrac{1}{\dfrac{t^2+2t+1}{t-1}} = \dfrac{1}{t+3+\dfrac{4}{t-1}}$$

と変形して，分母に注目し，積が定数になるような 2 数を作りたい動機から

$$t + 3 + \dfrac{4}{t-1} = t - 1 + \dfrac{4}{t-1} + 4$$

という変形をしている.

* ③では相加・相乗平均の関係を用いているが，分数関数の微分法（数学Ⅲ）を利用して考えてもよい.

45 立体図形の性質

空間内の点 O を中心とする 1 辺の長さが l の立方体の頂点を A_1, A_2, ……, A_8 とする．また，O を中心とする半径 r の球面を S とする．

(1) S 上のすべての点から A_1, A_2, ……, A_8 のうち少なくとも 1 点が見えるための必要十分条件を l と r で表せ．

(2) S 上のすべての点から A_1, A_2, ……, A_8 のうち少なくとも 2 点が見えるための必要十分条件を l と r で表せ．

ただし，S 上の点 P から A_k が見えるとは，A_k が S の外側にあり，線分 PA_k と S との共有点が P のみであることとする． (1996 年　理科)

ポイント

- 立体図形の証明問題 ⇨ 極端な状態，特殊な状態を発見的に考えて，それを糸口にする．
- 「S 上の点 P から A_k が見える」 ⇨ 点 P における S の接平面を考える．
- ある接平面が辺 XY と共有点をもつ ⇨ 必ず点 X，点 Y の一方の点は見える．

解答

(1) $2r > l$ のとき，立方体の表面に平行な接平面をもつ接点 P を考えると頂点は 1 点も見えないから不適．

よって，$0 < r \leq \dfrac{l}{2}$ となることが必要条件．

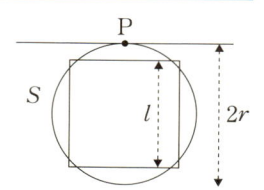

逆に，$0 < r \leq \dfrac{l}{2}$ のとき，S の表面上の点は立方体の内部または表面上．

S 上のいずれの点の接平面も立方体のいずれかの辺と共有点をもつ．

よって，A_1, A_2, ……, A_8 のどれか 1 つは見えることになる．

$0 < r \leq \dfrac{l}{2}$ となることは十分条件でもある．

以上より，求める条件は $0 < r \leq \dfrac{l}{2}$

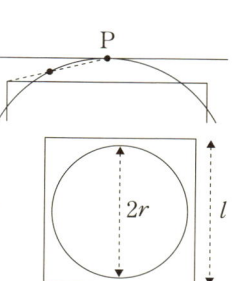

(2) 右図のように立方体の内部に埋め込まれている正四面体の内接球を考える.

この正四面体の1辺の長さは $\sqrt{2}\,l$. この正四面体の内接球の半径を r_0 とし, 正四面体の体積を V とすると,

$$V = \frac{1}{3}l^3 = \frac{\sqrt{3}}{4}(\sqrt{2}\,l)^2 \cdot r_0 \cdot \frac{1}{3} \cdot 4 \quad \cdots ①$$

$$\therefore\ r_0 = \frac{\sqrt{3}}{6}l$$

$r > \frac{\sqrt{3}}{6}l$ のとき, 平面 $A_2A_4A_5$ に平行な S の接平面の接点 P を考えると, その点 P からは A_1 しか見えないから不適.

よって, $0 < r \leq \frac{\sqrt{3}}{6}l$ であることが必要条件.

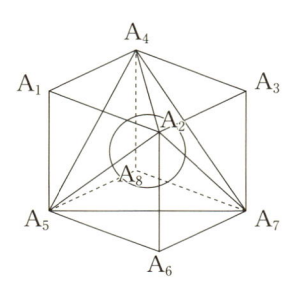

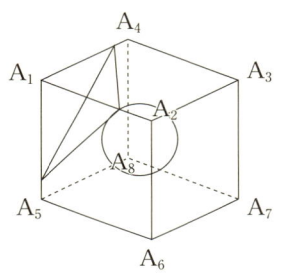

逆に, $0 < r \leq \frac{\sqrt{3}}{6}l$ のとき, $\frac{\sqrt{3}}{6} < \frac{1}{2}$ より, $r \leq \frac{l}{2}$ をみたすので, (1)の結果より, S 上のすべての点から, 少なくとも1つの頂点が見える. 仮に, ある点 P から頂点が1点 (A_1 とする) しか見えないとすると, 点 P における接平面は, A_1 から伸びる辺 A_1A_2, 辺 A_1A_4, 辺 A_1A_5 すべてと A_2, A_4, A_5 以外で共有点を持つ.

このとき点 P は四面体 $A_1A_2A_4A_5$ の内部に存在することになるが, $0 < r \leq \frac{\sqrt{3}}{6}l$ より矛盾. よって, $0 < r \leq \frac{\sqrt{3}}{6}l$ であることは十分条件でもある.

以上より, 求める条件は $0 < r \leq \frac{\sqrt{3}}{6}l$

分析

* ①では, 正四面体の体積が立方体の $\frac{1}{3}$ になること (**43** 分析*参照) と,

$$V = \frac{1}{3}r(S_1 + S_2 + S_3 + S_4) \ (S_1 \sim S_4\text{ は正四面体の各面の面積})$$

を用いている.

* 本問は, 発見的に条件をみたす必要条件を図形的に考え, その後に, その十分性を確認することで, 題意をみたす r の範囲を求めている.

46 図形量の最大最小

次の連立不等式で定まる座標平面上の領域 D を考える．
$$x^2+(y-1)^2 \leq 1, \quad x \geq \frac{\sqrt{2}}{3}$$
直線 l は原点を通り，D との共通部分が線分となるものとする．その線分の長さ L の最大値を求めよ．また，L が最大値をとるとき，x 軸と l のなす角 $\theta\left(0<\theta<\frac{\pi}{2}\right)$ の余弦 $\cos\theta$ を求めよ．

(2012年 理科)

ポイント

- 図形量の最大最小 ⇨ パラメータを設定して関数化する．
- 関数化された図形量 ⇨ 題意から図形的に変域を考える．
- 最大最小をとるときのパラメータ ⇨ パラメータそのものの具体値を求める必要はない．

解答

領域 D は右の斜線部．
$$L = PQ = OP - OQ$$
$$OP = 2\sin\theta$$
$$OQ\cos\theta = \frac{\sqrt{2}}{3} \Leftrightarrow OQ = \frac{\sqrt{2}}{3\cos\theta}$$
$$\therefore \quad L = 2\sin\theta - \frac{\sqrt{2}}{3\cos\theta}$$

θ の変域を考える．l が動くのは，点 $B\left(\frac{\sqrt{2}}{3}, \frac{3-\sqrt{7}}{3}\right)$ を通るときから，点 $C\left(\frac{\sqrt{2}}{3}, \frac{3+\sqrt{7}}{3}\right)$ を通るときまで．
それぞれの θ を θ_1, θ_2 とすると，
$$\tan\theta_1 = \frac{3-\sqrt{7}}{3} \div \frac{\sqrt{2}}{3} = \frac{3-\sqrt{7}}{\sqrt{2}},$$
$$\tan\theta_2 = \frac{3+\sqrt{7}}{3} \div \frac{\sqrt{2}}{3} = \frac{3+\sqrt{7}}{\sqrt{2}}$$
θ の変域は $\theta_1 < \theta < \theta_2$ …①

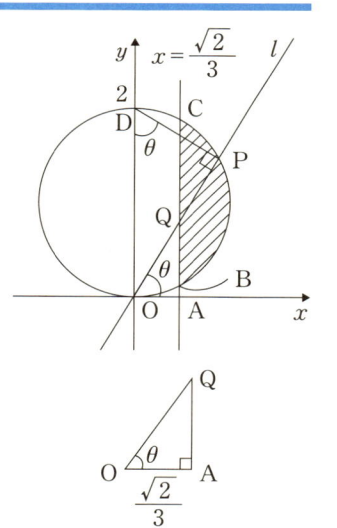

$$\frac{dL}{d\theta} = 2\cos\theta - \frac{\sqrt{2}\sin\theta}{3\cos^2\theta} = \frac{6\cos^3\theta - \sqrt{2}\sin\theta}{3\cos^2\theta}$$

$$= \frac{(6\cos^3\theta - \sqrt{2}\sin\theta)(6\cos^3\theta + \sqrt{2}\sin\theta)}{3\cos^2\theta(6\cos^3\theta + \sqrt{2}\sin\theta)}$$

$$= \frac{2(18\cos^6\theta - 1 + \cos^2\theta)}{3\cos^2\theta(6\cos^3\theta + \sqrt{2}\sin\theta)}$$

$$= \frac{2(3\cos^2\theta - 1)(6\cos^4\theta + 2\cos^2\theta + 1)}{3\cos^2\theta(6\cos^3\theta + \sqrt{2}\sin\theta)}$$

← 分数関数の微分

$\frac{dL}{d\theta} = 0$ となる θ を α とすると, $\cos\alpha = \frac{1}{\sqrt{3}}$. …②

$$\therefore \quad \tan\alpha = \sqrt{\frac{1}{\cos^2\alpha} - 1} = \sqrt{2}$$

$$\frac{3-\sqrt{7}}{\sqrt{2}} < \sqrt{2} < \frac{3+\sqrt{7}}{\sqrt{2}} \text{ より, } \cdots③$$

← 評価

$$\tan\theta_1 < \tan\alpha < \tan\theta_2$$

$$\therefore \quad \theta_1 < \alpha < \theta_2$$

← 確認する

増減表より, L は $\theta = \alpha$ のとき最大値.

$\sin\alpha = \sqrt{1 - \cos^2\alpha} = \frac{\sqrt{6}}{3}$ より求める最大値は

$$2\sin\alpha - \frac{\sqrt{2}}{3\cos\alpha} = \frac{\sqrt{6}}{3}$$

このとき $\cos\theta = \frac{1}{\sqrt{3}}$

θ	θ_1	$\cdots$	α	$\cdots$	θ_2
$\frac{dL}{d\theta}$		$+$	0	$-$	
L		↗	極大	↘	

分析

* 直線の傾きをパラメータとするよりも,角度 θ をパラメータとする方が良い.(問題の設定に従う)

* ①②では, θ_1, θ_2 の具体値は求まらないが,本問においては求める必要はない.

* ③は, $2 < \sqrt{7} < 3$ であること(根号の評価)を考えて, α が変域内に存在することをきちんと確認している.

47 2動点間の距離

難易度 ■■□□
時間 15分

c を $c > \frac{1}{4}$ を満たす実数とする.xy 平面上の放物線 $y = x^2$ を A とし,直線 $y = x - c$ に関して A と対称な放物線を B とする.点 P が放物線 A 上を動き,点 Q が放物線 B 上を動くとき,線分 PQ の長さの最小値を c を用いて表せ.

(1999 年　文科)

ポイント

- 2動点間の距離の最小 ⇨ 1点を固定して暫定的な最小値から考える.
- 対称性をもつ図形 ⇨ 対称性から最小値の状態を決定できる.
- 点と直線の距離 ⇨ 点と直線の距離の公式,あるいは初等幾何を用いる.

解答 1

$A : y = x^2$,$l : y = x - c$ を連立して,$x^2 - x + c = 0$.
判別式を D とすると

$$D = 1 - 4c = 4\left(\frac{1}{4} - c\right) < 0 \quad \left(\because c > \frac{1}{4}\right)$$

よって,放物線 A と直線 l は共有点をもたない.

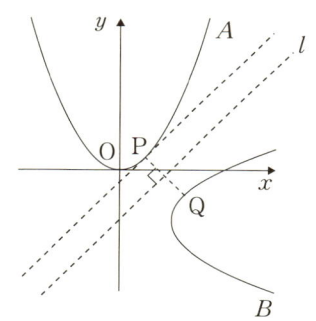

右図から,点 P における放物線 A の接線の傾きが
直線 l と同じ 1 になるとき,線分 PQ の長さは最小になる. …①

$$f'(x) = 2x = 1 \quad \Leftrightarrow \quad x = \frac{1}{2}$$

より,点 $P\left(\frac{1}{2}, \frac{1}{4}\right)$.
線分 PQ は,点 P と直線 $y = x - c$ との距離の 2 倍であるから

$$PQ = 2 \times \frac{\left|\frac{1}{2} - \frac{1}{4} - c\right|}{\sqrt{1+1}} = \sqrt{2}\left(c - \frac{1}{4}\right)$$

← 点と直線の距離

解答2

(①まで同様)

①のときの接線を $y = x + n$ とすると
$x^2 = x + n$ から,判別式 $D = 1 + 4n = 0$ $\Leftrightarrow$ $n = -\dfrac{1}{4}$

よって,線分 PR の長さは,
2点 $C\left(0, -\dfrac{1}{4}\right)$, $D(0, -c)$ の間の距離の $\dfrac{1}{\sqrt{2}}$ 倍.

また,PQ = 2PR.

$$\therefore \quad PQ = \sqrt{2}\left(c - \dfrac{1}{4}\right)$$

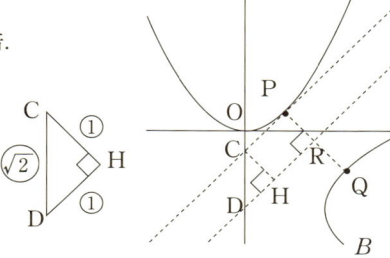

分析

* 本問における $c > \dfrac{1}{4}$ という条件は,問題を読むだけでは気づきにくいが,解答途中において「2つの放物線が交わらないための条件」だと認識することができる.

* 一般に,2動点間の距離の最小を考えるとき,まず一方を固定して"暫定的な最小"を考える.その後,その関係を維持しながら,固定した点を動かして"全体的な最小"の状態を求める.本問ならば,以下のような4つのステップで"全体的な最小"の状態を導く.

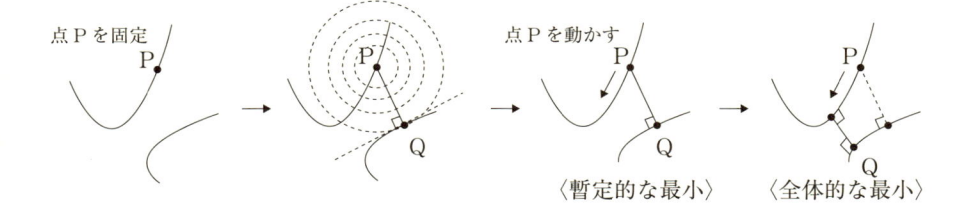

47 2動点間の距離

48 座標上の正三角形

a, b を正の数とし，xy 平面の 2 点 $A(a, 0)$ および $B(0, b)$ を頂点とする正三角形を ABC とする．ただし，C は第 1 象限の点とする．

(1) 三角形 ABC が正方形 $D = \{(x, y) \mid 0 \leq x \leq 1, 0 \leq y \leq 1\}$ に含まれるような (a, b) の範囲を求めよ．

(2) (a, b) が (1) の範囲を動くとき，三角形 ABC の面積 S が最大となるような (a, b) を求めよ．また，そのときの S の値を求めよ．　　　　（1997 年　理科）

ポイント

- 座標上の正三角形　⇒　複素数平面における回転の利用を考える．
- 点 A を点 B の周りに θ 回転した点 C　⇒　$z_c - z_b = (\cos\theta + i\sin\theta)(z_a - z_b)$
- 2 変数関数の最大最小　⇒　2 変数の変域が領域で表されるときは「線形計画法」を利用．

解答 1

(1) C (p, q) とする．複素数平面上で考えると　…①

$$A(a), \quad B(bi), \quad C(p+qi)$$

点 C は点 A を点 B の周りに 60° だけ回転させた点なので，

$$p + qi - bi = (\cos 60° + i\sin 60°)(a - bi) \quad \cdots ②$$

$$= \frac{a + \sqrt{3}\,b}{2} + \frac{\sqrt{3}\,a - b}{2}i$$

$$\therefore \quad p = \frac{a + \sqrt{3}\,b}{2}, \quad q = \frac{\sqrt{3}\,a + b}{2}$$

よって　$C\left(\dfrac{a + \sqrt{3}\,b}{2}, \dfrac{\sqrt{3}\,a + b}{2}\right)$

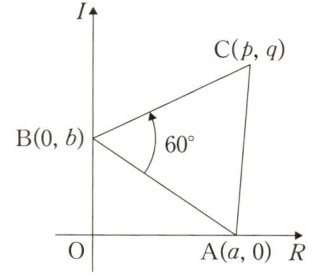

△ABC が D に含まれるための条件は

$$0 < a \leq 1, \quad 0 < b \leq 1, \quad 0 < p \leq 1, \quad 0 < q \leq 1$$

$$\therefore \quad 0 < a \leq 1, \quad 0 < b \leq 1, \quad a + \sqrt{3}\,b \leq 2, \quad \sqrt{3}\,a + b \leq 2$$

(2) 正三角形 ABC の 1 辺の長さは $\sqrt{a^2+b^2}$.

$$\therefore\ S = \frac{\sqrt{3}}{4}(a^2+b^2)$$

よって，a^2+b^2 の値が最大のとき，S も最大となる．
(1)の点 (a, b) の範囲を図示すると図の斜線部分
（境界線上の点は，x 軸，y 軸上の点を含まず，他を含む）．
この範囲において，a^2+b^2 が最大値をとる候補は，
$(a, b) = (1, 2-\sqrt{3}),\ (\sqrt{3}-1, \sqrt{3}-1),\ (2-\sqrt{3}, 1)$. 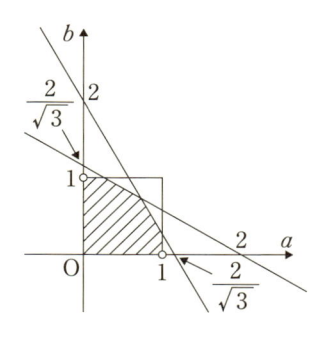
それぞれ計算すると，すべて $a^2+b^2 = 8-4\sqrt{3}$
よって $(a, b) = (1, 2-\sqrt{3}),\ (\sqrt{3}-1, \sqrt{3}-1),\ (2-\sqrt{3}, 1)$ のとき S は最大となり，
最大値は $\dfrac{\sqrt{3}}{4}(8-4\sqrt{3}) = 2\sqrt{3}-3$

解答 2

(1) 線分 AB の中点 $\mathrm{M}\left(\dfrac{a}{2}, \dfrac{b}{2}\right)$

$$\mathrm{CM} = \frac{\sqrt{3}}{2}\mathrm{AB} = \frac{\sqrt{3}}{2}\sqrt{a^2+b^2}$$

直線 AB の方向ベクトルは $\vec{v} = (a, -b)$ であるから，
法線ベクトルは $\vec{t} = (b, a)$. 向きに注意して，

$$\overrightarrow{\mathrm{MC}} = \frac{\sqrt{3}}{2}\sqrt{a^2+b^2}\cdot\frac{\vec{t}}{|\vec{t}|} = \left(\frac{\sqrt{3}}{2}b, \frac{\sqrt{3}}{2}a\right)$$

$$\therefore\ \overrightarrow{\mathrm{OC}} = \overrightarrow{\mathrm{OM}} + \overrightarrow{\mathrm{MC}} = \left(\frac{a+\sqrt{3}b}{2}, \frac{\sqrt{3}a+b}{2}\right)$$

よって $\mathrm{C}\left(\dfrac{a+\sqrt{3}b}{2}, \dfrac{\sqrt{3}a+b}{2}\right)$ （以下同様）

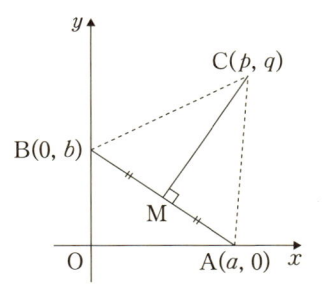

分析

* 厳密には，線形計画法は，領域，対象の式 $f(x, y) = k$ 共に 1 次式のときの用語であるが，ここでは，入試数学に対応するために広義に設定し，2 次以上のものであっても「線形計画法」と呼ぶことにした．

49 軌跡①

座標平面上の 1 点 $P\left(\dfrac{1}{2}, \dfrac{1}{4}\right)$ をとる．放物線 $y = x^2$ 上の 2 点 $Q(\alpha, \alpha^2)$, $R(\beta, \beta^2)$ を，3 点 P, Q, R が QR を底辺とする二等辺三角形をなすように動かすとき，$\triangle PQR$ の重心 $G(X, Y)$ の軌跡を求めよ． (2011 年 文理共通)

ポイント

- 動点の軌跡の問題 ⇒ 動点を (X, Y) とおいて，与条件を考える．
- 軌跡を求めるときは，置く文字は出来る限り少なくする
  ⇒ $Q(\alpha, \alpha^2)$, $R(\beta, \beta^2)$ とする．
- 軌跡の変域，除外点に注意 ⇒ 設定した文字の存在条件を考える．

解答 1

$Q(\alpha, \alpha^2)$, $R(\beta, \beta^2)$ とする．
$G(X, Y)$ は $\triangle PQR$ の重心であるから

$$\begin{cases} X = \dfrac{1}{3}\left(\dfrac{1}{2} + \alpha + \beta\right) \\ Y = \dfrac{1}{3}\left(\dfrac{1}{4} + \alpha^2 + \beta^2\right) \end{cases} \Leftrightarrow \begin{cases} \alpha + \beta = 3X - \dfrac{1}{2} \\ \alpha^2 + \beta^2 = 3Y - \dfrac{1}{4} \end{cases} \cdots ①$$

$PQ = QR$ より，

$$\begin{aligned} PQ^2 = QR^2 &\Leftrightarrow \left(\alpha - \dfrac{1}{2}\right)^2 + \left(\alpha^2 - \dfrac{1}{4}\right)^2 = \left(\beta - \dfrac{1}{2}\right)^2 + \left(\beta^2 - \dfrac{1}{4}\right)^2 \\ &\Leftrightarrow \alpha^4 + \dfrac{1}{2}\alpha^2 - \alpha = \beta^4 + \dfrac{1}{2}\beta^2 - \beta \\ &\Leftrightarrow (\alpha - \beta)\left((\alpha + \beta)(\alpha^2 + \beta^2) + \dfrac{1}{2}(\alpha + \beta) - 1\right) = 0 \quad \cdots ② \end{aligned}$$

$\alpha \neq \beta$ より，②の両辺を $\alpha - \beta$ で割って，①を代入すると， ← $\alpha - \beta \neq 0$

$$\begin{aligned} &\left(3X - \dfrac{1}{2}\right)\left(3Y - \dfrac{1}{4}\right) + \dfrac{1}{2}\left(3X - \dfrac{1}{2}\right) - 1 = 0 \\ &\Leftrightarrow \left(X - \dfrac{1}{6}\right)\left(Y + \dfrac{1}{12}\right) = \dfrac{1}{9} \\ &\Leftrightarrow Y = \dfrac{1}{9\left(X - \dfrac{1}{6}\right)} - \dfrac{1}{12} \quad \cdots ③ \end{aligned}$$

ここで，①より，$\alpha\beta = \dfrac{1}{2}\{(\alpha + \beta)^2 - (\alpha^2 + \beta^2)\} = \dfrac{1}{2}\left\{\left(3X - \dfrac{1}{2}\right)^2 - \left(3Y - \dfrac{1}{4}\right)\right\}$

α, β は 2 次方程式

$$t^2 - \left(3X - \frac{1}{2}\right)t + \frac{1}{2}\left\{\left(3X - \frac{1}{2}\right)^2 - \left(3Y - \frac{1}{4}\right)\right\} = 0 \quad \cdots ④$$

← 解と係数

の 2 解．α, β は異なる 2 つの実数であるから，④の判別式を D とすると $D>0$

$$D = \left(3X - \frac{1}{2}\right)^2 - 4 \cdot \frac{1}{2}\left\{\left(3X - \frac{1}{2}\right)^2 - \left(3Y - \frac{1}{4}\right)\right\} > 0$$

$$\Leftrightarrow \quad Y > \frac{3}{2}\left(X - \frac{1}{6}\right)^2 + \frac{1}{12}$$

③を代入して

$$\frac{1}{9\left(X - \frac{1}{6}\right)} - \frac{1}{12} > \frac{3}{2}\left(X - \frac{1}{6}\right)^2 + \frac{1}{12}$$

整理すると，

$$\left(X - \frac{1}{6}\right)\left\{3\left(X - \frac{1}{6}\right) - 1\right\}\left\{9\left(X - \frac{1}{6}\right)^2 + 3\left(X - \frac{1}{6}\right) + 2\right\} < 0$$

$9\left(X - \frac{1}{6}\right)^2 + 3\left(X - \frac{1}{6}\right) + 2 > 0$ より $\frac{1}{6} < X < \frac{1}{2}$

← 変域

∴ 求める軌跡は 曲線 $y = \dfrac{1}{9\left(x - \frac{1}{6}\right)} - \dfrac{1}{12}$ の $\dfrac{1}{6} < x < \dfrac{1}{2}$ の部分

解答 2

（①まで同様）

3 点 P, Q, R が QR を底辺とする二等辺三角形をなすから，線分 QR の中点を M とすると

$$\text{PM} \perp \text{QR} \quad \Leftrightarrow \quad \overrightarrow{\text{PM}} \cdot \overrightarrow{\text{QR}} = 0 \quad \cdots ⑤$$

$$\overrightarrow{\text{PM}} = \left(\frac{\alpha + \beta}{2} - \frac{1}{2}, \frac{\alpha^2 + \beta^2}{2} - \frac{1}{4}\right), \quad \overrightarrow{\text{QR}} = (\beta - \alpha, \beta^2 - \alpha^2)$$

$$⑤ \quad \Leftrightarrow \quad \left(\frac{\alpha + \beta}{2} - \frac{1}{2}\right)(\beta - \alpha) + \left(\frac{\alpha^2 + \beta^2}{2} - \frac{1}{4}\right)(\beta^2 - \alpha^2) = 0$$

整理すると，$2(\alpha + \beta - 1) + \{2(\alpha^2 + \beta^2) - 1\}(\alpha + \beta) = 0 \quad \Leftrightarrow \quad (\alpha + \beta)\{2(\alpha^2 + \beta^2) + 1\} = 2$

（以下同様）

分析

* 解答 1 ④以降は，α, β の存在条件（実数条件）を考えている．この条件によって軌跡の変域が決定されることになる．本問のように，基本対称式を中心に解法を進めるときは，実数条件を付加して考える必要があることに注意．

50 軌跡②

座標平面上の3点 A(1, 0), B(−1, 0), C(0, −1) に対し，∠APC = ∠BPC を満たす点Pの軌跡を求めよ．ただし P ≠ A, B, C とする． (2008年 文科)

ポイント

- 条件をみたす点の軌跡 ⇨ 初等幾何的に処理（解答2），あるいは動点を (X, Y) として条件を立式して考える．（解答1）
- 条件を立式する ⇨ AP = a, BP = b, CP = c として，角度の条件を表現する．
- 軌跡の初等幾何的解法 ⇨ 特に円周角の定理に注意して考える．

解答1

点Pが直線 AC 上または直線 BC 上（ただし，P ≠ A, B, C）にあるとすると
$$\angle APC \neq \angle BPC$$
よって，△APC と △BPC が存在する．
AP = a, BP = b, CP = c とおき，△APC と △BPC に余弦定理を用いると
$$\frac{a^2 + c^2 - (\sqrt{2})^2}{2ac} = \frac{b^2 + c^2 - (\sqrt{2})^2}{2bc}$$
$$b(a^2 + c^2 - 2) = a(b^2 + c^2 - 2)$$
$$ab(a - b) - c^2(a - b) + 2(a - b) = 0$$
$$(a - b)(ab - c^2 + 2) = 0$$
よって
$$a = b \text{ または } ab = c^2 - 2$$

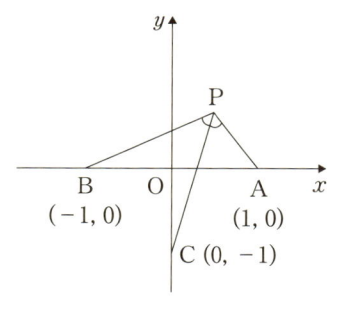

(ⅰ) $a = b$ のとき

点Pは線分 AB の垂直二等分線上，すなわち y 軸上を動く．

ただし，P ≠ C であるから，点 $(0, -1)$ を除く．

(ⅱ) $ab = c^2 - 2$ のとき

P(X, Y) とおくと
$$\sqrt{(X-1)^2 + Y^2} \sqrt{(X+1)^2 + Y^2} = X^2 + (Y+1)^2 - 2 \quad \cdots ①$$
まず，$X^2 + (Y+1)^2 \geq 2$ …② が必要．

①の両辺を2乗して，

$$(X^2+1+Y^2-2X)(X^2+1+Y^2+2X) = \{(X^2+1+Y^2)+2(Y-1)\}^2$$
$$(X^2+1+Y^2)^2-4X^2 = (X^2+1+Y^2)^2+4(Y-1)(X^2+1+Y^2)+4(Y-1)^2$$
$\Leftrightarrow \quad (Y-1)(X^2+Y^2+1)+(Y-1)^2+X^2 = 0$
$\Leftrightarrow \quad (Y-1)(X^2+Y^2+1)+X^2+Y^2+1-2Y = 0$
$\Leftrightarrow \quad Y(X^2+Y^2+1)-2Y = 0$
$\Leftrightarrow \quad Y(X^2+Y^2-1) = 0$

これと②から

$(y=0$ または $x^2+y^2=1)$ かつ $x^2+(y+1)^2 \geq 2$

（ⅰ），（ⅱ）と P ≠ A，B から，点 P の軌跡は右図の太線部．

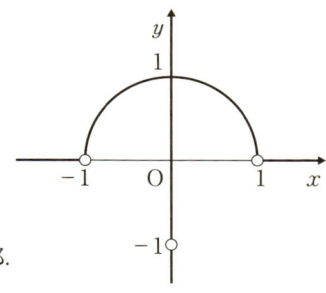

解答2

P が y 軸上にあるとき，∠APC = ∠BPC が成立．以下，$x>0$ で考える．

P が x 軸上にあるとき，$x \geq 1$ のとき，∠APC = ∠BPC が成立．

（ⅰ）第1象限

- P が単位円周上にあるとき，円周角の定理より，$y \geq 0$ の部分にあれば，∠APC = ∠BPC が成立．
- P が単位円の内部にあるとき，右図のように，直線 l に関する点 A の対称点 A′ を考えると，∠PBQ < ∠PAQ がいえる．また，∠AQC = ∠BQC より ∠BPC < ∠APC．よって不適．
- P が単位円の外部にあるときも内部のときと同様に考えることで，不適．

（ⅱ）第4象限

- $y \geq -x-1$ にあるとき，∠APC > ∠BPC となるので不適．
- $y \leq -x-1$ にあるとき，PA<PB より ∠BPA の二等分線は線分 OA と交わるので不適．

（以下略）

分析

* 解答1では，角度を文字で置くのではなく，長さを a，b，c として，角度の条件を立式しているところが大きなポイントとなっている．
* 解答2のような初等幾何を用いた解答は，必要条件を示すにとどまることが多いので，答案の中ではきちんと逆についても言及しておく必要がある．

51 場合分け線形計画法

難易度 / **時間** 20分

a, b を実数の定数とする．実数 x, y が $x^2+y^2 \leq 25$, $2x+y \leq 5$ をともに満たすとき，$z = x^2+y^2-2ax-2by$ の最小値を求めよ． (2013年 文科)

ポイント

- 領域で図示される存在条件のもと，$f(x, y)$ の最小値 ⇨ $f(x, y) = k$ (k は定数) として，線形計画法を考える．
- 共有点の取り方に注意 ⇨ 共有点の取り方で場合分けし，それぞれの領域で，共有点をもつ限界を考える．

解答

連立不等式
$$x^2+y^2 \leq 25, \quad 2x+y \leq 5$$
の表す領域は右図の斜線部（境界含む）．この領域を D とする．

$z = x^2+y^2-2ax-2by$ から
$$\Leftrightarrow z = (x-a)^2+(y-b)^2-a^2-b^2$$
$$\Leftrightarrow (x-a)^2+(y-b)^2 = z+a^2+b^2 \quad \cdots ①$$

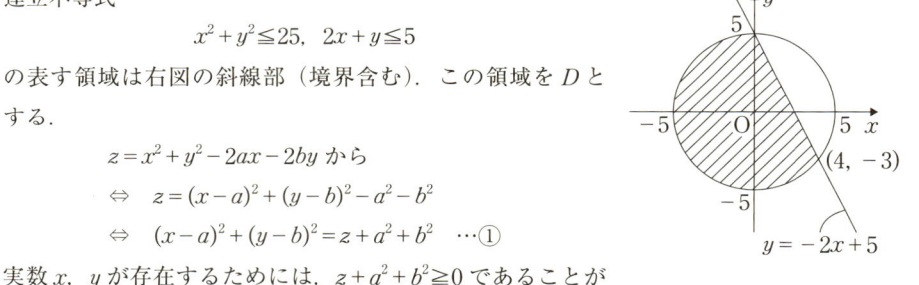

実数 x, y が存在するためには，$z+a^2+b^2 \geq 0$ であることが必要であり，そのとき，①は中心 (a, b)，半径 $\sqrt{z+a^2+b^2}$ の円を表す．この円を C とする．z の最小値は，領域 D と円 C が共有点をもつときの半径の最小値から考える．

$(0, 5)(4, -3)$ を通り，直線 $y = -2x+5$ に垂直な直線の方程式はそれぞれ
$$y = \frac{1}{2}x+5, \quad y = \frac{1}{2}x-5 \quad \cdots ②$$
であることに注意して，円 C の中心 $A(a, b)$ の場所を共有点の取り方で場合分けして考える．

(ⅰ) 領域 D の内部
(ⅱ) 領域 E_1 の内部
(ⅲ) 領域 E_2 の内部
(ⅳ) 領域 E_3 の内部
(ⅴ) 領域 E_4 の内部

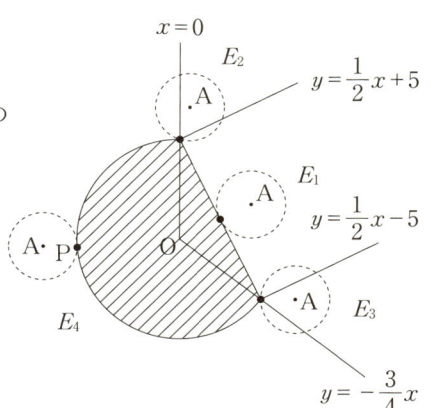

（ⅰ） $a^2+b^2 \leq 25$ かつ $b \leq -2a+5$ のとき
　　半径の最小値は 0．　∴ z の最小値は　$-a^2-b^2$

（ⅱ） $b \geq -2a+5$ かつ $\dfrac{1}{2}a-5 \leq b \leq \dfrac{1}{2}a+5$ のとき
　　半径の最小値は，中心 A と直線 $y=-2x+5$ の距離であるから
$$\dfrac{|2a+b-5|}{\sqrt{2^2+1^2}} = \dfrac{|2a+b-5|}{\sqrt{5}}$$
　∴ z の最小値は　$\dfrac{(2a+b-5)^2}{5} - a^2 - b^2 = \dfrac{1}{5}(-a^2-4b^2+4ab-20a-10b+25)$

（ⅲ） $a \geq 0$ かつ $b \geq \dfrac{1}{2}a+5$ のとき
　　半径の最小値は，中心 A と点 $(0, 5)$ の距離であるから
$$\sqrt{(a-0)^2+(b-5)^2} = \sqrt{a^2+b^2-10b+25}$$
　∴ z の最小値は　$\left(\sqrt{a^2+b^2-10b+25}\right)^2 - a^2 - b^2 = -10b+25$

（ⅳ） $-\dfrac{3}{4}a \leq b \leq \dfrac{1}{2}a+5$ のとき
　　半径の最小値は，中心 A と点 $(4, -3)$ の距離であるから
$$\sqrt{(a-4)^2+\{b-(-3)\}^2} = \sqrt{a^2+b^2-8a+6b+25}$$
　∴ z の最小値は　$\left(\sqrt{a^2+b^2-8a+6b+25}\right)^2 - a^2 - b^2 = -8a+6b+25$

（ⅴ） $a^2+b^2 \geq 25$ かつ「$a \leq 0$ または $b \leq \dfrac{3}{4}a$」のとき
　　半径の最小値は，OA－OP であるから
$$\text{OA} - \text{OP} = \sqrt{a^2+b^2} - 5$$
　∴ z の最小値は　$\left(\sqrt{a^2+b^2}-5\right)^2 - a^2 - b^2 = 25 - 10\sqrt{a^2+b^2}$

分析

* 円 C が領域 D と接する部分が，領域 D の「曲線部」「直線部」「端点」で場合分けするために，端点 $(0, 5)(4, -3)$ から，直線部分に垂直な直線を引いて，領域を分けている．

51 場合分け線形計画法

52 直線の通過領域

難易度 ■■□□□
時間 20分

$0 \leq t \leq 1$ を満たす実数 t に対して，xy 平面上の点 A，B を
$A\left(\dfrac{2(t^2+t+1)}{3(t+1)}, -2\right)$，$B\left(\dfrac{2}{3}t, -2t\right)$ と定める．
t が $0 \leq t \leq 1$ を動くとき，直線 AB の通りうる範囲を図示せよ． (1997年 文科)

ポイント

- 図形の通過領域の問題
  ⇨ 「fix, move」（解答1）あるいは「逆像法」（解答2）を用いる．
- 「fix, move」 ⇨ x, y のどちらか1文字を固定し，t を動かして最大最小を考える．

解答1

- 「逆像法」 ⇨ 通過領域内の点を (X, Y) として，t の存在条件にさかのぼる．

解答2

解答1

直線 AB の方程式は
$$y+2t = \dfrac{-2t-(-2)}{\dfrac{2}{3}t-\dfrac{2(t^2+t+1)}{3(t+1)}}\left(x-\dfrac{2}{3}t\right) \Leftrightarrow y+2t=(t^2-1)(3x-2t) \quad \cdots ①$$

$x=X$ と固定すると， ← fix

$$① \Leftrightarrow y=-2t^3+3Xt^2-3X$$

ここで，$f(t)=-2t^3+3Xt^2-3X$ とおくと，$f'(t)=-6t(t-X)$．

(ⅰ) $X=0$ のとき

　$y=f(t)$ は単調減少なので，$f(1) \leq y \leq f(0) \Leftrightarrow -2 \leq y \leq -3X$

(ⅱ) $X<0$ のとき

　$y=f(t)$ は $0 \leq t \leq 1$ で単調減少なので，
　$f(1) \leq y \leq f(0) \Leftrightarrow -2 \leq y \leq -3X$

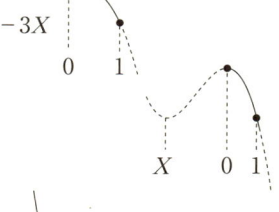

一方，$X>0$ のとき，$f(0)=-3X$ であり，
$f(t)=-3X \Leftrightarrow t^2(2t-3X)=0$ より，
右図のように描ける． …②

以下，$X=1$，$\dfrac{3}{2}X=1$ のときを，場合分けの基準とする．

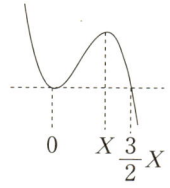

(ⅲ) $0 < X \leq \dfrac{2}{3}$ のとき

　　右図より，$0 \leq t \leq 1$ では $f(1) \leq y \leq f(X)$　⇔　$-2 \leq y \leq X^3 - 3X$

(ⅳ) $\dfrac{2}{3} < X \leq 1$ のとき

　　右図より，$0 \leq t \leq 1$ では $f(0) \leq y \leq f(X)$　⇔　$-3X \leq y \leq X^3 - 3X$

(ⅴ) $1 < X$ のとき

　　右図より，$0 \leq t \leq 1$ では $f(0) \leq y \leq f(1)$　⇔　$-3X \leq y \leq -2$

(ⅰ)～(ⅴ)から，

X を動かして考えると，

直線 AB の通過領域は右図の斜線部（境界含む）

解答2

(①まで解答1と同様)

通過領域内の点を (X, Y) として，①に代入すると，

$$① \Leftrightarrow 2t^3 - 3Xt^2 + Y + 3X = 0$$

$g(t) = 2t^3 - 3Xt^2 + Y + 3X$ とするとき，

$0 \leq t \leq 1$ において，$g(t) = 0$ が少なくとも1つの解をもつ条件 …③

を考える．$g'(t) = 6t^2 - 6Xt = 6t(t - X)$ であるから

(ⅰ) $X \leq 0$ のとき　$0 \leq t \leq 1$ において，$g'(t) \geq 0$ であるから，$g(t)$ は単調増加．

$$③ \Leftrightarrow g(0) \leq 0 \wedge g(1) \geq 0$$

$$\therefore\ -2 \leq Y \leq -3X$$

←存在条件

(ⅱ) $0 < X < 1$ のとき

　　③　⇔　$f(X) \leq 0 \wedge [f(0) \geq 0 \vee f(1) \geq 0]$

　　$\therefore\ Y - X^3 + 3X \leq 0 \wedge [Y + 3X \geq 0 \vee 2 + Y \geq 0]$

t	0	$\cdots$	X	$\cdots$	1
$g'(t)$		$-$	0	$+$	
$g(t)$	$Y+3X$	↘	$Y-X^3+3X$	↗	$2+Y$

(ⅲ) $X \geq 1$ のとき $0 \leq t \leq 1$ において，$g'(t) \leq 0$ であるから，$g(t)$ は単調減少．

　　③　⇔　$g(0) \geq 0 \wedge g(1) \leq 0$

　　$\therefore\ -3X \leq Y \leq -2$

(以下解答1と同様)

分析

＊ ②の性質は，右図のような「3次関数のグラフの等間隔性」から考えても良い．

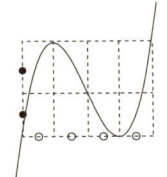

52　直線の通過領域

53 放物線の通過領域

正の実数 a に対して，座標平面上で次の放物線を考える．
$$C : y = ax^2 + \frac{1-4a^2}{4a}$$
a が正の実数全体を動くとき，C の通過する領域を図示せよ． （2015年　理科）

ポイント

- 図形の通過領域の問題 ⇨ 「fix, move」あるいは「逆像法」を用いる．
- 「fix, move」 ⇨ x, y のどちらか1文字を固定して，a を動かして最大最小を考える．　　　　　　　　　　　　　　　　　　　　　　　解答1
- 「逆像法」 ⇨ 通過領域内の点を (X, Y) として，a の存在条件にさかのぼる．　　　　　　　　　　　　　　　　　　　　　　　解答2

解答1

$x = X$ と固定すると，　　　　　　　　　　　　　　　　　　　　　← fix
$$y = aX^2 + \frac{1-4a^2}{4a} \iff y = (X^2-1)a + \frac{1}{4a}$$
$$\frac{dy}{da} = (X^2-1) - \frac{1}{4a^2} = \frac{4(X^2-1)a^2 - 1}{4a^2}$$

（ⅰ）$X^2 - 1 \leq 0$ のとき

$\dfrac{dy}{da} < 0$, $\lim_{a \to +0} y = \infty$, $\lim_{a \to \infty} y = \begin{cases} 0 & (X^2-1=0) \\ -\infty & (X^2-1<0) \end{cases}$

a が正の実数全体を動くとき，y のとりうる値の範囲は，

　　$X = \pm 1$ のとき　$y > 0$,
　　$-1 < X < 1$ のとき　すべての実数

（ⅱ）$X^2 - 1 > 0$ のとき

$$\frac{dy}{da} = 0 \iff a = \pm \frac{1}{2\sqrt{X^2-1}}$$
$$\lim_{a \to +0} y = \infty, \quad \lim_{a \to \infty} y = \infty$$

a	0	$\cdots$	$\dfrac{1}{2\sqrt{x^2-1}}$	$\cdots$
$\dfrac{dy}{da}$		$-$	0	$+$
y		↘	$\sqrt{x^2-1}$	↗

a が正の実数全体を動くとき，y のとりうる値の範囲は
$$y \geq \sqrt{x^2-1}$$

（ⅰ）（ⅱ）から，求める領域は，右図の斜線部．
ただし，境界線は，直線 $x = \pm 1$ の $y \leq 0$ の部分を含まず，他は含む．

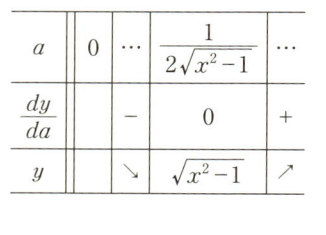

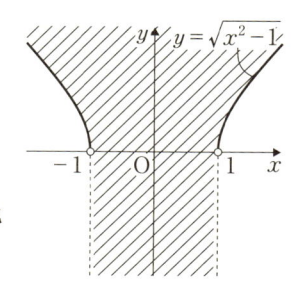

解答 2

通過領域内の点を (X, Y) として，代入すると，

$$Y = aX^2 + \frac{1-4a^2}{4a} \Leftrightarrow (X^2-1)a^2 - Ya + \frac{1}{4} = 0 \quad \cdots ①$$

①を満たす正の実数 a が存在するような条件を考える． ← 存在条件

(ⅰ) $X^2 - 1 = 0 \Leftrightarrow X = \pm 1$ のとき

$$① \Leftrightarrow Ya = \frac{1}{4}$$

より，正の実数 a が存在するための条件は $Y > 0$

(ⅱ) $X^2 - 1 \neq 0$ のとき

$$f(a) = (X^2-1)a^2 - Ya + \frac{1}{4}$$

$f(a) = 0$ が少なくとも1つの $0 < a$ なる解をもつ条件を考える． ← 解の配置

$t = f(a)$ のグラフと a 軸の共有点を考える．

・$X^2 - 1 < 0 \Leftrightarrow -1 < X < 1$ のとき

$t = f(a)$ は上に凸であり，$f(0) = \frac{1}{4}$ であるから，

右図より，全ての Y で a 軸の正の部分と常に共有点をもつ．

よって，$-1 < X < 1$ のとき y はすべての実数

・$X^2 - 1 > 0 \Leftrightarrow X < -1, 1 < X$ のとき

$$\begin{cases} D = (-Y)^2 - 4 \cdot (X^2-1) \cdot \frac{1}{4} \geq 0 \\ 0 < \frac{-1Y}{2(X^2-1)} \\ f(0) = \frac{1}{4} > 0 \end{cases}$$

よって $X^2 - Y^2 \leq 1$ かつ $Y > 0$

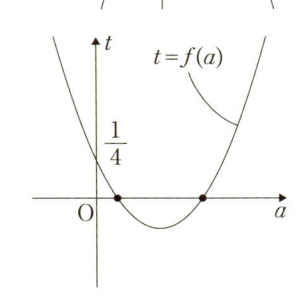

(以下同様)

分析

* 解答1は「fix, move（ファクシミリ法）」，解答2は「逆像法」により通過領域を求めている．

54 ベクトルと三角形

難易度　
時間　25分

$\triangle ABC$ において $\angle BAC = 90°$, $|\overrightarrow{AB}| = 1$, $|\overrightarrow{AC}| = \sqrt{3}$ とする.
$\triangle ABC$ の内部の点 P が $\dfrac{\overrightarrow{PA}}{|\overrightarrow{PA}|} + \dfrac{\overrightarrow{PB}}{|\overrightarrow{PB}|} + \dfrac{\overrightarrow{PC}}{|\overrightarrow{PC}|} = \vec{0}$ を満たすとする.

(1)　$\angle APB$, $\angle APC$ を求めよ.
(2)　$|\overrightarrow{PA}|$, $|\overrightarrow{PB}|$, $|\overrightarrow{PC}|$ を求めよ.

(2013年　理科)

ポイント

- $\angle BAC = 90°$, $|\overrightarrow{AB}| = 1$, $|\overrightarrow{AC}| = \sqrt{3}$ $\Rightarrow$ $\triangle ABC$ は $1 : 2 : \sqrt{3}$ の直角三角形.
- 「$\angle APB$, $\angle APC$ を求めよ」
  $\Rightarrow$ $\cos \angle APB = \dfrac{\overrightarrow{PA} \cdot \overrightarrow{PB}}{|\overrightarrow{PA}||\overrightarrow{PB}|}$, $\cos \angle APC = \dfrac{\overrightarrow{PA} \cdot \overrightarrow{PC}}{|\overrightarrow{PA}||\overrightarrow{PC}|}$ の形を作るように式変形する.
- $|\overrightarrow{PA}|$, $|\overrightarrow{PB}|$, $|\overrightarrow{PC}|$ を求めよ $\Rightarrow$ 角度の条件から, 相似を見つけて, その条件を利用する.

解答 1

(1)　$\dfrac{\overrightarrow{PA}}{|\overrightarrow{PA}|} + \dfrac{\overrightarrow{PB}}{|\overrightarrow{PB}|} + \dfrac{\overrightarrow{PC}}{|\overrightarrow{PC}|} = \vec{0}$　…①

$\Leftrightarrow \dfrac{\overrightarrow{PC}}{|\overrightarrow{PC}|} = -\left(\dfrac{\overrightarrow{PA}}{|\overrightarrow{PA}|} + \dfrac{\overrightarrow{PB}}{|\overrightarrow{PB}|}\right)$　← 分離

両辺の大きさをとって, 2乗すると

$\dfrac{|\overrightarrow{PC}|^2}{|\overrightarrow{PC}|^2} = \dfrac{|\overrightarrow{PA}|^2}{|\overrightarrow{PA}|^2} + 2\dfrac{\overrightarrow{PA} \cdot \overrightarrow{PB}}{|\overrightarrow{PA}||\overrightarrow{PB}|} + \dfrac{|\overrightarrow{PB}|^2}{|\overrightarrow{PB}|^2}$

$\Leftrightarrow 1 = 1 + 2\dfrac{\overrightarrow{PA} \cdot \overrightarrow{PB}}{|\overrightarrow{PA}||\overrightarrow{PB}|} + 1$　$\therefore$ $\dfrac{\overrightarrow{PA} \cdot \overrightarrow{PB}}{|\overrightarrow{PA}||\overrightarrow{PB}|} = -\dfrac{1}{2}$

$\dfrac{\overrightarrow{PA} \cdot \overrightarrow{PB}}{|\overrightarrow{PA}||\overrightarrow{PB}|} = \cos \angle APB$ より $\cos \angle APB = -\dfrac{1}{2}$　$\therefore$　$\angle APB = 120°$

同様に①より, $\dfrac{\overrightarrow{PB}}{|\overrightarrow{PB}|} = -\left(\dfrac{\overrightarrow{PA}}{|\overrightarrow{PA}|} + \dfrac{\overrightarrow{PC}}{|\overrightarrow{PC}|}\right)$

$\dfrac{\overrightarrow{PA} \cdot \overrightarrow{PC}}{|\overrightarrow{PA}||\overrightarrow{PC}|} = -\dfrac{1}{2} = \cos \angle APC$

$\therefore$　$\angle APC = 120°$

122

(2) $\angle BAC = 90°$, $AB = 1$, $AC = \sqrt{3}$ から $\angle ABC = 60°$

$$\angle PAB = 180° - \angle APB - \angle PBA$$
$$= 180° - 120° - \angle PBA = 60° - \angle PBA = \angle PBC$$

また $\angle BPC = 360° - \angle APB - \angle APC = 120°$

$$\therefore \quad \angle APB = \angle BPC$$
$$\therefore \quad \triangle PAB \sim \triangle PBC$$

$AB : BC = 1 : 2$ であるから，$\triangle PAB$ と $\triangle PBC$ の相似比は $1:2$ である．

$AP = x$ とおくと，$AP : BP = 1 : 2$ から $BP = 2x$

$PB : PC = 1 : 2$ から $PC = 2PB = 4x$

$\triangle PAB$ において余弦定理より

$$x^2 + (2x)^2 - 2 \cdot x \cdot 2x \cos 120° = 1^2$$
$$\Leftrightarrow \quad 7x^2 = 1 \quad \therefore \quad x = \frac{1}{\sqrt{7}} \quad (\because \quad x > 0)$$
$$\therefore \quad |\overrightarrow{PA}| = \frac{1}{\sqrt{7}}, \quad |\overrightarrow{PB}| = \frac{2}{\sqrt{7}}, \quad |\overrightarrow{PC}| = \frac{4}{\sqrt{7}}$$

§4 図形

解答 2

(1) $\dfrac{\overrightarrow{PA}}{|\overrightarrow{PA}|} = \overrightarrow{PA'}$, $\dfrac{\overrightarrow{PB}}{|\overrightarrow{PB}|} = \overrightarrow{PB'}$, $\dfrac{\overrightarrow{PC}}{|\overrightarrow{PC}|} = \overrightarrow{PC'}$ とすると，

$\overrightarrow{PA'} + \overrightarrow{PB'} + \overrightarrow{PC'} = \vec{0}$, $|\overrightarrow{PA'}| = |\overrightarrow{PB'}| = |\overrightarrow{PC'}| = 1$ より，

点 P は $\triangle A'B'C'$ の重心であり，外心でもある．よって，$\triangle A'B'C'$ は正三角形．

よって，$\angle APB = 120°$, $\angle APC = 120°$

分析

* 本問のように，三角形の内部に存在して，$\angle APB = \angle APC = \angle BPC = 120°$ となる点をフェルマー点という．一般に，$\triangle ABC$ の内部の動点 P がフェルマー点であるときに，$AP + BP + CP$ は最小となる．

* (2)は座標を設定して，
  辺 AB を弦とする円周角 $120°$ の円と，
  辺 AC を弦とする円周角 $120°$ の円の交点として
  点 P の座標を求めてもよい．

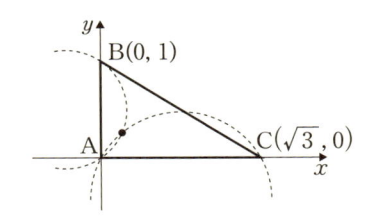

54 ベクトルと三角形

55 ベクトルと数列

難易度 ■■□□□
時間 20分

θ は $0 \leqq \theta < 2\pi$ を満たす実数とする．xy 平面にベクトル
$$\vec{a} = (\cos\theta, \sin\theta), \quad \vec{b} = \left(\frac{\sqrt{3}}{2}, \frac{1}{2}\right)$$
をとり，点 P_n，Q_n，$n = 1, 2, \cdots\cdots$ を
$$\begin{cases} \overrightarrow{OP_1} = (1, 0) \\ \overrightarrow{OQ_n} = \overrightarrow{OP_n} - (\vec{a} \cdot \overrightarrow{OP_n})\vec{a} \\ \overrightarrow{OP_{n+1}} = 4\{\overrightarrow{OQ_n} - (\vec{b} \cdot \overrightarrow{OQ_n})\vec{b}\} \end{cases}$$
で定める．ただし，O は原点で，$\vec{a} \cdot \overrightarrow{OP_n}$ および $\vec{b} \cdot \overrightarrow{OQ_n}$ はベクトルの内積を表す．$\overrightarrow{OP_n} = (x_n, y_n)$ とおく．数列 $\{x_n\}$，$\{y_n\}$ がともに収束する θ の範囲を求めよ．更に，このような θ に対して，極限値 $\lim_{n\to\infty} x_n$，$\lim_{n\to\infty} y_n$ を求めよ．　　　　　(1998年　理科)

ポイント

・ベクトルに関する問題　⇨　「図形的に考える」or「計算処理を実行する」の判断が重要．
・無限等比数列の収束条件　⇨　初項，公比の値に注意する．

解答

$\vec{a} = (\cos\theta, \sin\theta)$，$\overrightarrow{OP_n} = (x_n, y_n)$ から
$$\overrightarrow{OQ_n} = \overrightarrow{OP_n} - (\vec{a} \cdot \overrightarrow{OP_n})\vec{a} = (x_n, y_n) - (x_n\cos\theta + y_n\sin\theta)(\cos\theta, \sin\theta)$$
$$= (x_n\sin^2\theta - y_n\sin\theta\cos\theta, \ -x_n\sin\theta\cos\theta + y_n\cos^2\theta)$$
$\vec{b} = \left(\dfrac{\sqrt{3}}{2}, \dfrac{1}{2}\right)$ より
$$(x_{n+1}, y_{n+1}) = \overrightarrow{OP_{n+1}} = 4\{\overrightarrow{OQ_n} - (\vec{b} \cdot \overrightarrow{OQ_n})\vec{b}\}$$
$$= 4(x_n\sin^2\theta - y_n\sin\theta\cos\theta, \ -x_n\sin\theta\cos\theta + y_n\cos^2\theta)$$
$$\quad -\{\sqrt{3}(x_n\sin^2\theta - y_n\sin\theta\cos\theta) + (-x_n\sin\theta\cos\theta + y_n\cos^2\theta)\}(\sqrt{3}, 1)$$
$$= (x_n\sin^2\theta - y_n\sin\theta\cos\theta + \sqrt{3}\,x_n\sin\theta\cos\theta - \sqrt{3}\,y_n\cos^2\theta,$$
$$\quad -3x_n\sin\theta\cos\theta + 3y_n\cos^2\theta - \sqrt{3}\,x_n\sin^2\theta + \sqrt{3}\,y_n\sin\theta\cos\theta)$$
$$= (\sin\theta + \sqrt{3}\cos\theta)(x_n\sin\theta - y_n\cos\theta, \ -\sqrt{3}(x_n\sin\theta - y_n\cos\theta))$$
$$= (\sin\theta + \sqrt{3}\cos\theta)(x_n\sin\theta - y_n\cos\theta)(1, -\sqrt{3}) \qquad \leftarrow \text{計算}$$
∴ $x_{n+1} = (\sin\theta + \sqrt{3}\cos\theta)(x_n\sin\theta - y_n\cos\theta)$ …①
$\quad y_{n+1} = (\sin\theta + \sqrt{3}\cos\theta)(x_n\sin\theta - y_n\cos\theta)(-\sqrt{3})$ …②

①,②から $y_{n+1} = -\sqrt{3}\, x_{n+1}$
$n+1$ を n に置き換えると
$$y_n = -\sqrt{3}\, x_n \quad (\text{ただし } n \geq 2) \quad \cdots ③$$
$(x_1 = 1,\ y_1 = 0 \text{ より},\ ③ は n=1 \text{ のときは不成立})$

③を①に代入すると
$$x_{n+1} = (\sin\theta + \sqrt{3}\cos\theta)(x_n\sin\theta + \sqrt{3}\, x_n\cos\theta) = (\sin\theta + \sqrt{3}\cos\theta)^2 x_n \quad (n \geq 2)$$
$$x_2 = (\sin\theta + \sqrt{3}\cos\theta)\sin\theta \quad (①で n=1 \text{ を代入})$$

よって
$$\begin{aligned}
x_n &= (\sin\theta + \sqrt{3}\cos\theta)^{2(n-2)} x_2 \\
&= (\sin\theta + \sqrt{3}\cos\theta)^{2n-3} \sin\theta \\
&= \left(2\sin\left(\theta + \frac{\pi}{3}\right)\right)^{2n-3} \sin\theta \quad (n \geq 2)
\end{aligned}$$
← x_2 を代入

③から $\{x_n\}$ が収束すれば $\{y_n\}$ も収束する．

$\{x_n\}$ が収束するのは

（ⅰ） $\sin\theta = 0$ あるいは （ⅱ） $-1 \leq \sin\theta + \sqrt{3}\cos\theta \leq 1$ のとき． ← **収束条件**

（ⅰ）のとき $0 \leq \theta < 2\pi$ から $\theta = 0,\ \pi$ このとき $\displaystyle\lim_{n \to \infty} x_n = 0,\ \lim_{n \to \infty} y_n = 0$

（ⅱ）のとき

・$-1 < 2\sin\left(\theta + \dfrac{\pi}{3}\right) < 1 \Leftrightarrow \dfrac{\pi}{2} < \theta < \dfrac{5}{6}\pi,\ \dfrac{3}{2}\pi < \theta < \dfrac{11}{6}\pi$ のとき

　　このとき $\displaystyle\lim_{n \to \infty} x_n = 0,\ \lim_{n \to \infty} y_n = 0$

・$\theta = \dfrac{\pi}{2},\ \dfrac{11}{6}\pi$ のとき $x_n = \sin\theta$ から

　　$\theta = \dfrac{\pi}{2}$ のとき $\displaystyle\lim_{n \to \infty} x_n = 1,\ \lim_{n \to \infty} y_n = -\sqrt{3}$

　　$\theta = \dfrac{11}{6}\pi$ のとき $\displaystyle\lim_{n \to \infty} x_n = -\dfrac{1}{2},\ \lim_{n \to \infty} y_n = \dfrac{\sqrt{3}}{2}$

・$\theta = \dfrac{5}{6}\pi,\ \dfrac{3}{2}\pi$ のとき $x_n = -\sin\theta$ から

　　$\theta = \dfrac{5}{6}\pi$ のとき $\displaystyle\lim_{n \to \infty} x_n = -\dfrac{1}{2},\ \lim_{n \to \infty} y_n = \dfrac{\sqrt{3}}{2}$

　　$\theta = \dfrac{3}{2}\pi$ のとき $\displaystyle\lim_{n \to \infty} x_n = 1,\ \lim_{n \to \infty} y_n = -\sqrt{3}$

分析

* $(\vec{a} \cdot \overrightarrow{\mathrm{OP}_n})\vec{a}$ を「$\overrightarrow{\mathrm{OP}_n}$ の $\vec{a}$ への正射影ベクトル」と認識して，条件を図形的に考えることもできないことはないが，本問においては，計算処理に徹する方が要領よく正答を導ける．

56 ベクトルと存在条件

難易度　時間 20分

r は $0<r<1$ をみたす実数とする．xyz 空間に原点 $O(0, 0, 0)$ と 2 点 $A(1, 0, 0)$, $B(0, 1, 0)$ をとる．

(1) xyz 空間の点 P で条件 $|\overrightarrow{PA}|=|\overrightarrow{PB}|=r|\overrightarrow{PO}|$ をみたすものが存在するような r の範囲を求めよ．

(2) 点 P が (1) の条件をみたして動くとき，内積 $\overrightarrow{PA}\cdot\overrightarrow{PB}$ の最大値，最小値を r の関数と考えてそれぞれ $M(r)$, $m(r)$ で表す．このとき，左からの極限
$$\lim_{r\to 1-0}(1-r)^2\{M(r)-m(r)\}$$
を求めよ．

(1997 年　理科)

ポイント

- 点 P の存在条件　⇨　$P(x, y, z)$ とおき，文字をなるべく少なくして，方程式から存在条件を導く．解答 1

- $|\overrightarrow{PA}|=r|\overrightarrow{PO}|$ の条件　⇨　点 P の軌跡は，アポロニウスの球面を描くことから図形的考察も可能．解答 2

解答 1

(1) $P(x, y, z)$ とおく．

$$|\overrightarrow{PA}|^2=|\overrightarrow{PB}|^2=r^2|\overrightarrow{PO}|^2$$

$\Leftrightarrow (x-1)^2+y^2+z^2=x^2+(y-1)^2+z^2=r^2(x^2+y^2+z^2)$

$\Leftrightarrow \begin{cases} x=y & \cdots\text{①} \\ (1-r^2)x^2+(1-r^2)y^2+(1-r^2)z^2-2x+1=0 & \cdots\text{②} \end{cases}$

②に①を代入して，x, z の方程式

$$2(1-r^2)x^2+(1-r^2)z^2-2x+1=0 \qquad \leftarrow \text{連立した}$$

が実数解をもつような r を求めればよい．

$$2(1-r^2)x^2+(1-r^2)z^2-2x+1=0 \quad \cdots\text{③}$$

$\Leftrightarrow 2(1-r^2)\left\{x-\dfrac{1}{2(1-r^2)}\right\}^2+(1-r^2)z^2=\dfrac{1}{2(1-r^2)}-1 \quad \cdots\text{④}$

$0<r<1$ より，右辺が 0 以上であれば，x, z が存在し，①より y も存在する．

$$\dfrac{1}{2(1-r^2)}-1\geqq 0, \ 0<r<1$$

$\Leftrightarrow 1-r^2\leqq\dfrac{1}{2}, \ 0<r<1$

$\therefore \ \dfrac{\sqrt{2}}{2}\leqq r<1$

(2) ①より
$$\vec{PA} \cdot \vec{PB} = (x-1,\ y,\ z) \cdot (x,\ y-1,\ z) = 2x(x-1) + z^2$$

③から z を消去すると,
$$\vec{PA} \cdot \vec{PB} = 2x(x-1) - 2x^2 + \frac{2x-1}{1-r^2} = \frac{2r^2}{1-r^2}x - \frac{1}{1-r^2}$$

$f(x) = \dfrac{2r^2}{1-r^2}x - \dfrac{1}{1-r^2}$ とすると, ④より x の定義域は,

$$2(1-r^2)\left\{x - \frac{1}{2(1-r^2)}\right\}^2 \leq \frac{(1-r^2)z^2 \cdot 1}{2(1-r^2)} - 1 \quad \leftarrow \quad (1-r^2)z^2 \geq 0 \text{ より}$$

$$\Leftrightarrow \quad \frac{1-\sqrt{2r^2-1}}{2(1-r^2)} \leq x \leq \frac{1+\sqrt{2r^2-1}}{2(1-r^2)}$$

$f(x)$ は, x の 1 次関数で, x の係数 $\dfrac{2r^2}{1-r^2}$ は正であるから, 単調増加.

$$\therefore \quad M(r) - m(r) = f\left(\frac{1+\sqrt{2r^2-1}}{2(1-r^2)}\right) - f\left(\frac{1-\sqrt{2r^2-1}}{2(1-r^2)}\right)$$
$$= \frac{2r^2\sqrt{2r^2-1}}{(1-r^2)}$$

$$\therefore \quad \lim_{r \to 1-0}(1-r)^2\{M(r) - m(r)\} = \frac{2r^2\sqrt{2r^2-1}}{(1+r^2)}$$
$$= \frac{2 \cdot 1^2 \cdot \sqrt{2 \cdot 1^2 - 1}}{(1+1)^2} = \frac{1}{2}$$

解答 2

(1) $|\vec{PA}| = r|\vec{PO}|$ をみたす点 P の軌跡は, 中心 $\left(\dfrac{1}{1-r^2}, 0, 0\right)$ 半径 $\dfrac{r}{1-r^2}$ の球面.

$|\vec{PB}| = r|\vec{PO}|$ をみたす点 P の軌跡は, 中心 $\left(0, \dfrac{1}{1-r^2}, 0\right)$ 半径 $\dfrac{r}{1-r^2}$ の球面.

この 2 つの球面が共有点をもてば, 点 P が存在するので,

(中心間距離) $\leq$ (半径の和)

$$\Leftrightarrow \quad \sqrt{2\left(\frac{1}{1-r^2}\right)^2} \leq \frac{2r}{1-r^2} \quad \Leftrightarrow \quad \frac{1}{\sqrt{2}} \leq r$$

$$\therefore \quad \frac{1}{\sqrt{2}} \leq r < 1$$

分析

* 内積 $\vec{PA} \cdot \vec{PB}$ を図形的に捉え, 線分 AB 中点を M として,
$$\vec{PA} \cdot \vec{PB} = (\vec{PM} + \vec{MA}) \cdot (\vec{PM} + \vec{MB}) = |\vec{PM}|^2 - \vec{MA} \cdot \vec{MB} = |\vec{PM}|^2 - \frac{1}{2}$$

$r=1$ のとき, P が M と一致することが可能で, $m(1) = -\dfrac{1}{2}$ だけは求めることができる.

57 複素数と図形①

z を複素数とする．複素数平面上の3点 $A(1)$, $B(z)$, $C(z^2)$ が鋭角三角形をなすような z の範囲を求め，図示せよ． (2016年 理科)

ポイント

- 鋭角三角形（内角がすべて鋭角）の条件
  ⇒ 各辺の平方の大小関係で条件を表現する．**解答 1**
- z が変化するとき，B と C の2点が動く
  ⇒ 平行移動や拡大縮小を利用して，カンタンな形にして考える．**解答 2**
- 複素数と図形
  ⇒ $z = x + yi$ として考える前に，ある程度そのまま複素数の性質を用いる．(∗)

解答 1

$A(1)$, $B(z)$, $C(z^2)$ が相異なるので $1 \neq z$, $1 \neq z^2$, $z \neq z^2$ ⇔ $z \neq 0, \pm 1$ …①

この条件のもと，3点が鋭角三角形をなすとき，

$$||z-1|^2 - |z^2-1|^2| < |z^2-z|^2 < |z-1|^2 + |z^2-1|^2$$

$$\Leftrightarrow \begin{cases} |z-1|^2 + |z^2-1|^2 > |z^2-z|^2 \\ |z-1|^2 + |z^2-z|^2 > |z^2-1|^2 \quad \cdots ② \\ |z^2-1|^2 + |z^2-z|^2 > |z-1|^2 \end{cases} \Leftrightarrow \begin{cases} 1+|z+1|^2 > |z|^2 \quad \cdots ③ \\ 1+|z|^2 > |z+1|^2 \quad \cdots ④ \\ |z+1|^2 + |z|^2 > 1 \quad \cdots ⑤ \end{cases}$$

それぞれの不等式を考えると，

③ ⇔ $1 + (z+1)(\bar{z}+1) > z\bar{z}$ ⇔ $1 + z + \bar{z} + 1 > 0$ ∴ $\dfrac{z + \bar{z}}{2} > -1$

これは，z の実部が -1 より大きいことを表す． …③′

④ ⇔ $1 + z\bar{z} > (z+1)(\bar{z}+1)$ ⇔ $0 > z + \bar{z}$ ∴ $\dfrac{z + \bar{z}}{2} < 0$

これは，z の実部が -1 より大きいことを表す． …④′

⑤ ⇔ $2z\bar{z} + z + \bar{z} > 0$ ⇔ $\left(z + \dfrac{1}{2}\right)\left(\bar{z} + \dfrac{1}{2}\right) - \dfrac{1}{4} > 0$ ← 平方完成

⇔ $\left|z + \dfrac{1}{2}\right|^2 > \dfrac{1}{4}$ …⑥ ∴ $\left|z + \dfrac{1}{2}\right| > \dfrac{1}{2}$

これは，z と $-\dfrac{1}{2}$ の距離が $\dfrac{1}{2}$ より大きいことを表す．…⑤′

①，③′，④′，⑤′ より，

3点 ABC が鋭角三角形をなすような z の範囲を
複素数平面上に図示すると，右図の斜線部．（境界含まない）

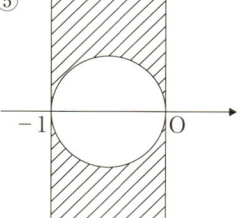

解答2

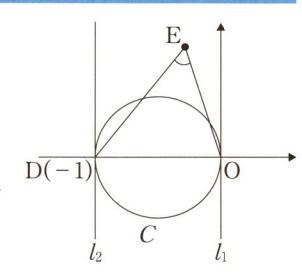

3点 ABC を -1 だけ平行移動すると，
$$A \to O, \quad B \to B'(z-1), \quad C \to C'(z^2-1)$$
ここで，3点を $z-1$ で割り，さらに -1 だけ平行移動すると，
$$D(-1), \quad O(0), \quad E(z)$$
△OB'C' ∽ △DOE であるから，題意の条件は △DOE で考えてよい．

三角形の成立条件から，E が直線 DO（実軸）上にない．

$\angle$OED $< \dfrac{\pi}{2}$ ⇔ 円周角の定理の逆より，円 C の外部

$\angle$DOE $< \dfrac{\pi}{2}$ ⇔ 点 E は l_1 の左側．

$\angle$EDO $< \dfrac{\pi}{2}$ ⇔ 点 E は l_2 の右側．（以下同様）

分析

* ②では，一般に3辺が a, b, c ($a \leq b \leq c$) の三角形は，
  $$a^2+b^2>c^2 \Leftrightarrow \text{鋭角三角形} \,/\, a^2+b^2=c^2 \Leftrightarrow \text{直角三角形} \,/\, a^2+b^2<c^2 \Leftrightarrow \text{鈍角三角形}$$
  であることを利用している．
* ⑥では，「複素数の平方完成」を行って，長さに関する条件式を導いている．
* 本問は，$z=x+yi$ として，ベクトルなどを利用して鋭角の条件を考えても良いが，処理が多くなる．

類題

2 $2|z-3-3i|=|z|$ を満たす複素数 z のうちで，$|z|$ が最大であるものを z_1，$|z|$ が最小であるものを z_2 とする．z_1 と z_2 を求めよ． (1967年)

$\alpha = 3+3i$ とすると，$2|z-3-3i|=|z| \Leftrightarrow 2|z-\alpha|=|z|$

両辺2乗して，整理して平方完成すると，$\left|z-\dfrac{4}{3}\alpha\right|^2 = 8$

点 P の軌跡は，複素数平面上で $\dfrac{4}{3}\alpha$ を中心とする半径 $2\sqrt{2}$ の円．

∴ $z_1 = 6+6i, \quad z_2 = 2+2i$

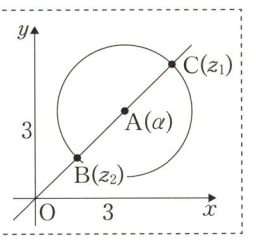

---

57 複素数と図形①

58 複素数と図形②

難易度　
時間　20分

O を原点とする複素数平面上で 6 を表す点を A, $7+7i$ を表す点を B とする.正の実数 t に対し,$\dfrac{14(t-3)}{(1-i)t-7}$ を表す点 P をとる.

(1) $\angle APB$ を求めよ.
(2) 線分 OP の長さが最大になる t の値を求めよ. (2003 年　理科)

ポイント

- $A(a)$, $B(b)$, $P(p)$ のなす角 $\angle APB = \theta$ $\Rightarrow$ $\dfrac{b-p}{a-p}$ を極形式で表して考える.
- 角度が一定の条件 $\Rightarrow$ 円周角の定理の利用を考える.また,多様な図形的解法が考えられる. 解答2, 3

解答1

(1) $A(a)$, $B(b)$, $P(p)$ とする.

$$\dfrac{b-p}{a-p} = \dfrac{7+7i - \dfrac{14(t-3)}{(1-i)t-7}}{6 - \dfrac{14(t-3)}{(1-i)t-7}} = \dfrac{(7+7i)\{(1-i)t-7\} - 14(t-3)}{6\{(1-i)t-7\} - 14(t-3)}$$

$$= \dfrac{7(1+7i)}{2t(4+3i)} = \dfrac{7}{2t} \cdot \dfrac{(1+7i)(4-3i)}{(4+3i)(4-3i)} \qquad \leftarrow \text{分母の有理化}$$

$$= \dfrac{7}{2t}(1+i) = \dfrac{7}{\sqrt{2}\,t}\left(\cos\dfrac{\pi}{4} + i\sin\dfrac{\pi}{4}\right)$$

t は正の実数であるから $\angle apb = \dfrac{\pi}{4}$

$$\therefore \quad \angle APB = \dfrac{\pi}{4}$$

(2) $\dfrac{b-0}{a-0} = \dfrac{7+7i-0}{6-0} = \dfrac{7}{6}(1+i) = \dfrac{7\sqrt{2}}{6}\left(\cos\dfrac{\pi}{4} + i\sin\dfrac{\pi}{4}\right)$

よって,$\angle a0b = \dfrac{\pi}{4}$ であるから $\angle AOB = \dfrac{\pi}{4}$

点 P, O は直線 AB に関して同じ側にあり …①

$$\angle AOB = \angle APB$$

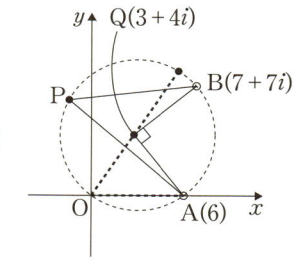

より,円周角の定理の逆から,4 点 O, A, B, P は右図のような同一円周上にある. …②

この円の中心を $Q(z)$ とすると $\angle AQB = 2 \cdot \dfrac{\pi}{4} = \dfrac{\pi}{2}$

$$z - 6 = \left(\cos\dfrac{\pi}{2} + i\sin\dfrac{\pi}{2}\right) \cdot ((7+7i) - 6) = -3 + 4i \quad \therefore \quad z = 3+4i$$

P(w) とすると，線分 OP の長さが最大となるのは，OP が円の直径となるとき，
$$w = 2z = 6 + 8i$$
$$\Leftrightarrow \frac{14(t-3)}{(1-i)t-7} = 6+8i \Leftrightarrow (t-28)i = 0$$
$$\therefore t = 28$$

解答2

(2)（②まで同様）円の中心を Q(z) とすると，
$$OQ = AQ = BQ \Leftrightarrow |z| = |z-a| = |z-b|$$
辺々2乗して
$$|z|^2 = |z|^2 - 6z - 6\overline{z} + 36 = |z|^2 - (7-7i)z - (7-7i)\overline{z} + 98$$
$$\Leftrightarrow z + \overline{z} = 6, \quad (1-7i)z + (1+7i)\overline{z} = 62 \quad \therefore z = 3 + 4i \text{（以下同様）}$$

解答3

(2)（②まで同様）

座標平面で考えると，右図から，$\overrightarrow{AB} = (1, 7)$.

$\angle ABD = \dfrac{\pi}{2}$ より，$\overrightarrow{BD} = (-7, 1)$.

$\overrightarrow{OQ} = \overrightarrow{OA} + \overrightarrow{AQ} = \overrightarrow{OA} + \dfrac{1}{2}\overrightarrow{AD} = (3, 4)$

$\therefore z = 3 + 4i$（以下同様）

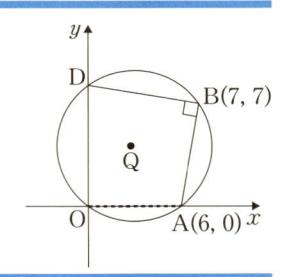

解答4

(2) 一次分数変換
$$w = \frac{14(c-3)}{(1-i)c-7} \Leftrightarrow c = \frac{7w-42}{(1-i)w-14}$$
を考えると，条件 $c = t > 0$ より，
$$\begin{cases} c - \overline{c} = 0 \\ c + \overline{c} > 0 \end{cases} \Leftrightarrow \begin{cases} |w-(3+4i)|^2 = 25 \\ |w-(10+3i)|^2 > 25 \end{cases}$$
以上から，点 P(w) を図示すると，右図のようになる．
右図の P_0 に点 P があるときに，OP の長さが最大．
（以下同様）

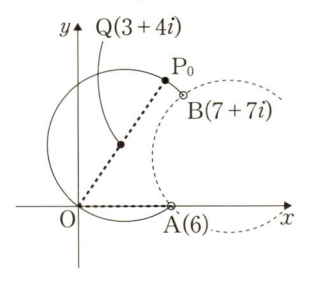

分析

* ①の「同じ側にある」という言及を忘れないように注意する．（逆側だと同一円周上にならない）
* 解答4は(1)の誘導を利用していない高度な解法であるが，一次分数変換によって，実軸上の正の部分にある点 $c(t)$ の集合が，円の一部に移る，ということは理解しておきたい．

59 複素数列と図形

難易度 / 時間 20分

複素数平面上の点 $a_1, a_2, \ldots, a_n, \ldots$ を

$$\begin{cases} a_1 = 1,\ a_2 = i, \\ a_{n+2} = a_{n+1} + a_n \quad (n=1, 2, \ldots) \end{cases}$$

により定め，$b_n = \dfrac{a_{n+1}}{a_n}$ $(n=1, 2, \ldots)$ とおく．

(1) 3点 b_1, b_2, b_3 を通る円 C の中心と半径を求めよ．

(2) すべての点 $b_n (n=1, 2, \ldots)$ は円 C の周上にあることを示せ．

(2001年 理科)

ポイント

- 3点 b_1, b_2, b_3 を通る円 ⇒ 外接円を求めようとする前に，なす角を考えて初等幾何的にアプローチする．
- 「すべての点 b_n が円上」 ⇒ 自然数 n に関する数学的帰納法を考える．解答1 あるいは，b_n の漸化式から一般項が導けることから，b_n の図形的性質を見抜く．解答2

解答1

(1) $a_1 = 1,\ a_2 = i,\ a_{n+2} = a_{n+1} + a_n$ から $a_3 = 1+i,\ a_4 = 1+2i$

∴ $b_1 = i,\ b_2 = \dfrac{1+i}{i} = 1-i,\ b_3 = \dfrac{1+2i}{1+i} = \dfrac{(1+2i)(1-i)}{2} = \dfrac{3}{2} + \dfrac{1}{2}i$

$$\arg\dfrac{b_2 - b_3}{b_1 - b_3} = \arg\dfrac{-\dfrac{1}{2} - \dfrac{3}{2}i}{-\dfrac{3}{2} + \dfrac{1}{2}i} = \arg i = \dfrac{\pi}{2}$$

← 初等幾何的性質

よって，円 C は2点 $i,\ 1-i$ を直径の両端とする円である．

したがって，中心は $\dfrac{i+(1-i)}{2} = \dfrac{1}{2}$，

半径は $\left|\dfrac{1}{2} - i\right| = \sqrt{\left(\dfrac{1}{2}\right)^2 + (-1)^2} = \dfrac{\sqrt{5}}{2}$ となる．

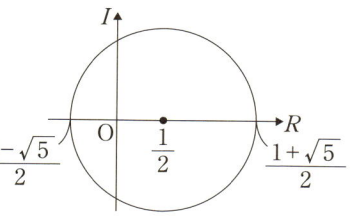

(2) $\left|b_n - \dfrac{1}{2}\right| = \dfrac{\sqrt{5}}{2}$ …① であることを数学的帰納法で証明する．

[1] $n = 1$ のとき

(1)から，①は成り立つ．

[2]　$n=k$ のときの①の成立を仮定．このとき，
$$\left|b_k - \frac{1}{2}\right| = \frac{\sqrt{5}}{2}$$
$a_{k+2} = a_{k+1} + a_k$ から　$\dfrac{a_{k+2}}{a_{k+1}} = 1 + \dfrac{a_k}{a_{k+1}}$ $\Leftrightarrow$ $b_{k+1} = 1 + \dfrac{1}{b_k}$ $\Leftrightarrow$ $b_k = \dfrac{1}{b_{k+1}-1}$　…②

仮定より
$$\left|b_k - \frac{1}{2}\right| = \frac{\sqrt{5}}{2} \;\Leftrightarrow\; \left|\frac{1}{b_{k+1}-1} - \frac{1}{2}\right| = \frac{\sqrt{5}}{2} \;\Leftrightarrow\; |b_{k+1}-3| = \sqrt{5}\,|b_{k+1}-1|$$

両辺を 2 乗して
$$|b_{k+1}-3|^2 = 5|b_{k+1}-1|^2 \;\Leftrightarrow\; (b_{k+1}-3)(\overline{b_{k+1}}-3) = 5(b_{k+1}-1)(\overline{b_{k+1}}-1)$$
$$\Leftrightarrow\; (2b_{k+1}-1)(2\overline{b_{k+1}}-1) = 5 \;\Leftrightarrow\; |2b_{k+1}-1|^2 = 5$$
$$\therefore\; |2b_{k+1}-1| = \sqrt{5} \;\Leftrightarrow\; \left|b_{k+1} - \frac{1}{2}\right| = \frac{\sqrt{5}}{2}$$

よって，$n=k+1$ のときも①が成り立つ．

[1]，[2]から，すべての自然数 n について，$\left|b_n - \dfrac{1}{2}\right| = \dfrac{\sqrt{5}}{2}$ となり，b_n は円 C 上にある．

解答 2

（②まで同様）

(2)　漸化式 $b_{n+1} = 1 + \dfrac{1}{b_n}$ に対して，$x = 1 + \dfrac{1}{x}$ を考える．

$x = 1 + \dfrac{1}{x}$ $\Leftrightarrow$ $x^2 - x - 1 = 0$ の 2 実解 $\alpha = \dfrac{1-\sqrt{5}}{2}$，$\beta = \dfrac{1+\sqrt{5}}{2}$ を用いて，

$$b_{n+1} = 1 + \dfrac{1}{b_n} \;\Leftrightarrow\; \dfrac{b_{n+1}-\alpha}{b_{n+1}-\beta} = \dfrac{\beta}{\alpha} \cdot \dfrac{b_n-\alpha}{b_n-\beta} \quad \cdots ③$$

と変形できる．$c_n = \dfrac{b_n - \alpha}{b_n - \beta}$ とすると，

③ $\Leftrightarrow$ $c_n = \left(\dfrac{\beta}{\alpha}\right)^{n-1} c_1$

となり，$\dfrac{\beta}{\alpha} = $ (実数)，$c_1 = \dfrac{b_1 - \alpha}{b_1 - \beta} = $ (純虚数) より，

$\arg c_n = \pm \dfrac{\pi}{2}$

よって，すべての点 b_n は，複素数平面上の

$\alpha = \dfrac{1-\sqrt{5}}{2}$，$\beta = \dfrac{1+\sqrt{5}}{2}$ を直径の両端とする円，つまり円 C の周上にある．

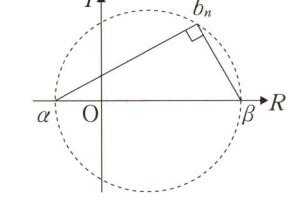

← 置換

分析

* 解答 2 は分数漸化式の解法（特性解を用いる）によって，一般項を導く過程から，図形的な条件を見出している．

§4 図形　解説

傾向・対策

「図形」分野は，文理を問わず東大入試における花形分野です．この分野の問題によって大きく得点差が開き，合否を分けるのは図形分野の問題の出来だと言っても過言ではありません．教科書の単元では「図形と計量（数Ⅰ）」「図形の性質（数A）」「図形と方程式（数Ⅱ）」「微積分（数Ⅱ）」「ベクトル（数B）」「（数Ⅲ全範囲）」と，多くの単元が絡んでくることになります．東大入試における「図形」分野の問題は，微視的に厳密に細かく図形を考えることよりも，大局的に捉える「感覚的な思考力」が要求されることが多くなります．具体的には，平面図形に関しては，初等幾何・座標幾何・ベクトル幾何の中から適切な道具を選ぶこと，また道具として微積分や複素数平面をきちんと利用できることが大きなポイントとなりますし，空間図形に関しては，対称性や特殊性を踏まえたうえで，面を抽出して，出来る限り2次元で考えていくことが大きなポイントとなります．

対策は，（もしかしたら馬鹿馬鹿しいように聞こえるかもしれませんが，）多く手を動かして「たくさん図を描くこと」です．多岐にわたる図形問題に大きく共通して言える一番有効なアプローチは，実は図を描くことなのです．漫然となんとなく描くのではなく，様々な方向から描くこと，ある断面だけを描くこと，重要な部分だけを描くことなども意識しておくとよいでしょう．図を描く意味は，描いた図を利用して解法を進めていくことだけでなく，図を描く過程で感じ得られた図形的特徴を活かしながら，それをヒントに問題を再認識していくことです．図を描くという経験を，思考にまで昇華する，というのは東大が受験生に求めている大きな能力の一つでもあるのです．

具体的には，平面図形では円や三角形，立体図形では四面体（正四面体），正四角錐，球などが題材として頻出です．特に特徴が多い図形であることが理由として考えられます．また，それらの図形が動いたり，動かしたり，互いに関係したりする状況が題材になります．また，条件を満たす点の軌跡や領域を問われることも多く，この場合は座標を前提とした代数的処理も重要となってきます．図形分野は東大合格を実現するためには，決して回避することはできないし，積極的に対策していきたい最重要分野です．

学習のポイント

- 有効な図を描くことを普段から心がける．
- 初等幾何・座標幾何・ベクトル幾何・複素数平面からの手法選択．
- 図形の対称性や特殊性を積極的に利用する．
- 座標を前提にした代数的処理に慣れる．
- 存在条件と領域の関係には注意する．

§5 極限

	内容	出題年	難易度	時間
60	数列と極限①	1975 年		15 分
61	数列と極限②	2006 年		20 分
62	複素数列と極限	1999 年		20 分
63	図形と極限	1981 年		15 分
64	図形の増殖と極限	2007 年		20 分
65	平均値の定理と極限	2005 年		15 分
66	曲線の長さと極限	2011 年		30 分

60 数列と極限①

数列 $\{a_n\}$ の項が $a_1 = \sqrt{2}$, $a_{n+1} = \sqrt{2+a_n}$ ($n=1, 2, 3, \cdots\cdots$) によって与えられているものとする.

このとき $a_n = 2\sin\theta_n$, $0 < \theta_n < \dfrac{\pi}{2}$ を満たす θ_n を見いだせ．また $\lim_{n\to\infty}\theta_n$ を求めよ．

(1975 年　理科)

ポイント

- 累乗や根号が含まれる漸化式　⇨　3角関数の性質などを用いることで，角度についての簡単な漸化式に帰着させる．
- 倍角の公式，半角の公式　⇨　次数の変換公式として意識する．
- 無限等比級数　⇨　収束条件に注意する．r^n ($-1 < r < 1$) の形をつくる．

解答

$$a_{n+1} = \sqrt{2+a_n},\ a_n = 2\sin\theta_n$$
$$2\sin\theta_{n+1} = \sqrt{2(1+\sin\theta_n)} \quad \cdots ①$$

根号の中身について考えると

$$1 + \sin\theta_n = 1 + 2\sin\frac{\theta_n}{2}\cos\frac{\theta_n}{2}$$
$$= \left(\sin\frac{\theta_n}{2} + \cos\frac{\theta_n}{2}\right)^2$$

← 倍角の公式

よって，$0 < \theta_n < \dfrac{\pi}{2}$ のとき，

$$\sqrt{2(1+\sin\theta_n)} = \sqrt{2}\left(\sin\frac{\theta_n}{2} + \cos\frac{\theta_n}{2}\right)$$
$$= 2\sin\left(\frac{\theta_n}{2} + \frac{\pi}{4}\right)$$

$$\therefore\ ① \Leftrightarrow \sin\theta_{n+1} = \sin\left(\frac{\theta_n}{2} + \frac{\pi}{4}\right)$$

← 漸化式の形

$0 < \theta_{n+1} < \dfrac{\pi}{2}$, $\dfrac{\pi}{4} < \dfrac{\theta_n}{2} + \dfrac{\pi}{4} < \dfrac{\pi}{2}$ であるから，

$$\theta_{n+1} = \frac{\theta_n}{2} + \frac{\pi}{4}$$

← 漸化式の解法

$$\Leftrightarrow\ \theta_{n+1} - \frac{\pi}{2} = \frac{1}{2}\left(\theta_n - \frac{\pi}{2}\right)$$

また，

$$a_1 = 2\sin\theta_1 = \sqrt{2} \quad \text{から} \quad \theta_1 = \frac{\pi}{4}$$

136

$b_n = \theta_n - \dfrac{\pi}{2}$ とすると

数列 $\{b_n\}$ は，初項が $b_1 = \theta_1 - \dfrac{\pi}{2} = -\dfrac{\pi}{4}$

公比が $\dfrac{1}{2}$ の等比数列

$$b_n = -\dfrac{\pi}{4}\left(\dfrac{1}{2}\right)^{n-1} = \theta_n - \dfrac{\pi}{2}$$

$$\therefore \quad \theta_n = \dfrac{\pi}{2} - \dfrac{\pi}{4}\left(\dfrac{1}{2}\right)^{n-1}$$

$$\therefore \quad \lim_{n \to \infty}\left(\dfrac{\pi}{2} - \dfrac{\pi}{4}\left(\dfrac{1}{2}\right)^{n-1}\right) = \dfrac{\pi}{2}$$

分析

* 一般に，すぐに一項を求めることができなさそうな漸化式は，
  - 実験をして周期性などを発見する
  - 実験をして一般項を推定し，それを数学的帰納法などで示す
  - 無理に一般項を求めようとせず，逐次的に利用する

などが定石的な方針となる．

あるいは本問のように，三角関数の性質などを利用して，偶然的に解けることもある．

61 数列と極限②

難易度　時間 20分

$a_1 = \dfrac{1}{2}$ とし，数列 $\{a_n\}$ を漸化式 $a_{n+1} = \dfrac{a_n}{(1+a_n)^2}$ $(n=1, 2, 3, \cdots)$ によって定める．

(1) $n=1, 2, 3, \cdots$ に対し $b_n = \dfrac{1}{a_n}$ とおく．$n>1$ のとき，$b_n > 2n$ となることを示せ．

(2) $\displaystyle\lim_{n \to \infty} \dfrac{1}{n}(a_1 + a_2 + \cdots + a_n)$ を求めよ．

(3) $\displaystyle\lim_{n \to \infty} na_n$ を求めよ．

(2006 年　理科)

ポイント

- 複雑な形の漸化式 ⇒ 一般項を無理に求めようとせずに，そのまま利用することを考える．
- 自然数 n に関する全称命題 ⇒ 数学的帰納法の利用を考える．
- $\displaystyle\sum_{k=1}^{n} \dfrac{1}{k}$ の評価 ⇒ 幅 1 の長方形の和と考えて，定積分で不等式を構成する．(②)
- 漸化式の変形 ⇒ 階差数列や差分の形を見出し，シグマ計算に強い形を意識する．(③)

解答

(1) $b_n = \dfrac{1}{a_n}$ とおくと，$a_{n+1} = \dfrac{a_n}{(1+a_n)^2}$ より，

$$b_{n+1} = \dfrac{1}{a_{n+1}} = \dfrac{(1+a_n)^2}{a_n} = \dfrac{1}{a_n} + a_n + 2$$
$$= b_n + \dfrac{1}{b_n} + 2 \quad \cdots ① \quad \leftarrow \text{解きにくい漸化式}$$

$n>1$ のとき $b_n > 2n$ であることを数学的帰納法で示す．

[1] $b_1 = \dfrac{1}{a_1} = 2$ であるから $b_2 = 2 + \dfrac{1}{2} + 2 > 4$　よって，$n=2$ のとき成り立つ．

[2] $n=k$ のとき，$b_k > 2k$ が成立を仮定

$$b_{k+1} = b_k + \dfrac{1}{b_k} + 2 > 2k + \dfrac{1}{b_k} + 2 > 2(k+1)$$

よって，$n=k+1$ のときも成り立つ．

[1]，[2]から，数学的帰納法により $n>1$ のとき $b_n > 2n$ ■

(2) (1)より，$a_n = \dfrac{1}{b_n} < \dfrac{1}{2n}$ であるから

$$\dfrac{1}{n}(a_1 + a_2 + \cdots + a_n) < \dfrac{1}{2n}\left(1 + \dfrac{1}{2} + \cdots + \dfrac{1}{n}\right)$$

$x > 0$ のとき $y = \dfrac{1}{x}$ は単調に減少するから

$$1 + \dfrac{1}{2} + \cdots + \dfrac{1}{n} = 1 + \sum_{k=2}^{n} \dfrac{1}{k} < 1 + \int_1^n \dfrac{1}{x}\,dx = 1 + \log n \quad \cdots ②$$

$$\therefore \quad 0 < \dfrac{1}{n}(a_1 + a_2 + \cdots + a_n) < \dfrac{1}{2}\left(\dfrac{1}{n} + \dfrac{\log n}{n}\right)$$

$\displaystyle\lim_{n \to \infty} \dfrac{1}{n} = 0$, $\displaystyle\lim_{n \to \infty} \dfrac{\log n}{n} = 0$ であるから $\displaystyle\lim_{n \to \infty} \dfrac{1}{n}(a_1 + a_2 + \cdots + a_n) = 0$

(3) ①より，$b_{n+1} = b_n + \dfrac{1}{b_n} + 2 \iff a_n = \dfrac{1}{b_n} = b_{n+1} - b_n - 2$ ← 差分の形

$$\therefore \quad \dfrac{1}{n}(a_1 + a_2 + \cdots + a_n) = \dfrac{1}{n}\sum_{k=1}^{n}(b_{k+1} - b_k - 2) \quad \cdots ③$$

$$= \dfrac{1}{n}(b_{n+1} - b_1 - 2n) = \dfrac{b_{n+1}}{n} - \dfrac{2}{n} - 2 \quad ←\ 打消す$$

(2)より，

$$\lim_{n \to \infty} \dfrac{1}{n}(a_1 + a_2 + \cdots + a_n) = \lim_{n \to \infty}\left(\dfrac{b_{n+1}}{n} - \dfrac{2}{n} - 2\right) = 0 \quad \therefore \quad \lim_{n \to \infty} \dfrac{b_{n+1}}{n} = 2$$

$$\therefore \quad \lim_{n \to \infty} n a_n = \lim_{n \to \infty} \dfrac{n}{b_n} = \lim_{n \to \infty}\left(\dfrac{n-1}{b_n} \cdot \dfrac{n}{n-1}\right) = \lim_{n \to \infty}\left(\dfrac{n-1}{b_n} \cdot \dfrac{1}{1 - \dfrac{1}{n}}\right) = \dfrac{1}{2}$$

類題

$a_n = \displaystyle\sum_{k=1}^{n} \dfrac{1}{\sqrt{k}}$, $b_n = \displaystyle\sum_{k=1}^{n} \dfrac{1}{\sqrt{2k+1}}$ とするとき，$\displaystyle\lim_{n \to \infty} a_n$, $\displaystyle\lim_{n \to \infty} \dfrac{b_n}{a_n}$ を求めよ．（1990年　理科）

$\sqrt{k+1} - \sqrt{k} = \dfrac{1}{\sqrt{k+1} + \sqrt{k}} < \dfrac{1}{2\sqrt{k}}$ より，

$a_n \geq 2\displaystyle\sum_{k=1}^{n}(\sqrt{k+1} - \sqrt{k}) = 2(\sqrt{n+1} - 1)$. $\displaystyle\lim_{n \to \infty} a_n \geq \lim_{n \to \infty} 2(\sqrt{n+1} - 1) = \infty$　$\therefore$　$\displaystyle\lim_{n \to \infty} a_n = \infty$

$\dfrac{1}{\sqrt{2k+2}} < \dfrac{1}{\sqrt{2k+1}} < \dfrac{1}{\sqrt{2k}}$ より，

$\dfrac{1}{\sqrt{2}}\displaystyle\sum_{k=1}^{n}\dfrac{1}{\sqrt{k+1}} < \displaystyle\sum_{n=1}^{n}\dfrac{1}{\sqrt{2k+1}} < \dfrac{1}{\sqrt{2}}\displaystyle\sum_{k=1}^{n}\dfrac{1}{\sqrt{k}} \iff \dfrac{1}{\sqrt{2}}\left(a_n + \dfrac{1}{\sqrt{n+1}} - 1\right) < b_n \leq \dfrac{1}{\sqrt{2}}a_n$

各辺を $a_n\ (>0)$ で割って　$\dfrac{1}{\sqrt{2}}\left\{1 + \dfrac{1}{a_n}\left(\dfrac{1}{\sqrt{n+1}} - 1\right)\right\} < \dfrac{b_n}{a_n} < \dfrac{1}{\sqrt{2}}$

$\displaystyle\lim_{n \to \infty} a_n = \infty$ より，$\displaystyle\lim_{n \to \infty} \dfrac{b_n}{a_n} = \dfrac{1}{\sqrt{2}}$

61 数列と極限②

62 複素数列と極限

難易度
時間 20分

複素数 z_n ($n=1, 2, \cdots\cdots$) を $z_1=1$, $z_{n+1}=(3+4i)z_n+1$ によって定める．

(1) すべての自然数 n について $\dfrac{3 \times 5^{n-1}}{4} < |z_n| < \dfrac{5^n}{4}$ が成り立つことを示せ．

(2) 実数 $r > 0$ に対して，$|z_n| \leqq r$ を満たす z_n の個数を $f(r)$ とおく．このとき，$\displaystyle\lim_{r \to +\infty} \dfrac{f(r)}{\log r}$ を求めよ．

(1999年 理科)

ポイント

- $z_{n+1}=\alpha z_n + 1$ ($\alpha = 3+4i$), $z_1 = 1$ ⇨ $z_1 = 1$, $z_2 = \alpha + 1$, $z_3 = \alpha(\alpha+1)+1 = \alpha^2 + \alpha + 1$, $\cdots$ より，$z_n = \alpha^{n-1} + \alpha^{n-2} + \cdots + \alpha + 1$

- 「和の絶対値」の評価 ⇨ 三角不等式 $||x|-|y|| \leqq |x+y| \leqq |x|+|y|$ の利用を考える．解答1

- 一般項を求められる漸化式 ⇨ 一般項を具体的に求めてから考えられることもある．解答2

解答1

(1) $\alpha = 3 + 4i$ とすると，$z_2 = \alpha + 1$, $z_3 = \alpha(\alpha+1) + 1$, $\cdots$ より，
$$z_n = \alpha^{n-1} + \alpha^{n-2} + \cdots + \alpha + 1 \quad \cdots\text{①}$$
三角不等式より，
$$||\alpha^{n-1}| - |\alpha^{n-2} + \alpha^{n-3} + \cdots + 1|| < |z_n| < |\alpha^{n-1}| + |\alpha^{n-2} + \alpha^{n-3} + \cdots + 1| \quad \cdots\text{②}$$
が成立する．ここで，$|\alpha| = 5$ であるので，

左辺について
$$||\alpha^{n-1}| - |\alpha^{n-2} + \alpha^{n-3} + \cdots + 1|| \geqq |\alpha|^{n-1} - (|\alpha|^{n-2} + |\alpha|^{n-1} + \cdots + |\alpha| + 1)$$
$$= 5^{n-1} - (5^{n-2} + 5^{n-3} + \cdots + 5 + 1)$$
$$= 5^{n-1} - \dfrac{5^{n-1} - 1}{5 - 1}$$
$$= \dfrac{3 \times 5^{n-1} + 1}{4} > \dfrac{3 \times 5^{n-1}}{4} \quad \cdots\text{③}$$

右辺について
$$|\alpha^{n-1}| + |\alpha^{n-2} + \alpha^{n-3} + \cdots + 1| \leqq |\alpha|^{n-1} + (|\alpha|^{n-2} + |\alpha|^{n-1} + \cdots + |\alpha| + 1)$$
$$= 5^{n-1} + (5^{n-2} + 5^{n-3} + \cdots + 5 + 1)$$
$$= 5^{n-1} + \dfrac{5^{n-1} - 1}{5 - 1}$$
$$= \dfrac{5 \times 5^{n-1} - 1}{4} < \dfrac{5^n}{4} \quad \cdots\text{④}$$

140

②,③,④より,
$$\frac{3\times 5^{n-1}}{4}<|z_n|<\frac{5^n}{4} \blacksquare$$

(2) (1)から $\dfrac{3\times 5^{n-1}}{4}<|z_n|<\dfrac{5^n}{4}<\dfrac{3\times 5^n}{4}<|z_{n+1}|<\dfrac{5^{n+1}}{4}$

$f(r)=k$ となるのは, $\dfrac{3\times 5^{k-1}}{4}<r<\dfrac{5^{k+1}}{4}$ …⑤のとき.

⑤ $\Leftrightarrow \log\dfrac{3}{4}+(k-1)\log 5<\log r<(k+1)\log 5-\log 4$

$\Leftrightarrow \dfrac{k}{\log\dfrac{3}{4}+(k-1)\log 5}>\dfrac{f(r)}{\log r}>\dfrac{k}{(k+1)\log 5-\log 4}$

$\Leftrightarrow \dfrac{1}{\dfrac{1}{k}\log\dfrac{3}{4}+\left(1-\dfrac{1}{k}\right)\log 5}>\dfrac{f(r)}{\log r}>\dfrac{1}{\left(1+\dfrac{1}{k}\right)\log 5-\dfrac{1}{k}\log 4}$

$r\to +\infty$ のとき $k\to +\infty$ であるから,はさみうちの原理より

$$\lim_{r\to\infty}\frac{f(r)}{\log r}=\frac{1}{\log 5}$$

解答 2

(1)(①まで同様)

$$z_n=\alpha^{n-1}+\alpha^{n-2}+\cdots+\alpha+1=\frac{\alpha^n-1}{\alpha-1}=\frac{\alpha^n-1}{2+4i}=\frac{(\alpha^n-1)(1-2i)}{2(1+2i)(1-2i)}$$
$$=\frac{1}{10}(1-2i)\alpha^n-\frac{1}{10}(1-2i)$$

$$\frac{1}{10}|(1-2i)\alpha^n|-\frac{1}{10}|1-2i|\leqq |z_n|\leqq \frac{1}{10}|(1-2i)\alpha^n|+\frac{1}{10}|1-2i|$$

$$\Leftrightarrow \frac{2\sqrt{5}\cdot 5^n-2\sqrt{5}}{20}\leqq |z_n|\leqq \frac{2\sqrt{5}\cdot 5^n+2\sqrt{5}}{20}$$

$n\geqq 2$ のとき,左辺について

$$\frac{2\sqrt{5}\cdot 5^n-2\sqrt{5}}{20}-\frac{3\times 5^{n-1}}{4}$$
$$=\frac{1}{20}((2\sqrt{5}-3)5^n-2\sqrt{5})\geqq \frac{1}{20}(48\sqrt{5}-75)>0 \ (\because \ 2.2<\sqrt{5})$$

右辺について

$$\frac{5^n}{4}-\frac{2\sqrt{5}\cdot 5^n+2\sqrt{5}}{20}$$
$$=\frac{1}{20}((5-2\sqrt{5})5^n-2\sqrt{5})\geqq \frac{1}{20}(125-52\sqrt{5})>0 \ (\because \ \sqrt{5}<2.3)$$

$n=1$ のとき, $|z_1|=1$, $\dfrac{3}{4}\times 5^{n-1}=\dfrac{3}{4}$, $\dfrac{5^n}{4}=\dfrac{5}{4}$ より成立.

以上より,すべての自然数 n について $\dfrac{3\times 5^{n-1}}{4}<|z_n|<\dfrac{5^n}{4}$ $\blacksquare$

分析

* 解答 2 では根号を評価して,目的の不等式を導くことが要点となっている.
* ②だけでなく,③,④の途中でも,三角不等式を利用していることに注意する.

63 図形と極限

$n \geq 3$ とし，正 n 角すいの表面を，底面に含まれない n 個の辺で切り開いて得られる展開図を考える．正 n 角すいの頂点は，展開図においては，異なる n 個の点になっている．ここでは，これら n 個の点を通る円の半径が1であるような，正 n 角すいのみを考えることにする．

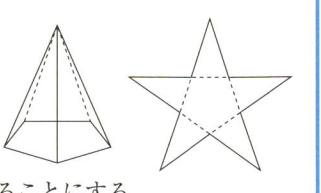

(1) 各 n に対して，このような正 n 角すいの体積の最大値 v_n を求めよ．
(2) $\lim_{n \to \infty} v_n$ を求めよ．
注．図は，$n=5$ の場合の，正 n 角すいとその展開図の例である． (1981年　理科)

ポイント

・図形量（長さ，面積，体積）の最大最小
　⇨ パラメータを設定し，図形量を関数として表現する．
・3以上の自然数 n 決定まる体積の $n \to \infty$ の極限
　⇨ 三角関数が含まれる場合は，三角関数の極限が使えるように工夫して変形する．
・パラメータの設定 ⇨ なるべく少なく，処理しやすい，都合の良いパラメータを設定する．（*）

解答1

(1) 展開図において，条件より OP = 1.
OP と AB の交点を H とすると，H は AB の中点．
OH = x とすると，PH = $1-x$ であるから，
　　　　　　　　　　　　　　　　…①
正 n 角すいの高さは，三平方の定理より，
$$\sqrt{PH^2 - OH^2} = \sqrt{1-2x} \quad \left(0 < x < \frac{1}{2}\right)$$
また，
$$\angle AOH = \frac{2\pi}{2n} = \frac{\pi}{n}, \quad AH = x\tan\frac{\pi}{n}, \quad AB = 2AH = 2x\tan\frac{\pi}{n}$$
$$\therefore \triangle OAB = \frac{1}{2} \cdot AB \cdot OH = x^2 \tan\frac{\pi}{n}$$
立体図を考えて，正 n 角すいの体積 V は

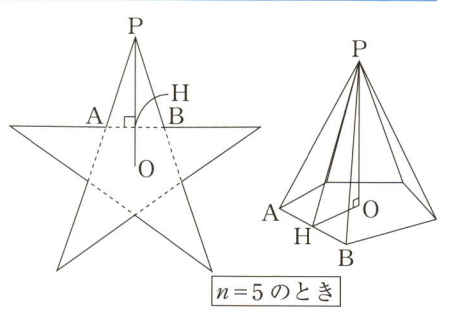

$$V = \frac{1}{3} \cdot n \triangle \text{OAB} \cdot \text{PO}$$
$$= \frac{n}{3} \cdot x^2 \tan\frac{\pi}{n} \cdot \sqrt{1-2x} = \frac{n}{3} \tan\frac{\pi}{n} \cdot \sqrt{x^4(1-2x)}$$

根号の中身を，$f(x) = x^4(1-2x)$ とおくと
$$f'(x) = 4x^3 - 10x^4 = 2x^3(2-5x)$$

x	0	$\cdots$	$\frac{2}{5}$	$\cdots$	$\frac{1}{2}$
$f''(x)$		+	0	−	
$f'(x)$		↗	極大	↘	

$f(x)$ は $x = \frac{2}{5}$ のとき最大値 $f\left(\frac{2}{5}\right) = \left(\frac{2}{5}\right)^4 \cdot \frac{1}{5}$ をとる．

$$\therefore v_n = \frac{n}{3}\tan\frac{\pi}{n} \cdot \left(\frac{2}{5}\right)^2 \cdot \frac{1}{\sqrt{5}} = \frac{4\sqrt{5}}{375} n\tan\frac{\pi}{n}$$

(2)
$$\lim_{n\to\infty} v_n = \frac{4\sqrt{5}}{375} n\tan\frac{\pi}{n} = \frac{4\sqrt{5}}{375} \lim_{n\to\infty} \frac{\tan\frac{\pi}{n}}{\frac{\pi}{n}} \cdot \pi \quad \cdots\text{②}$$
$$= \frac{4\sqrt{5}}{375}\pi$$

解答2

(1) 展開図において，$\text{OP} = 1$ より，$\text{PH} + \text{HO} = 1$．

立体図において，$\angle \text{PHO} = \theta$ とすると，$\text{OH} = \text{PH}\cos\theta$ より，
$$\text{PH} + \text{HO} = \text{PH}(1 + \cos\theta) = 1 \quad \Leftrightarrow \quad \text{PH} = \frac{1}{1+\cos\theta}$$

$$\therefore \text{PH} = \frac{1}{1+\cos\theta}, \quad \text{OH} = \frac{\cos\theta}{1+\cos\theta}, \quad 高さ\text{PO} = \frac{\sin\theta}{1+\cos\theta}$$
$$\text{AH} = \text{OH}\tan\frac{\pi}{n} = \tan\frac{\pi}{n} \cdot \frac{\cos\theta}{1+\cos\theta}$$
$$\therefore \triangle\text{OAB} = \frac{1}{2} \cdot 2\text{AH} \cdot \text{OH} = \tan\frac{\pi}{n} \cdot \left(\frac{\cos\theta}{1+\cos\theta}\right)^2$$

立体図を考えて，正 n 角すいの体積 V は
$$V = \frac{1}{3} \cdot n\triangle\text{OAB} \cdot \text{PO} = \frac{n}{3}\tan\frac{\pi}{n} \cdot \frac{\cos^2\theta\sin\theta}{(1+\cos\theta)^3} \quad (\text{以下，微分して考える})$$

分析

* ②では，$\displaystyle\lim_{x\to 0}\frac{\tan x}{x} = \lim_{x\to 0}\frac{\sin x}{x}\cdot\cos x = 1$ という事実を使えるように変形している．

* 解答1の $\text{OH} = x$ に対し，解答2では $\angle\text{PHO} = \theta$ をパラメータとして設定したが，このように，処理量が大きくなるため解答1のパラメータの設定のほうが適している．一般に，単純で代表的な「長さ」をパラメータと設定するとうまくいくことが多いが，億劫な処理になったときは，その途中でパラメータの再設定の可能性も考えるようにしたい．

* (2)の解答は，半径と母線の長さの和が1の円錐の体積の最大値となっている．
  ($n \to \infty$ のとき，円錐に近づいていくことからもイメージできる．)

64 図形の増殖と極限

難易度 ☐☐☐
時間 20分

n を 2 以上の整数とする．平面上に $n+2$ 個の点 O，P_0，P_1，……，P_n があり，次の 2 つの条件を満たしている．

(A)　$\angle P_{k-1}OP_k = \dfrac{\pi}{n}$ $(1 \leq k \leq n)$，$\angle OP_{k-1}P_k = \angle OP_0P_1$ $(2 \leq k \leq n)$

(B)　線分 OP_0 の長さは 1，線分 OP_1 の長さは $1 + \dfrac{1}{n}$ である．

線分 $P_{k-1}P_k$ の長さ a_k をとし，$s_n = \displaystyle\sum_{k=1}^{n} a_k$ とおくとき，$\displaystyle\lim_{n \to \infty} s_n$ を求めよ．

(2007 年　理科)

ポイント

・図形の増殖　⇨　隣接図形間の「代表的長さ」の関係を漸化式で表現する．

・$\displaystyle\lim_{n \to \infty}\left(1 + \dfrac{1}{n}\right)^n$，$\displaystyle\lim_{h \to 0}(1+h)^{\frac{1}{h}}$ の形　⇨　e の定義の利用．

・三角関数を含む複雑な式の極限　⇨　$\displaystyle\lim_{x \to 0}\dfrac{\sin x}{x} = 1$ を積極的に作る．

解答

$\triangle OP_0P_1$ において余弦定理により

$$a_1^2 = 1 + \left(1 + \dfrac{1}{n}\right)^2 - 2 \cdot 1 \cdot \left(1 + \dfrac{1}{n}\right)\cos\dfrac{\pi}{n}$$

よって

$$a_1 = \sqrt{2\left(1 + \dfrac{1}{n}\right) + \dfrac{1}{n^2} - 2\left(1 + \dfrac{1}{n}\right)\cos\dfrac{\pi}{n}}$$

$$= \sqrt{\dfrac{1}{n^2} + 2\left(1 + \dfrac{1}{n}\right)\left(1 - \cos\dfrac{\pi}{n}\right)}$$

また，条件 (A) から

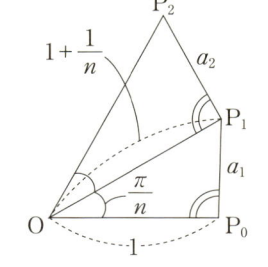

$$\triangle OP_{k-1}P_k \backsim \triangle OP_0P_1 \quad (2 \leq k \leq n) \quad \cdots ①$$

$$OP_k = \left(1 + \dfrac{1}{n}\right)OP_{k-1} \quad (1 \leq k \leq n)$$

$$\therefore\ OP_{k-1} = \left(1 + \dfrac{1}{n}\right)^{k-1} \times OP_0 = \left(1 + \dfrac{1}{n}\right)^{k-1}$$

$\triangle OP_{k-1}P_k$ と $\triangle OP_0P_1$ の相似比は $\left(1 + \dfrac{1}{n}\right)^{k-1} : 1$ となるので

$$a_k = \left(1 + \dfrac{1}{n}\right)^{k-1} \times a_1$$

144

数列 $\{a_k\}$ は初項 a_1, 公比 $1+\dfrac{1}{n}$ ($\neq 1$) の等比数列であるから

←　和の公式

$$s_n = \sum_{k=1}^{n} a_k = a_1 \cdot \dfrac{\left(1+\dfrac{1}{n}\right)^n - 1}{\left(1+\dfrac{1}{n}\right) - 1} \quad \cdots ②$$

$$= n\left\{\left(1+\dfrac{1}{n}\right)^n - 1\right\}\sqrt{\dfrac{1}{n^2} + 2\left(1+\dfrac{1}{n}\right)\left(1-\cos\dfrac{\pi}{n}\right)}$$

$$= \left\{\left(1+\dfrac{1}{n}\right)^n - 1\right\}\sqrt{1 + 2\left(1+\dfrac{1}{n}\right) \cdot \dfrac{1-\cos\dfrac{\pi}{n}}{\left(\dfrac{1}{n}\right)^2}} \quad \cdots ③$$

ここで，$\dfrac{1}{n} = h$ とおくと，$n \to \infty$ のとき $h \to 0$ であるから，③において，

$$\lim_{n\to\infty}\left(1+\dfrac{1}{n}\right)^n = \lim_{h\to 0}(1+h)^{\frac{1}{h}} = e,$$

←　e の定義

$$\lim_{n\to\infty}\dfrac{1-\cos\dfrac{\pi}{n}}{\left(\dfrac{1}{n}\right)^2} = \lim_{h\to 0}\dfrac{1-\cos h\pi}{h^2}$$

$$= \lim_{h\to 0}\left(\dfrac{\sin h\pi}{h\pi}\right)^2 \cdot \dfrac{\pi^2}{1+\cos h\pi} = \dfrac{\pi^2}{2} \quad \cdots ④$$

$$\therefore \quad \lim_{n\to\infty} s_n = (e-1)\sqrt{1+\pi^2}$$

分析

* 隣接図形はすべて相似比 $1 : 1+\dfrac{1}{n}$ で増殖する．（①）

* ②では，等比数列の和の公式を用いている．

* ③は，$\left(1+\dfrac{1}{n}\right)^n$ の形，$\dfrac{1-\cos h\pi}{h^2}$ の形を作ることを意識した変形をしている．

* ④は，「$\lim\limits_{x\to 0}\dfrac{\sin x}{x} = 1$」を利用できるように，式変形して極限を求めている．

64 図形の増殖と極限

65 平均値の定理と極限

難易度 ■■□□□
時間 15分

関数 $f(x)$ を $f(x) = \dfrac{1}{2}x\{1 + e^{-2(x-1)}\}$ とする.ただし,e は自然対数の底である.

(1) $x > \dfrac{1}{2}$ ならば $0 \leq f'(x) < \dfrac{1}{2}$ であることを示せ.

(2) x_0 を正の数とするとき,数列 $\{x_n\}$ $(n = 0,\ 1,\ \cdots\cdots)$ を,$x_{n+1} = f(x_n)$ によって定める.$x_0 > \dfrac{1}{2}$ であれば,$\displaystyle\lim_{n\to\infty} x_n = 1$ であることを示せ. (2005年 理科)

ポイント

- 一般項を求められない漸化式で表現される数列の極限
  ⇨ $f(x) = x$ から極限値 α の候補を決め,(本問では $\alpha = 1$ と与えられている)
  $|x_{n+1} - \alpha| \leq k|x_n - \alpha|$ $(0 < k < 1)$ の形を導く.
- $|x_{n+1} - \alpha| \leq k|x_n - \alpha|$ $(0 < k < 1)$ ⇨ $f(1) = 1$ と平均値の定理を用いて作る.

解答 1

(1) $f(x) = \dfrac{1}{2}x\{1 + e^{-2(x-1)}\}$ より $f'(x) = \dfrac{1}{2}\{1 + e^{-2(x-1)} - 2xe^{-2(x-1)}\}$

$f''(x) = \dfrac{1}{2}\{-2e^{-2(x-1)} - 2e^{-2(x-1)} + 4xe^{-2(x-1)}\} = 2(x-1)e^{-2(x-1)}$

$f'(1) = \dfrac{1}{2}(1 + 1 - 2) = 0$

また,$x > \dfrac{1}{2}$ のとき

$\dfrac{1}{2} - f'(x) = \dfrac{1}{2}(2x-1)e^{-2(x-1)} > 0$ ⇔ $f'(x) < \dfrac{1}{2}$

x	$\dfrac{1}{2}$	$\cdots$	1	$\cdots$
$f''(x)$		$-$	0	$+$
$f'(x)$		↘	極小	↗

よって,$x > \dfrac{1}{2}$ のとき $0 \leq f'(x) < \dfrac{1}{2}$. ∎

(2)(ⅰ) $x_0 = 1$ のとき

$f(1) = 1$ であるから 0 以上の整数 n で $x_n = 1$ ∴ $\displaystyle\lim_{n\to\infty} x_n = 1$

(ⅱ) $\dfrac{1}{2} < x_0 < 1$,$1 < x_0$ のとき

(1)から,$x > \dfrac{1}{2}$ において $f(x)$ は単調増加であるから

$f(x) > f\left(\dfrac{1}{2}\right) = \dfrac{1 + e}{4} > \dfrac{1}{2}$ (∵ $e = 2.718\cdots$) ∴ $x_n > \dfrac{1}{2}$ …①

$x \neq 1$ のとき $f(x) \neq 1$ であるから $x_n \neq 1$

$f(x)$ は全実数 x で連続かつ微分可能なので,$x_n \neq 1$ のとき,平均値の定理より

$f(x_n) - f(1) = f'(c_n)(x_n - 1)$

146

をみたす c_n が 1 と x_n の間に存在する.
$$|x_{n+1}-1|=|f(x_n)-f(1)|=|f'(c_n)(x_n-1)|$$
(1)から $x>\dfrac{1}{2}$ のとき,$0\leqq f'(x)<\dfrac{1}{2}$ であるから
$$|f'(c_n)(x_n-1)|<\dfrac{1}{2}|x_n-1|$$
$$\Leftrightarrow \quad 0<|x_n-1|<\left(\dfrac{1}{2}\right)^n|x_0-1| \quad \leftarrow \text{繰り返し適用}$$

$n\to\infty$ で $\left(\dfrac{1}{2}\right)^n|x_0-1|\to 0$

よって,はさみうちの原理により $\displaystyle\lim_{n\to\infty}x_n=1$ ∎

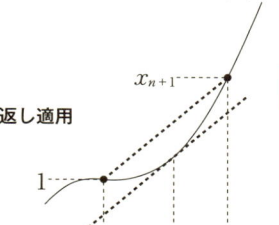

解答2

(2)(①まで同様)

$\dfrac{1}{2}<x_n<1$ のとき (1)より,$0<f'(x)<\dfrac{1}{2}$ であるので
$$\int_{x_n}^{1}0dx<\int_{x_n}^{1}f'(x)dx<\int_{x_n}^{1}\dfrac{1}{2}dx \quad \leftarrow \text{辺々積分}$$
$$\Leftrightarrow \quad 0<f(1)-f(x_n)<\dfrac{1}{2}(1-x_n)$$
$$\Leftrightarrow \quad 0<1-x_{n-1}<\dfrac{1}{2}(1-x_n)$$
$$\therefore \quad |x_{n+1}-1|<\dfrac{1}{2}|x_n-1|$$

(以下同様)

分析

* (2)は右図のように,$y=f(x)$,$y=x$ のグラフを考えると,x_n,x_{n+1},… と順に考えていくことで,感覚的に $\displaystyle\lim_{n\to\infty}x_n=1$ を捉えることもできる。

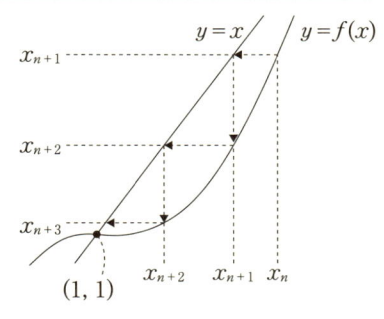

66 曲線の長さと極限

難易度／時間 30分

L を正定数とする．座標平面の x 軸上の正の部分にある点 $P(t, 0)$ に対し，原点 O を中心とし点 P を通る円周上を，P から出発して反時計回りに道のり L だけ進んだ点を $Q(u(t), v(t))$ と表す．

(1) $u(t)$, $v(t)$ を求めよ．

(2) $0 < a < 1$ の範囲の実数 a に対し，積分

$$f(a) = \int_a^1 \sqrt{\{u'(t)\}^2 + \{v'(t)\}^2}\, dt$$

を求めよ．

(3) 極限 $\displaystyle\lim_{a \to +0} \frac{f(a)}{\log a}$ を求めよ． (2011年　理科)

ポイント

・半径 r，中心角 θ の弧長 L，面積 S
　　　⇨　$L = r\theta$，$S = \dfrac{1}{2}r^2\theta$ と表されることに注意する．

・$\sqrt{x^2 + A}$ の形を含む定積分
　　　⇨　$u = \sqrt{x^2 + A}$ などと置換して，置換積分を実行する．

・被積分関数が分数関数
　　　⇨　log の微分を予想すると共に，部分分数分解の可能性を探る．

解答

(1)　$\angle QOP = \theta$ とすると

$$L = t\theta \iff \theta = \frac{L}{t}$$

$$u(t) = t\cos\theta = t\cos\frac{L}{t}, \quad v(t) = t\sin\theta = t\sin\frac{L}{t}$$

(2)　$u'(t) = \cos\dfrac{L}{t} + t\left(-\sin\dfrac{L}{t}\right)\left(-\dfrac{L}{t^2}\right) = \cos\dfrac{L}{t} + \dfrac{L}{t}\sin\dfrac{L}{t}$

$v'(t) = \sin\dfrac{L}{t} + t\cos\dfrac{L}{t}\left(-\dfrac{L}{t^2}\right) = \sin\dfrac{L}{t} - \dfrac{L}{t}\cos\dfrac{L}{t}$

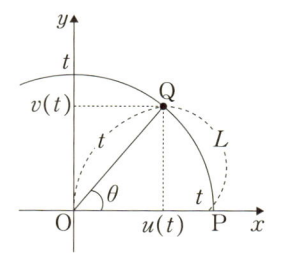

よって

$$\{u'(t)\}^2 + \{v'(t)\}^2 = \left(\cos\frac{L}{t} + \frac{L}{t}\sin\frac{L}{t}\right)^2 + \left(\sin\frac{L}{t} - \frac{L}{t}\cos\frac{L}{t}\right)^2$$

$$= 1 + \frac{L^2}{t^2} = \frac{t^2 + L^2}{t^2}$$

$$\therefore\quad f(a) = \int_a^1 \sqrt{\frac{t^2 + L^2}{t^2}}\, dt = \int_a^1 \frac{\sqrt{t^2 + L^2}}{t}\, dt$$

ここで，$u=\sqrt{t^2+L^2}$ とおくと，…①
$$dt = \frac{\sqrt{t^2+L^2}}{t}du = \frac{u}{t}du, \quad t^2 = u^2 - L^2$$

t	a	$\to$	1
u	$\sqrt{a^2+L^2}$	$\to$	$\sqrt{1+L^2}$

$$\frac{du}{dt} = \frac{t}{\sqrt{t^2+L^2}}$$

$$f(a) = \int_p^q \frac{u}{t} \cdot \frac{u}{t} du = \int_p^q \frac{u^2}{u^2-L^2} du \quad (\sqrt{a^2+L^2}=p, \quad \sqrt{1+L^2}=q)$$

$$= \int_p^q \left\{1 + \frac{L^2}{(u+L)(u-L)}\right\} du = [u]_p^q + L^2 \int_p^q \frac{1}{2L} \cdot \left(\frac{1}{u-L} - \frac{1}{u+L}\right) du \quad \leftarrow \text{部分分数分解}$$

$$= q - p + \frac{L}{2}\left[\log\left|\frac{u-L}{u+L}\right|\right]_p^q$$

$$= q - p + \frac{L}{2}\left(\log\frac{q-L}{q+L} - \log\frac{p-L}{p+L}\right)$$

$$= q - p - \frac{L}{2}\left(\log\frac{q-L}{q-L} - \log\frac{p-L}{p+L}\right)$$

$$= \sqrt{1+L^2} - \sqrt{a^2+L^2} - \frac{L}{2}\left(\log\frac{\sqrt{1+L^2}+L}{\sqrt{1+L^2}-L} - \log\frac{\sqrt{a^2+L^2}+L}{\sqrt{a^2+L^2}-L}\right)$$

$$= \sqrt{1+L^2} - \sqrt{a^2+L^2} - \frac{L}{2}\left\{\log(\sqrt{1+L^2}+L)^2 - \log\frac{(\sqrt{a^2+L^2}-L)^2}{a^2}\right\} \quad \leftarrow \text{分母の有理化}$$

$$= \sqrt{1+L^2} - \sqrt{a^2+L^2} + L\log(\sqrt{a^2+L^2}+L) - L\log(\sqrt{1+L^2}+L) - L\log a$$

(3) $\quad \dfrac{f(a)}{\log a} = \dfrac{\sqrt{1+L^2} - \sqrt{a^2+L^2}}{\log a} + \dfrac{L}{\log a}\log\dfrac{\sqrt{a^2+L^2}+L}{\sqrt{1+L^2}+L} - L$

$a \to +0$ のとき $\log a \to -\infty$ であるから
$$\lim_{a\to+0}\frac{f(a)}{\log a} = 0 + 0 - L = -L$$

分析

* ①のような置換の他に，$x=L\tan\theta$ あるいは $s=t+\sqrt{t^2+L^2}$ と置換し，解答と同じく部分分数分解をして，差分の形などを導くことによって，積分計算を実行することもできる．

 （通常は，$s=t+\sqrt{t^2+L^2}$ のような置換は，問題文に誘導が含まれることが多い．）

* (2)は，極座標表示 $r=\dfrac{L}{\theta}$ で表される曲線（双極螺旋）において，$r=a$ の点Pから，$r=1$ の点Qまでの曲線の長さ l を表している．

 (3)は，Pを曲線上を原点の方に動いていくとき，この長さが収束するかどうかを調べているが，(3)の結果より，l は，収束せず発散し，$-L\log a$ 程度になることが分かる．

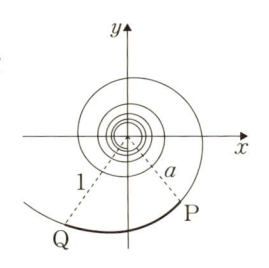

§5 極限 解説

傾向・対策

「極限」分野は，東大入試の中では，融合問題という形で出題されることが多いです．教科書の単元では「極限（数Ⅲ）」が対応しますが，「数列（数B）」や「微分法（数Ⅲ）」「積分法（数Ⅲ）」の単元も関係してくる問題も少なくありません．具体的には，「図形が増殖する問題」「確率や図形量や比の収束値を求める問題」「関数の極限を求める問題」などがよく出題されています．

対策としては，次のようにまとめられます．「図形が増殖する問題」では，n 番目と $n+1$ 番目の図形間の関係から漸化式を立式し，数列分野に落とし込んで極限を処理する，という一連の流れを習得してください．また，「確率や図計量や比の収束値を求める問題」では，対象をできるかぎり少ない文字で表現し，その式の極限値を改めて求める，という二段構成のものが多いです．「関数の極限を求める問題」は，"評価"を要求される問題が圧倒的に多く，対象の式や値を不等式などで挟み込み（評価），辺々の極限を考えて"はさみうち"や"追い出し"を利用する解法をとることが多いことを知っておくと良いでしょう．また，微分の定義，自然対数の底 e の定義，区分求積法，などに登場する極限計算を連想できるようにしておきましょう．いずれにしても，大学レベルの極限の深い知識や手法を要求されることは少なく，どんな問題でも前段階の立式の部分が正確に行えることが，この分野での得点を安定させる第一条件だといえます．

学習のポイント

- 極限の基本計算や基本公式の利用に関する習熟．
- 増殖する図形間の関係を見抜き，漸化式を立式する力．
- 図形量の正確な数式化と，その評価や極限計算．
- 「評価→はさみうち」の解法の習得．
- 微分の定義，e の定義，区分求積法の形を意識する．

§6 微分法

	内容	出題年	難易度	時間
67	4次関数の決定	1990年	■■□□□	15分
68	極値の差	1998年	■■□□□	15分
69	接線と法線	2002年	■□□□□	10分
70	図形量と微分	2005年	■■■□□	25分
71	関数漸化式	2000年	■■■□□	20分
72	共有点の個数	2013年	■□□□□	15分
73	共通接線と面積	1997年	■■■□□	20分
74	n次導関数と数列	2005年	■■■□□	20分
75	不等式の証明①	2016年	■■■□□	15分
76	不等式の証明②	2009年	■■■□□	20分
77	漸化式と関数	2014年	■■■■□	25分
78	ガウス記号と関数	1998年	■■■■□	30分
79	媒介変数表示	2006年	■■■■□	25分
80	動点と線分の衝突	2000年	■■■■■	30分

67 4次関数の決定

難易度 ■■□□□
時間 15分

a, b, c を整数, p, q, r を $p<0<q<1<r<2$ を満たす実数とする. 関数 $f(x)=x^4+ax^3+bx+c$ が次の条件 (i)(ii) を満たすように a, b, c, p, q, r を定めよ.

(i) $f(x)=0$ は4個の異なる実数解をもつ.
(ii) 関数 $f(x)$ は $x=p$, q, r において極値をとる.

(1990年 文科)

ポイント

- 極値をとるときの x の値 ⇨ 導関数のグラフの概形を考える.
- 4次関数の係数決定 ⇨ 極値の正負条件などから絞り込む.
- 不等式と整数条件 ⇨ 「領域」内の「格子点」として捉える.

解答

$f(x)=x^4+ax^3+bx+c$ より, $f'(x)=4x^3+3ax^2+b$ …①
$x=p$, q, r で極値をとるので,
$$f'(x)=4(x-p)(x-q)(x-r) \text{ とおける.}$$

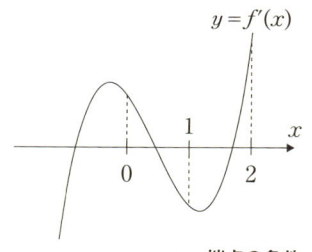

$p<0<q<1<r<2$ より,
$$\begin{cases} f'(0)=-4pqr>0 \\ f'(1)=4(1-p)(1-q)(1-r)<0 \\ f'(2)=4(2-p)(2-q)(2-r)>0 \end{cases}$$

① より,
$$\begin{cases} f'(0)=b>0 \\ f'(1)=3a+b+4<0 \\ f'(2)=12a+b+32>0 \end{cases}$$

これを ab 平面で図示すると, 右図の斜線部（境界含まない）.

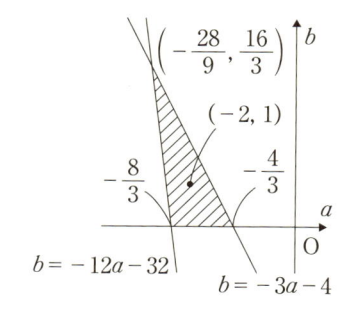

a, b は整数なので,
領域内の格子点を探すと, $(-2, 1)$ のみ. …②

← 端点の条件

このとき①より，
$$f'(x) = 4x^3 - 6x^2 + 1 = (2x-1)(2x^2 - 2x - 1)$$
$$= 4\left(x - \frac{1-\sqrt{3}}{2}\right)\left(x - \frac{1}{2}\right)\left(x - \frac{1+\sqrt{3}}{2}\right) \quad \cdots ③$$

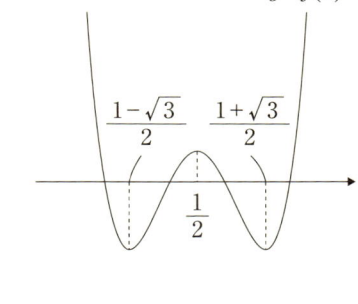

$f(x) = 0$ が4個の異なる実数解をもつので，

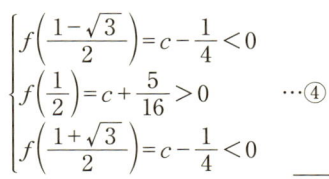

$$\begin{cases} f\left(\dfrac{1-\sqrt{3}}{2}\right) = c - \dfrac{1}{4} < 0 \\ f\left(\dfrac{1}{2}\right) = c + \dfrac{5}{16} > 0 \\ f\left(\dfrac{1+\sqrt{3}}{2}\right) = c - \dfrac{1}{4} < 0 \end{cases} \quad \cdots ④$$

④より，$-\dfrac{5}{16} < c < \dfrac{1}{4}$.

c は整数なので，$c = 0$
このとき十分性もみたしているので，
以上より，

x	$\cdots$	$\dfrac{1-\sqrt{3}}{2}$	$\cdots$	$\dfrac{1}{2}$	$\cdots$	$\dfrac{1+\sqrt{3}}{2}$	$\cdots$
$f'(x)$	$-$	0	$+$	0	$-$	0	$+$
$f(x)$	↘	極小	↗	極大	↘	極小	↗

← 十分性 Check

$$a = -2, \ b = 1, \ c = 0,$$
$$p = \frac{1-\sqrt{3}}{2}, \ q = \frac{1}{2}, \ r = \frac{1+\sqrt{3}}{2}$$

分析

* ②に関しては，領域を用いずに不等式を同値変形していくことでも求まる．

* ③の式変形は，因数定理と解の公式を利用して因数分解している．

* ④に関しては，極小値をとる x の値 α は，$2\alpha^2 - 2\alpha - 1 = 0$ が成り立つことから，整式の除法を実行して，
$$f(\alpha) = \alpha^4 - 2\alpha^3 + \alpha + 1 = (2\alpha^2 - 2\alpha - 1)\left(\frac{\alpha^2}{2} - \frac{\alpha}{2} - \frac{1}{4}\right) + c - \frac{1}{4} = c - \frac{1}{4}$$
と計算してもよい．

67 4次関数の決定

68 極値の差

難易度 ■■□□
時間 15分

a は 0 でない実数とする．関数 $f(x) = (3x^2 - 4)\left(x - a + \dfrac{1}{a}\right)$ の極大値と極小値の差が最小となる a の値を求めよ．

（1998 年　文科）

ポイント

- 極値の差 ⇨ 極値を具体的に計算する or 定積分を利用．解答 2
- 分数関数の最小値 ⇨ 相加・相乗平均の関係を利用．
- 2 次方程式の 2 解の差 ⇨ 2 解差の公式（＊参照）を利用．

解答 1

$$f(x) = (3x^2 - 4)\left(x - a + \dfrac{1}{a}\right) = 3x^3 - 3\left(a - \dfrac{1}{a}\right)x^2 - 4x + 4\left(a - \dfrac{1}{a}\right)$$

$$f'(x) = 9x^2 - 6\left(a - \dfrac{1}{a}\right)x - 4 = \left(3x + \dfrac{2}{a}\right)(3x - 2a)$$

極大値と極小値の差は

$$\left|f\left(\dfrac{2}{3}a\right) - f\left(-\dfrac{2}{3a}\right)\right| = \left|\left(\dfrac{4}{3}a^2 - 4\right)\left(-\dfrac{1}{3}a + \dfrac{1}{a}\right) - \left(\dfrac{4}{3a^2} - 4\right)\left(\dfrac{1}{3a} - a\right)\right|$$

← 計算

$$= \dfrac{4}{9}\left|a^3 + 3a + \dfrac{3}{a} + \dfrac{1}{a^3}\right| = \dfrac{4}{9}\left|\left(a + \dfrac{1}{a}\right)^3\right| = \dfrac{4}{9}\left|a + \dfrac{1}{a}\right|^3$$

$$= \dfrac{4}{9}\left(|a| + \dfrac{1}{|a|}\right)^3$$

相加・相乗平均の関係より，

$$|a| + \dfrac{1}{|a|} \geq 2\sqrt{|a| \cdot \dfrac{1}{|a|}} = 2 \quad \text{（等号成立は } |a| + \dfrac{1}{|a|} \Leftrightarrow a = \pm 1 \text{ のとき）}$$

∴　$a = \pm 1$ のとき，極大値と極小値の差が最小．

解答 2

$f'(x) = 9x^2 - 6\left(a - \dfrac{1}{a}\right)x - 4 = 0$ の 2 実数解を $\alpha,\ \beta\ (\alpha \leq \beta)$ とすると，

極大値と極小値の差は

$$|f(\alpha) - f(\beta)| = \left|\int_\beta^\alpha f'(x)dx\right| = \left|\int_\beta^\alpha 9(x - \alpha)(x - \beta)dx\right| = \left|\dfrac{3}{2}(\beta - \alpha)^3\right| \quad \cdots ①$$

また，$\beta - \alpha = \dfrac{\sqrt{36\left(a - \dfrac{1}{a}\right)^2 + 144}}{9} = \dfrac{2}{3}\left|a + \dfrac{1}{a}\right| \quad \cdots ②$

← a の分数関数

相加・相乗平均の関係より，

$a>0$ のとき，$a+\dfrac{1}{a} \geq 2\sqrt{a \cdot \dfrac{1}{a}} = 2$

$a<0$ のとき，$a+\dfrac{1}{a} = -\left((-a)+\left(-\dfrac{1}{a}\right)\right) \leq -2\sqrt{(-a)\cdot\left(-\dfrac{1}{a}\right)} = -2$

よって，$\dfrac{2}{3}\left|a+\dfrac{1}{a}\right| \geq \dfrac{4}{3}$ （等号成立は $a=\pm 1$ のとき）

∴ $a=\pm 1$ のとき，極大値と極小値の差が最小．

解答3

$a-\dfrac{1}{a}=u$ とおくと， ← 置換

$$f(x)=(3x^2-4)(x-u)=3x^3-3ux^2-4x+4u, \quad f'(x)=9x^2-6ux-4$$

$f'(x)=0$ の判別式 D について

$$D/4=(3u)^2-9\times(-4)=9u^2+36>0$$

よって，$f'(x)=0$ は異なる2つの実数解 α, β ($\alpha<\beta$) をもつ．
解と係数の関係から

$$\alpha+\beta=\dfrac{2}{3}u, \quad \alpha\beta=-\dfrac{4}{9}$$

$x=\alpha$ で極大値，$x=\beta$ で極小値をとるので，

$$f(\alpha)-f(\beta)=\int_\beta^\alpha f'(x)dx = 9\int_\beta^\alpha (x-\alpha)(x-\beta)dx = 9\cdot\dfrac{-1}{6}\cdot(\alpha-\beta)^3 = \dfrac{3}{2}(\beta-\alpha)^3$$

ここで

$$(\beta-\alpha)^2=(\alpha+\beta)^2-4\alpha\beta$$
$$=\dfrac{4}{9}u^2+\dfrac{16}{9}\geq\dfrac{16}{9} \quad \text{（等号成立は $u=0$ のとき）}$$

$u=0 \Leftrightarrow a=\pm 1$ から，$a=\pm 1$ のとき，極大値と極小値の差が最小．

分析

* 解答2①では，公式

$$\int_\alpha^\beta (x-\alpha)(x-\beta)dx = -\dfrac{1}{6}(\beta-\alpha)^3$$

を用いている．

* 解答2②では，以下の公式を用いている．

「$ax^2+bx+c=0$ ($a\neq 0$) の2実解 α, β ($\alpha\leq\beta$) の差は，$\beta-\alpha=\dfrac{\sqrt{D}}{|a|}$ （D は判別式）」

* 極大値と極小値の和を考えるときも，解と係数の関係を用いると処理がしやすい．

69 接線と法線

難易度　時間 10分

a は正の実数とする．xy 平面の y 軸上に点 $P(0, a)$ をとる．関数 $y = \dfrac{x^2}{x^2+1}$ のグラフを C とする．C 上の点 Q で次の条件を満たすものが原点 $O(0, 0)$ 以外に存在するような a の範囲を求めよ．

条件：Q における C の接線が直線 PQ と直交する．　　　　　　（2002 年　理科）

ポイント

- 法線の存在　　　　　⇨　接点を $(t, f(t))$ とおいて，t の方程式を立式．
- $(t, f(t))$ における法線の方程式　⇨　$y - f(t) = -\dfrac{1}{f'(t)}(x - t)$
- $g(t) = a$ の形の方程式の実数解の存在
  ⇨　$y = g(t)$ と $y = a$ の共有点の存在（定数分離）

解答 1

$$f(x) = \dfrac{x^2}{x^2+1} = 1 - \dfrac{1}{x^2+1}$$

$$\lim_{x \to -\infty} f(x) = 1, \quad \lim_{x \to \infty} f(x) = 1 \quad \cdots ①$$

$$f'(x) = \dfrac{2x(x^2+1) - 2x^3}{(x^2+1)^2} = \dfrac{2x}{(x^2+1)^2}$$

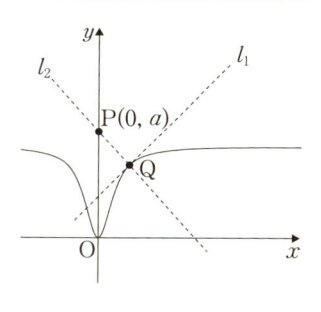

$Q\left(t, \dfrac{t^2}{t^2+1}\right)$ $(t \neq 0)$ とおくと，点 Q における C の法線は

$$y - \dfrac{t^2}{t^2+1} = -\dfrac{(t^2+1)^2}{2t}(x - t) \quad \cdots ②$$

この直線が点 $P(0, a)$ を通るので，代入して

$$a = \dfrac{(t^2+1)^2}{2} + \dfrac{t^2}{t^2+1} \quad \cdots ③ \qquad \leftarrow \text{定数分離の形}$$

③が 0 でない実数解 t をもてばよい．

ここで，

$$g(t) = \dfrac{(t^2+1)^2}{2} + \dfrac{t^2}{t^2+1}, \quad s = t^2 \quad (s > 0) \qquad \leftarrow \text{③の右辺}$$

とすると

$$g(t) = \dfrac{(s+1)^2}{2} + \dfrac{s}{s+1} = h(s)$$

$$h'(s) = (s+1) + \dfrac{1}{(s+1)^2} > 0$$

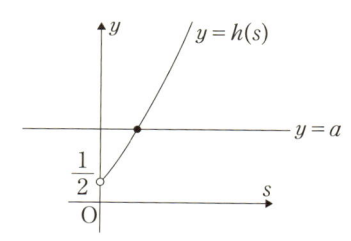

よって，$h(s)$ は単調増加．また，$h(0) = \dfrac{1}{2}$．

$y=h(s)$ と $y=a$ が共有点をもつ範囲を考えて，$a>\dfrac{1}{2}$

解答 2

（③まで同様）
ここで，
$$g(t)=\dfrac{(t^2+1)^2}{2}+\dfrac{t^2}{t^2+1},\ u=t^2+1\ (u>1) \qquad \leftarrow 置換$$
とすると
$$g(t)=\dfrac{u^2}{2}+\dfrac{u-1}{u}=j(u),\ j'(u)=u+\dfrac{1}{u^2}>0\ （グラフ略）$$

よって，$j(u)$ は単調増加．また，$j(1)=\dfrac{1}{2}$

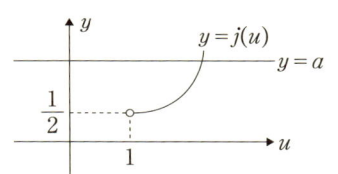

$y=j(u)$ と $y=a$ が共有点をもつ範囲を考えて，$a>\dfrac{1}{2}$

分析

* ①はグラフの概形を描くために（念のため）調べている．

* ②は，接線の傾きが $f'(t)$ であるから，
$$法線の傾きは\ -\dfrac{1}{f'(t)}$$
となることを用いて立式している．

* 「③が 0 でない実数解 t をもつ条件」 $\Leftrightarrow$ 「$(0,a)$ を通る法線が存在する条件」

* 逆に，$a>\dfrac{1}{2}$ のとき，$y=h(s)$ と $y=a$ は共有点をもち，その s 座標を s_1 とすると，$t=\pm\sqrt{s_1}$ となるので，法線は 2 本引けることとなる．
（$y=f(x)$ のグラフが y 軸対称，P が y 軸上であることからも明らか．）

69 接線と法線

70 図形量と微分

難易度
時間 25分

xy 平面の原点を O として，2 点 P$(\cos\theta, \sin\theta)$, Q$(1, 0)$ をとる．ただし，$0<\theta<\pi$ とする．点 A は線分 PQ 上を，また点 B は線分 OQ 上を動き，線分 AB は $\triangle$OPQ の面積を 2 等分しているとする．このような線分 AB で最も短いものの長さを l とおき，これを θ の関数と考えて $l^2 = f(\theta)$ と表す．

(1) 線分 AQ の長さを a, BQ の長さを b とすると，$ab = \sin\dfrac{\theta}{2}$ が成立することを示せ．

(2) PQ$\geqq\dfrac{1}{2}$, PQ$<\dfrac{1}{2}$ それぞれの場合について，$f(\theta)$ を θ を用いて表せ．

(3) 関数 $f(\theta)$ は $0<\theta<\pi$ で微分可能であることを示し，そのグラフの概形をかけ．また，$f(\theta)$ の最大値を求めよ．

(2005 年　理科)

ポイント

・分数関数の最大最小　$\Rightarrow$　相加・相乗平均の関係を利用する場合は，変域に注意する．

・$x=a$ での微分可能の証明

$\Rightarrow$　$x=a$ における連続性と，導関数の両側極限の一致を確認する．

解答

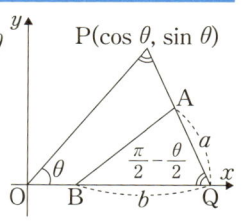

(1) $\triangle$ABQ $= \dfrac{1}{2} \triangle$OPQ $\Leftrightarrow$ $\dfrac{1}{2}ab\sin\left(\dfrac{\pi}{2}-\dfrac{\theta}{2}\right) = \dfrac{1}{2}\cdot\dfrac{1}{2}\cdot 1\cdot 1\cdot\sin\theta$

$\Leftrightarrow$ $\dfrac{1}{2}ab\cos\dfrac{\theta}{2} = \dfrac{1}{4}\cdot 2\sin\dfrac{\theta}{2}\cdot\cos\dfrac{\theta}{2}$

$\cos\dfrac{\theta}{2} \neq 0$ であるから，$ab = \sin\dfrac{\theta}{2}$

(2) $ab = \sin\dfrac{\theta}{2}$，$0<a\leqq 2\sin\dfrac{\theta}{2}$，$0<b\leqq 1$ であるから　$\dfrac{1}{2}\leqq b\leqq 1$

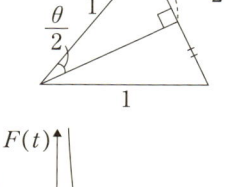

$\triangle$ABQ で余弦定理より，

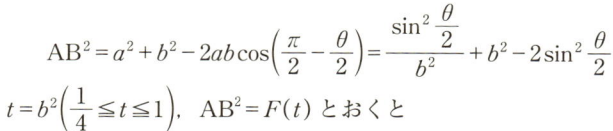

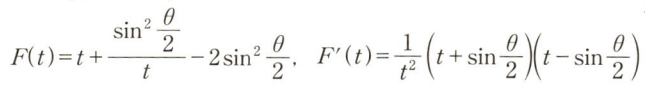

$$AB^2 = a^2 + b^2 - 2ab\cos\left(\dfrac{\pi}{2}-\dfrac{\theta}{2}\right) = \dfrac{\sin^2\dfrac{\theta}{2}}{b^2} + b^2 - 2\sin^2\dfrac{\theta}{2}$$

$t = b^2 \left(\dfrac{1}{4} \leqq t \leqq 1\right)$，$AB^2 = F(t)$ とおくと

$F(t) = t + \dfrac{\sin^2\dfrac{\theta}{2}}{t} - 2\sin^2\dfrac{\theta}{2}$，$F'(t) = \dfrac{1}{t^2}\left(t+\sin\dfrac{\theta}{2}\right)\left(t-\sin\dfrac{\theta}{2}\right)$

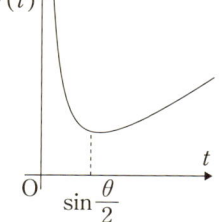

(ⅰ) PQ $= 2\sin\dfrac{\theta}{2} \geqq \dfrac{1}{2}$ $\Leftrightarrow$ $\dfrac{1}{4} \leqq \sin\dfrac{\theta}{2}$ のとき

$_{\min}F(t) = F\left(\sin\dfrac{\theta}{2}\right) = 2\sin\dfrac{\theta}{2} - 2\sin^2\dfrac{\theta}{2}$

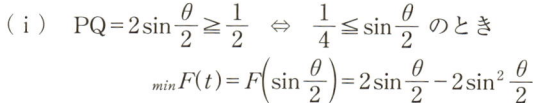

(ⅱ) PQ $= 2\sin\dfrac{\theta}{2} < \dfrac{1}{2}$ $\Leftrightarrow$ $\sin\dfrac{\theta}{2} < \dfrac{1}{4}$ のとき

158

$$\min F(t) = F\left(\frac{1}{4}\right) = 2\sin^2\frac{\theta}{2} + \frac{1}{4}$$

t	0	$\cdots$	$\sin\frac{\theta}{2}$	$\cdots$
$F'(t)$		$-$	0	$+$
$F(t)$	∞	$\searrow$	極小	$\nearrow$

（ i ），（ ii ）から，$f(\theta) = \begin{cases} 2\sin\frac{\theta}{2} - 2\sin^2\left(\frac{\theta}{2}\right) & \left(\mathrm{PQ} \geqq \frac{1}{2}\right) \\ 2\sin^2\frac{\theta}{2} + \frac{1}{4} & \left(\mathrm{PQ} < \frac{1}{2}\right) \end{cases}$ …①

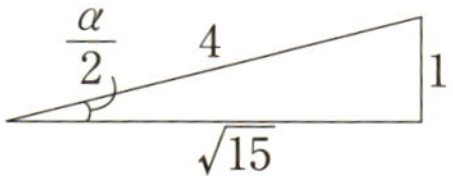

(3) $\sin\frac{\theta}{2} = \frac{1}{4}$ $(0 < \theta < \pi)$ を満たす θ を α とおくと $\sin\frac{\alpha}{2} = \frac{1}{4}$

$$f(\theta) = \begin{cases} 2\sin\frac{\theta}{2} - 2\sin^2\frac{\theta}{2} = f_1(\theta) & (\alpha \leqq \theta < \pi) \\ 2\sin^2\frac{\theta}{2} + \frac{1}{4} = f_2(\theta) & (0 < \theta < \alpha) \end{cases} \quad \begin{cases} \lim_{\theta \to \alpha+0} f_1(\theta) = 2\sin\frac{\alpha}{2} - 2\sin^2\frac{\alpha}{2} = \frac{3}{8} \\ \lim_{\theta \to \alpha-0} f_2(\theta) = 2\sin^2\frac{\alpha}{2} + \frac{1}{4} = \frac{3}{8} \end{cases}$$

$$f'(\theta) = \begin{cases} f_1'(\theta) = \cos\frac{\theta}{2}\left(1 - 2\sin\frac{\theta}{2}\right) & (\alpha < \theta < \pi) \\ f_2'(\theta) = 2\sin\frac{\theta}{2}\cos\frac{\theta}{2} & (0 < \theta < \alpha) \end{cases} \quad \begin{cases} \lim_{\theta \to \alpha+0} f_1'(\theta) = \cos\frac{\alpha}{2}\left(1 - 2\sin\frac{\alpha}{2}\right) = \frac{\sqrt{15}}{8} \\ \lim_{\theta \to \alpha-0} f_2'(\theta) = 2\sin\frac{\alpha}{2}\cos\frac{\alpha}{2} = \frac{\sqrt{15}}{8} \end{cases}$$

以上より，$f(\theta)$ は $\theta = \alpha$ で連続．また，$f(\theta)$ は $0 < \theta < \alpha$，$\alpha < \theta < \pi$ で微分可能であり，$\lim_{\theta \to \alpha-0} f_2'(\theta) = \lim_{\theta \to \alpha+0} f_1'(\theta)$ より，$f(\theta)$ は $\theta = \alpha$ でも微分可能．よって，$0 < \theta < \pi$ で微分可能．

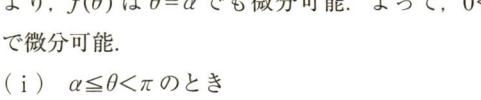

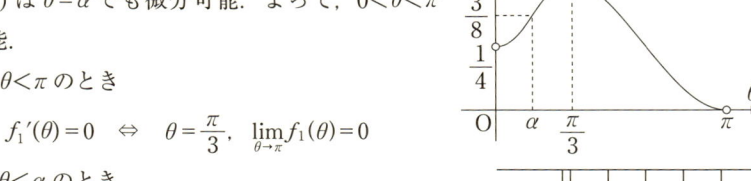

（ i ）$\alpha \leqq \theta < \pi$ のとき

$$f_1'(\theta) = 0 \iff \theta = \frac{\pi}{3}, \quad \lim_{\theta \to \pi} f_1(\theta) = 0$$

（ ii ）$0 < \theta < \alpha$ のとき

$$f_2'(\theta) = 2\sin\frac{\theta}{2}\cos\frac{\theta}{2} = \sin\theta > 0, \quad \lim_{\theta \to +0} f_2(\theta) = \frac{1}{4}$$

以上から，$f(\theta)$ のグラフの概形は右図．

$f(\theta)$ は $\theta = \frac{\pi}{3}$ のとき最大値 $\frac{1}{2}$．

θ	α	$\cdots$	$\frac{\pi}{3}$	$\cdots$	π
$f'(\theta)$		$+$	0	$-$	
$f(\theta)$	$\frac{3}{8}$	$\nearrow$	$\frac{1}{2}$	$\searrow$	

分析

* （2）（ i ）は，相加・相乗平均の関係によって導いても良い．（（ ii ）の範囲では等号が成立しないので不適）

類題

3角形 ABC において，BC $= 32$，CA $= 36$，AB $= 25$ とする．この3角形の2辺の上に両端をもつ線分 PQ によって，この3角形の面積を2等分する．そのような PQ の長さが最短になる場合の，P と Q の位置を求めよ． (1975年　文理共通)

（ i ）P が AB 上，Q が BC 上にあるとき　（ ii ）P が AC 上，Q が BC 上にあるときに場合分けをして考える．PQ の長さが最短になるのは，CA，CB 上にあり，CP = CQ = 24

70 図形量と微分

71 関数漸化式

難易度 ☐☐☐☐
時間 20分

$a>0$ とする．正の整数 n に対して，区間 $0 \leq x \leq a$ を n 等分する点の集合
$$\left\{0, \frac{a}{n}, \cdots\cdots, \frac{n-1}{n}a, a\right\}$$
の上で定義された関数 $f_n(x)$ があり，次の方程式を満たす．
$$\begin{cases} f_n(0)=c, \\ \dfrac{f_n((k+1)h)-f_n(kh)}{h} = \{1-f_n(kh)\}f_n((k+1)h) \end{cases}$$
$$(k=0, 1, \cdots\cdots, n-1)$$
ただし，$h=\dfrac{a}{n}$，$c>0$ である．

このとき，以下の問いに答えよ．

(1) $p_k = \dfrac{1}{f_n(kh)}$ $(k=0, 1, \cdots\cdots, n)$ とおいて p_k を求めよ．

(2) $g(a) = \lim_{n\to\infty} f_n(a)$ とおく．$g(a)$ を求めよ．

(3) $c=2$, 1, $\dfrac{1}{4}$ それぞれの場合について，$y=g(x)$ の $x>0$ でのグラフをかけ．

(2000 年 理科)

ポイント

- $k=0, 1, \cdots, n-1$ ⇨ 関数 $f_n(kh)$ は離散関数であることから，数列として捉える．
- $\lim_{n\to\infty}\left(1+\dfrac{1}{n}\right)^n$, $\lim_{h\to 0}(1+h)^{\frac{1}{h}}$ の形
  ⇨ e の定義の利用．n や h が負の数のときにも想起できるようにする．
- 「グラフをかけ」
  ⇨ 増減だけでなく，2 階微分まで考えて，変曲点や凹凸についても言及する．

解答

(1) （与式）⇔ $f_n((k+1)h) - f_n(kh) = h\{1-f_n(kh)\}f_n((k+1)h)$ …①

$f_n(kh) = \dfrac{1}{p_k}$ から

$$① \Leftrightarrow \frac{1}{p_{k+1}} - \frac{1}{p_k} = h\left(1-\frac{1}{p_k}\right)\frac{1}{p_{k+1}}$$
$$\Leftrightarrow p_{k+1} = (1-h)p_k + h$$
$$\Leftrightarrow p_{k+1} - 1 = (1-h)(p_k - 1) \qquad \leftarrow \text{漸化式の解法}$$
$$\Leftrightarrow p_k = (1-h)^k(p_0 - 1) + 1$$

$p_0 = \dfrac{1}{f_n(0)} = \dfrac{1}{c}$ $(c>0)$ であるから，$p_k = (1-h)^k\left(\dfrac{1}{c} - 1\right) + 1$

(2) (1)と $h=\dfrac{a}{n}$ から

$$p_n = \left(1-\dfrac{a}{n}\right)^n\left(\dfrac{1}{c}-1\right)+1 = \left\{\left(1-\dfrac{a}{n}\right)^{-\frac{n}{a}}\right\}^{-a}\left(\dfrac{1}{c}-1\right)+1$$

ここで，$\displaystyle\lim_{n\to\infty}\left(1-\dfrac{a}{n}\right)^{-\frac{n}{a}}=\lim_{t\to 0}(1+t)^{\frac{1}{t}}=e$ より， ← e の定義

$$\lim_{n\to\infty}p_n=\left(\dfrac{1}{c}-1\right)e^{-a}+1$$

$$\therefore\ g(a)=\lim_{n\to\infty}f_n(a)=\lim_{n\to\infty}\dfrac{1}{p_n}=\dfrac{1}{\left(\dfrac{1}{c}-1\right)e^{-a}+1}$$

(3)(ⅰ) $c=2$ のとき

$$g(x)=\dfrac{1}{-\dfrac{1}{2}e^{-x}+1}=\dfrac{2e^x}{2e^x-1},\quad g'(x)=-\dfrac{2e^x}{(2e^x-1)^2},\quad g''(x)=\dfrac{2e^x(2e^x+1)}{(2e^x-1)^3}$$

$x>0$ であるから $g'(x)<0,\ g''(x)>0$

$y=g(x)$ は単調に減少，下に凸．$\displaystyle\lim_{x\to\infty}g(x)=1,\ \lim_{x\to +0}g(x)=2$

(ⅱ) $c=1$ のとき $g(x)=1$

(ⅲ) $c=\dfrac{1}{4}$ のとき

$$g(x)=\dfrac{1}{3e^{-x}+1}=\dfrac{e^x}{e^x+3},\quad g'(x)=\dfrac{3e^x}{(e^x+3)^2}>0,\quad g''(x)=\dfrac{3e^x(3-e^x)}{(e^x+3)^3}$$

$g''(x)=0\ \Leftrightarrow\ e^x=3\ \Leftrightarrow\ x=\log 3$

$y=g(x)$ は単調増加．

$0<x<\log 3$ のとき下に凸，

$x>\log 3$ のとき上に凸，変曲点は $\left(\log 3,\dfrac{1}{2}\right)$

$$\lim_{x\to\infty}g(x)=1,\quad \lim_{x\to +0}g(x)=\dfrac{1}{4}$$

(ⅰ)(ⅱ)(ⅲ)より，グラフは右図．

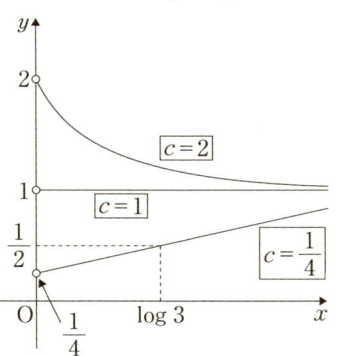

分析

* e に関する極限の形は，$\displaystyle\lim_{h\to 0}(1+h)^{\frac{1}{h}}=e,\ \lim_{h\to 0}\dfrac{e^h-1}{h}=1$ を元に，

$$\lim_{x\to\pm\infty}\left(1+\dfrac{1}{x}\right)^x=e,\quad \lim_{x\to\pm\infty}\left(1-\dfrac{1}{x}\right)^x=\dfrac{1}{e},\quad \lim_{x\to\pm\infty}\left(1+\dfrac{a}{x}\right)^x=e^a$$

などにも，解答の途中で反射的に反応できるようにしておくとよい．

71 関数漸化式

72 共有点の個数

難易度 / 時間 15分

a を実数とし，$x>0$ で定義された関数 $f(x)$，$g(x)$ を次のように定める．
$$f(x)=\frac{\cos x}{x}, \quad g(x)=\sin x+ax$$
このとき $y=f(x)$ のグラフと $y=g(x)$ のグラフが $x>0$ において共有点をちょうど 3 つもつような a をすべて求めよ． (2013年 理科)

ポイント

- 2つのグラフの共有点の個数 ⇒ 方程式の実数解の個数として扱う．
- 定数が含まれる方程式の実数解の個数
  ⇒ 定数分離を行い，グラフの共有点として扱う．
- 複雑な分数関数のグラフ ⇒ 増減，極値，極限（±0，+∞），漸近線などに注意．

解答

$y=f(x)$ と $y=g(x)$ から y を消去すると，
$$\frac{\cos x}{x}=\sin x+ax \iff \frac{\cos x-x\sin x}{x^2}=a$$
← 定数分離

ここで，
$$h(x)=\frac{\cos x-x\sin x}{x^2} \quad (x>0) \quad \cdots \text{①}$$
として，$y=h(x)$ と $y=a$ の2つのグラフの共有点の個数を考える．

$$h'(x)=\frac{(-\sin x-\sin x-x\cos x)x^2-(\cos x-x\sin x)\cdot 2x}{x^4}$$
$$=\frac{-(x^2+2)\cos x}{x^3} \quad \cdots \text{②}$$
← 分数関数の微分

x	0	$\cdots$	$\frac{\pi}{2}$	$\cdots$	$\frac{3}{2}\pi$	$\cdots$	$\frac{5}{2}\pi$	$\cdots$	$\frac{7}{2}\pi$	$\cdots$
$h'(x)$	/	$-$	0	$+$	0	$-$	0	$+$	0	
$h(x)$	/	↘		↗		↘		↗		

②より，
$$h'(x)=0 \iff \cos x=0 \iff x=\frac{\pi}{2}+n\pi \quad (n=0,1,2,\cdots\cdots)$$

①において，
$$\lim_{x\to+0}\frac{\cos x}{x^2}=\infty, \quad \lim_{x\to+0}\frac{\sin x}{x}=1, \quad \lim_{x\to\infty}\frac{\cos x}{x^2}=0, \quad \lim_{x\to\infty}\frac{\sin x}{x}=0$$
を考えることで，

$$\lim_{x \to +0} h(x) = \lim_{x \to +0}\left(\frac{\cos x}{x^2} - \frac{\sin x}{x}\right) = \infty, \quad \lim_{x \to \infty} h(x) = \lim_{x \to \infty}\left(\frac{\cos x}{x^2} - \frac{\sin x}{x}\right) = 0$$

であり，また，$x = \dfrac{\pi}{2} + n\pi$ での y 座標を考えると，

$$h\left(\frac{\pi}{2} + n\pi\right) = \frac{1}{\left(\frac{\pi}{2} + n\pi\right)^2}\left\{\cos\left(\frac{\pi}{2} + n\pi\right) - \left(\frac{\pi}{2} + n\pi\right)\sin\left(\frac{\pi}{2} + n\pi\right)\right\}$$

$$= \frac{(-1)^{n+1}}{\frac{\pi}{2} + n\pi} = \frac{2 \cdot (-1)^{n+1}}{(2n+1)\pi} \quad \cdots ③$$

③から，n の値が大きくなるほど，極値 $h\left(\dfrac{\pi}{2} + n\pi\right)$ の絶対値は小さくなることが分かる．

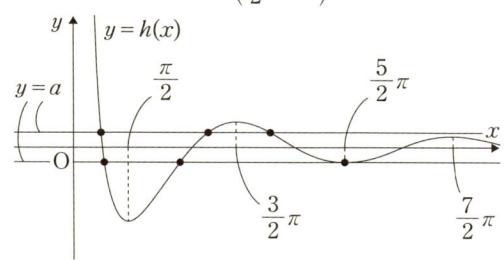

求める a の値の範囲は

$$a = h\left(\frac{5}{2}\pi\right) \quad \text{または} \quad h\left(\frac{7}{2}\pi\right) < a < h\left(\frac{3}{2}\pi\right)$$

$$\therefore \quad a = -\frac{2}{5\pi}, \quad \frac{2}{7\pi} < a < \frac{2}{3\pi}$$

分析

* 東大入試において，$y = \dfrac{(三角関数，対数関数)}{x}$ の形は，よく題材となるので注意しておきたい．

類題

(1) $x > 0$ において，関数 $\dfrac{\log x}{x}$ の増減を調べよ．ただし，$\log x$ は x の自然対数である．

(2) 正整数 a, b の組で，$a^b = b^a$ かつ $a \neq b$ を満たすものをすべて求めよ．

(1991年 理科)

---

(1) $f'(e) = 0$, $0 < x < e$ のとき増加，$e < x$ のとき減少．

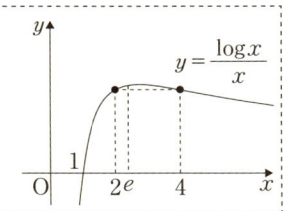

$$\lim_{x \to +0} f(x) = -\infty, \quad \lim_{x \to \infty} f(x) = 0$$

(2) $a^b = b^a$ の両辺の対数をとると，$\dfrac{\log a}{a} = \dfrac{\log b}{b}$ ($a \neq b$)

グラフよりあてはめて，$(a, b) = (2, 4), (4, 2)$

73 共通接線と面積

難易度:
時間: 20分

a を実数とする.

(1) 曲線 $y = \dfrac{8}{27}x^3$ と放物線 $y = (x+a)^2$ の両方に接する直線が x 軸以外に 2 本あるような a の値の範囲を求めよ.

(2) a が (1) の範囲にあるとき,この 2 本の接線と放物線 $y = (x+a)^2$ で囲まれた部分の面積 S を a を用いて表せ.

(1997 年　理科)

ポイント

- 2 曲線の共通接線 ⇒ 「接線の方程式を $y = ax + b$ と立式する」or「接点をおいて接線の方程式を立式する」
- 3 次関数と 2 次関数 ⇒ より高次である $y = \dfrac{8}{27}x^3$ 上の接点を $\left(t, \dfrac{8}{27}t^3\right)$ とおいて,接線の方程式を立式する.
- 放物線と 2 接線で囲まれる部分の面積
  ⇒ 2 接点の x 座標に注目して考える.特に基本対称式(解と係数の関係)の利用も意識.

解答

(1) $y = \dfrac{8}{27}x^3$ 上の点 $\left(t, \dfrac{8}{27}t^3\right)$ における接線の方程式は

$$y = \dfrac{8}{9}t^2(x-t) + \dfrac{8}{27}t^3 \Leftrightarrow y = \dfrac{8}{9}t^2 x - \dfrac{16}{27}t^3 \quad \cdots ①$$

① と $y = (x+a)^2$ から

$$(x+a)^2 = \dfrac{8}{9}t^2 x - \dfrac{16}{27}t^3$$

$$\Leftrightarrow x^2 + 2\left(a - \dfrac{4}{9}t^2\right)x + a^2 + \dfrac{16}{27}t^3 = 0 \quad \cdots ②$$

② の判別式を D_1 とすると,

$$D_1/4 = \left(a - \dfrac{4}{9}t^2\right)^2 - a^2 - \dfrac{16}{27}t^3 = 0 \Leftrightarrow t^2(2t^2 - 6t - 9a) = 0$$

① が x 軸となるのは $t = 0$ のときであるから,

$$2t^2 - 6t - 9a = 0 \quad \cdots ③$$

が,0 以外の異なる 2 つの実数解をもつ条件を考える.

③ の判別式を D_2 とすると,

$$D_2/4 = 9 + 18a > 0 \text{ かつ } a \neq 0$$

$$\Leftrightarrow a > -\dfrac{1}{2} \text{ かつ } a \neq 0$$

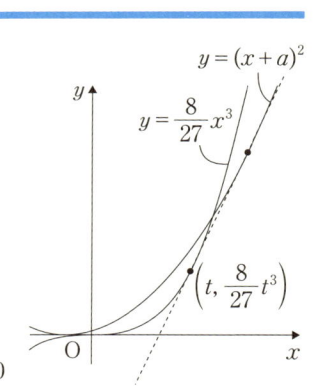

(2) ③の2つの解を $t=t_1$, $t_2(t_1<t_2)$ とし,
放物線 $y=(x+a)^2$ における2つの接点の x 座標を α, $\beta(\alpha<\beta)$ とする.
このとき, ②が重解をもつから

$$\alpha = -\left(a - \frac{4}{9}t_1^2\right) = -a + \frac{4}{9}\left(3t_1 + \frac{9}{2}a\right) = \frac{4}{3}t_1 + a \quad \text{同様に,} \quad \beta = \frac{4}{3}t_2 + a$$

ここで,

$$\alpha + \beta = 2(a+2), \quad \alpha\beta = a^2 - 4a$$

である.

一方, 2本の接線の交点の x 座標は

$$\frac{8}{9}t_1^2 x - \frac{16}{27}t_1^3 = \frac{8}{9}t_2^2 x - \frac{16}{27}t_2^3$$
$$\Leftrightarrow \quad x = \frac{2\{(t_1+t_2)^2 - t_1 t_2\}}{3(t_1+t_2)}$$
$$= \frac{2\left(3^2 + \frac{9}{2}a\right)}{3 \cdot 3}$$
$$= a + 2 = \frac{\alpha+\beta}{2}$$

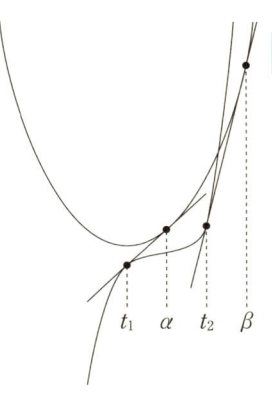

また,

$$(x+a)^2 - \left(\frac{8}{9}t_1^2 x - \frac{16}{27}t_1^3\right) = (x-\alpha)^2, \quad (x+a)^2 - \left(\frac{8}{9}t_2^2 x - \frac{16}{27}t_2^3\right) = (x-\beta)^2$$

であるから

$$S = \int_\alpha^{a+2} (x-\alpha)^2 dx + \int_{a+2}^\beta (x-\beta)^2 dx = \left[\frac{1}{3}(x-\alpha)^3\right]_\alpha^{\frac{\alpha+\beta}{2}} + \left[\frac{1}{3}(x-\beta)^3\right]_{\frac{\alpha+\beta}{2}}^\beta$$
$$= \frac{1}{12}(\beta-\alpha)^3 = \frac{1}{12}\{(\alpha+\beta)^2 - 4\alpha\beta\}^{\frac{3}{2}}$$
$$= \frac{1}{12}\{4(a+2)^2 - 4(a^2-4a)\}^{\frac{3}{2}} = \frac{16}{3}(2a+1)^{\frac{3}{2}}$$

分析

* 本問は, 非常に図示しにくい問題であり, 無理に正確に接線を2本図示しようとせずに, 位置関係だけを注意しながら, 接点や面積を求めていくことが重要.

* 一般に, 右図のような関係が成り立つことを積分計算の際に用いてもよい.

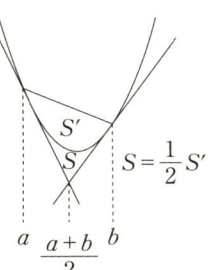

73 共通接線と面積　165

74 n次導関数と数列

難易度 ☐☐☐ **時間** 20分

$x>0$ に対し $f(x)=\dfrac{\log x}{x}$ とする.

(1) $n=1, 2, \cdots\cdots$ に対し $f(x)$ の第 n 次導関数は，数列 $\{a_n\}$, $\{b_n\}$ を用いて
$$f^{(n)}(x)=\dfrac{a_n+b_n\log x}{x^{n+1}}$$
と表されることを示し，a_n, b_n に関する漸化式を求めよ.

(2) $h_n=\displaystyle\sum_{k=1}^{n}\dfrac{1}{k}$ とおく. h_n を用いて a_n, b_n の一般項を求めよ. (2005年 理科)

ポイント

- 自然数 n に関する全称命題 ⇨ 数学的帰納法の有効性を意識する.
- 連立漸化式 ⇨ 一文字消去する，あるいは，一般項が求めやすい方から求める.
- 係数に n が入る漸化式
  ⇨ 両辺を適当な式で割り，扱いやすい数列に置換する. 解答1
- $a_{n+1}=na_n$ や $a_{n+1}=\dfrac{n}{n+1}a_n$ などの漸化式
  ⇨ 一項ずつ切り崩していく方法も有効. 解答2

解答1

(1)[1] $n=1$ のとき $f'(x)=\dfrac{\dfrac{1}{x}\times x-\log x\times 1}{x^2}=\dfrac{1-\log x}{x^2}$

よって，$a_1=1$, $b_1=-1$ とすれば数列は設定できる.

[2] $n=k$ のときの成立を仮定.

$f^{(k)}(x)=\dfrac{a_k+b_k\log x}{x^{k+1}}$ をみたす実数 a_k, b_k が存在する.

$$f^{(k+1)}(x)=\left(\dfrac{a_k+b_k\log x}{x^{k+1}}\right)'=\dfrac{b_k\cdot\dfrac{1}{x}\cdot x^{k+1}-(a_k+b_k\log x)\cdot(k+1)x^k}{x^{2k+2}}$$
$$=\dfrac{b_k-(k+1)a_k-(k+1)b_k\log x}{x^{k+2}}$$

よって，$a_{k+1}=b_k-(k+1)a_k$, $b_{k+1}=-(k+1)b_k$ とすれば，
$n=k+1$ のときも題意は成立する.

[1], [2]より，数学的帰納法により，すべての自然数 n に対して題意は成り立つ.
漸化式は，
$$\begin{cases}a_{n+1}=b_n-(n+1)a_n \\ b_{n+1}=-(n+1)b_n\end{cases}, \quad a_1=1, \ b_1=-1$$

(2) $b_{n+1} = -(n+1)b_n$ の両辺を $(-1)^{n+1}(n+1)!$ で割ると， ← 同形を作る

$$\frac{b_{n+1}}{(-1)^{n+1}(n+1)!} = \frac{b_n}{(-1)^n n!} \quad \cdots ①$$

$c_n = \dfrac{b_n}{(-1)^n n!}$ とすると，$c_n = \dfrac{b_1}{(-1)^1 \cdot 1!} = 1$．①より， ← 置換

$$c_{n+1} = c_n = c_{n-1} = \cdots = c_1 = 1$$

$$\therefore \quad c_n = \frac{b_n}{(-1)^n n!} \Leftrightarrow b_n = (-1)^n n!$$

$a_{n+1} = b_n - (n+1)a_k$ の両辺を $(-1)^{n+1}(n+1)!$ で割ると， ← 同形を作る

$$\frac{a_{n+1}}{(-1)^{n+1}(n+1)!} = -\frac{1}{n+1} + \frac{a_n}{(-1)^n n!} \quad \cdots ②$$

$d_n = \dfrac{a_n}{(-1)^n n!}$ とすると，$d_1 = \dfrac{a_1}{(-1)^1 \cdot 1!} = -1$．②より，$n \geqq 2$ のとき ← 置換

$$d_{n+1} = d_n - \frac{1}{n+1}$$

$$\therefore \quad d_n = \frac{a_n}{(-1)^n n!} = d_1 + \sum_{l=1}^{n-1}\left(-\frac{1}{l+1}\right) = -1 + \sum_{k=2}^{n}\left(-\frac{1}{k}\right) = -\sum_{k=1}^{n}\frac{1}{k}$$

この式は $n=1$ のときも成り立つ．$h_n = \displaystyle\sum_{k=1}^{n}\frac{1}{k}$ であるから

$$\therefore \quad d_n = \frac{a_n}{(-1)^n n!} = -h_n \Leftrightarrow a_n = (-1)^{n+1} n! h_n$$

§6 微分法

解答 2

(2) $b_{n+1} = -(n+1)b_n$ から

$$\begin{aligned}
b_n &= -nb_{n-1} = -n \cdot \{-(n-1)\}b_{n-2} \\
&= -n \cdot \{-(n-1)\} \cdot \{-(n-2)\}b_{n-3} \\
&= -n \cdot \{-(n-1)\} \cdot \{-(n-2)\} \cdots (-3) \cdot (-2) \cdot b_1 \quad \cdots ③ \\
&= (-1)^{n-1} \cdot n! \cdot b_1
\end{aligned}$$

← 切り崩し

$b_1 = -1$ より，$b_n = (-1)^n n!$ （以下同様）

分析

* 一般に，$\displaystyle\lim_{k \to \infty}\frac{1}{k} = 0$ だが，$\displaystyle\sum_{k=1}^{n}\frac{1}{k}$ は ∞ に発散する．

これは，$\displaystyle\sum_{k=1}^{n}\frac{1}{k} \geqq \int_1^{n+1}\frac{1}{x}dx = \log(n+1)$

から確認できる．

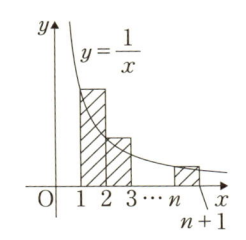

74 n 次導関数と数列

75 不等式の証明①

難易度: ■■□□
時間: 15分

e を自然対数の底, すなわち $e = \lim_{t \to \infty}\left(1+\dfrac{1}{t}\right)^t$ とする. すべての正の実数 x に対し, 次の不等式が成り立つことを示せ.

$$\left(1+\frac{1}{x}\right)^x < e < \left(1+\frac{1}{x}\right)^{x+\frac{1}{2}}$$

(2016年 理科)

ポイント

- 指数に x が含まれる不等式の証明 ⇨ 対数をとってから考える.
- 「A＜B」の証明 ⇨ $f(x) = A - B$ として処理 or 有名不等式 or 図形的解法
- $\log a - \log b$ の形 ⇨ $\log a - \log b = \displaystyle\int_b^a \dfrac{1}{x} dx$ として面積と捉える. 解答2

解答1

$$\left(1+\frac{1}{x}\right)^x < e \iff x\log\left(1+\frac{1}{x}\right) < 1 \quad \cdots ① \quad \leftarrow \text{両辺の対数をとる}$$

$$e < \left(1+\frac{1}{x}\right)^{x+\frac{1}{2}} \iff 1 < \left(x+\frac{1}{2}\right)\log\left(1+\frac{1}{x}\right) \quad \cdots ②$$

$t = \dfrac{1}{x}$ とする. $\leftarrow$ 置換

$$① \iff \frac{1}{t}\log(1+t) < 1$$
$$\iff \log(1+t) < t \iff t - \log(1+t) > 0$$

$f(t) = t - \log(1+t)$ とおくと, $t > 0$ で $f'(t) = 1 - \dfrac{1}{1+t} > 0$

また, $f(0) = 0$ より, $t > 0$ において $f(t) > 0$.

$$② \iff 1 < \left(\frac{1}{t} + \frac{1}{2}\right)\log(1+t)$$
$$\iff \frac{2t}{t+2} < \log(1+t) \iff \log(1+t) - \frac{2t}{t+2} > 0$$

$g(t) = \log(1+t) - \dfrac{2t}{t+2}$ とおくと, $t > 0$ で, $g'(t) = \dfrac{1}{1+t} - 2 \cdot \dfrac{(t+2)-t}{(t+2)^2} = \dfrac{t^2}{(t+1)(t+2)^2} > 0$

また, $g(0) = 0$ より $t > 0$ において $g(t) > 0$

以上より, ①②が成り立つので, 題意は示された. ■

解答2

$y = \dfrac{1}{x}$ のグラフを考えて，面積の大小を考える．

$f(x) = \log\left(1 + \dfrac{1}{x}\right)^x$ とすると，

$$\begin{aligned}f'(x) &= \log\dfrac{x+1}{x} + x \cdot \dfrac{x}{x+1} \cdot (-x^{-2}) \\ &= \log(x+1) - \log x - \dfrac{1}{x+1} \\ &= \int_x^{x+1} \dfrac{1}{t} dt - (長方形\ ABCD) > 0 \quad \cdots ③\end{aligned}$$

$g(x) = \log\left(1 + \dfrac{1}{x}\right)^{x + \frac{1}{2}}$ とすると，

$$\begin{aligned}g'(x) &= \log\dfrac{x+1}{x} + \left(x + \dfrac{1}{2}\right) \cdot \dfrac{x}{x+1} \cdot (-x^{-2}) \\ &= \log(x+1) - \log x - \dfrac{1}{2}\left(\dfrac{1}{x} + \dfrac{1}{x+1}\right) \\ &= \int_x^{x+1} \dfrac{1}{t} dt - (台形\ ABCE) < 0 \quad \cdots ④\end{aligned}$$

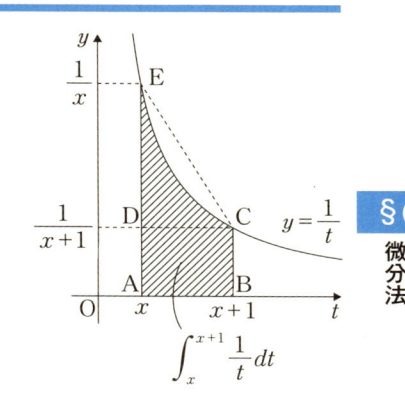

③，④より，$f'(x) > 0$，$g'(x) < 0$ であるから，$f(x)$ は単調増加，$g(x)$ は単調減少．
また，

$$\lim_{x \to \infty} f(x) = \log \lim_{x \to \infty}\left(1 + \dfrac{1}{x}\right)^x = 1, \quad \lim_{x \to \infty} g(x) = \log \lim_{x \to \infty}\left(1 + \dfrac{1}{x}\right)^{x + \frac{1}{2}} = 1$$

であることから，

$$f(x) < 1 < g(x)$$
$$\Leftrightarrow \ \log\left(1 + \dfrac{1}{x}\right)^x < 1 < \log\left(1 + \dfrac{1}{x}\right)^{x + \frac{1}{2}}$$

真数同士を比較して

$$\left(1 + \dfrac{1}{x}\right)^x < e < \left(1 + \dfrac{1}{x}\right)^{x + \frac{1}{2}} \quad \blacksquare$$

分析

* 「e の定義式」「$y = \dfrac{1}{x}$ のグラフ」「面積による不等式の証明」は東大入試では頻出であり，解答2のような技巧的な解法もできるようにしておきたい．

76 不等式の証明②

難易度 ／時間 20分

(1) 実数 x が $-1<x<1$, $x\neq 0$ を満たすとき，次の不等式を示せ．
$$(1-x)^{1-\frac{1}{x}}<(1+x)^{\frac{1}{x}}$$

(2) 次の不等式を示せ．
$$0.9999^{101}<0.99<0.9999^{100}$$

(2009年　理科)

ポイント

- 指数が複雑な形の式　⇨　対数をとり，処理をしやすくする．
- 不等式の誘導を利用　⇨　数と文字の対応を意識して考える．
- $0.99\cdots 9$ 型の数値　⇨　$0.99\cdots 9 = 1-0.00\cdots 01$ の形で捉える．

解答 1

(1) $(1-x)^{1-\frac{1}{x}}<(1+x)^{\frac{1}{x}}$ …① とする．

$-1<x<1$, $x\neq 0$ のとき，$1-x$, $1+x$ はともに正．

与式の自然対数をとると，
$$\left(1-\frac{1}{x}\right)\log(1-x) < \frac{1}{x}\log(1+x) \quad \cdots ②$$

① ⇔ ② より，②を示せば十分．

$$f(x) = \frac{1}{x}\log(1+x) - \left(1-\frac{1}{x}\right)\log(1-x) = \frac{1}{x}\{\log(1+x) - (x-1)\log(1-x)\}$$

ここで，$g(x) = \log(1+x) - (x-1)\log(1-x)$ とすると，

$$g'(x) = \frac{1}{1+x} - \log(1-x) - 1 \quad \cdots ③$$

$$g''(x) = -\frac{1}{(1+x)^2} + \frac{1}{1-x} = \frac{x(x+3)}{(1+x)^2(1-x)}$$

x	-1	$\cdots$	0	$\cdots$	1
$g''(x)$		$-$	0	$+$	
$g'(x)$		↘	0	↗	

増減表より，$-1<x<1$ において $g'(x)\geqq 0$

$-1<x<1$ のとき $g(x)$ は単調に増加し，$g(0)=0$ であるから

　$-1<x<0$ のとき $g(x)<0$, $0<x<1$ のとき $g(x)>0$

$f(x) = \dfrac{g(x)}{x}$ であるから，$-1<x<1$, $x\neq 0$ のとき $f(x)>0$

よって，題意は成立．

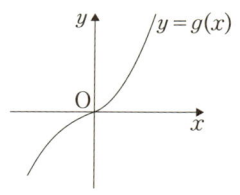

(2)(i) $0.99 < 0.9999^{100}$ …④ の証明　　　　　　　　　　　← *

与式の両辺に $(1-x)^{\frac{1}{x}}$ (>0) を掛けると　$1-x < (1-x^2)^{\frac{1}{x}}$

この式に $x=0.01$ を代入して　$0.99 < 0.9999^{100}$　　← 具体値代入

(ii) $0.9999^{101} < 0.99$ …⑤ の証明　　　　　　　　　　← *

与式の両辺に $(1+x)^{1-\frac{1}{x}}$ (>0) を掛けると　$(1-x^2)^{1-\frac{1}{x}} < 1+x$

この式に $x=-0.01$ を代入すると　$0.9999^{101} < 0.99$　　← 具体値代入

よって，$0.9999^{101} < 0.99 < 0.9999^{100}$ が成り立つ．

解答 2

(1)(③まで解答1と同様)

ここで，$h_1(x) = \dfrac{1}{1+x}$，$h_2(x) = \log(1-x)+1$ とすると，

$h_1'(x) = \dfrac{-1}{(1+x)^2} < 0$，$h_1''(x) = \dfrac{2}{(1+x)^3} > 0$

$h_2'(x) = \dfrac{-1}{1-x} < 0$，$h_2''(x) = \dfrac{-1}{(1+x)^2} < 0$

より，$y = h_1'(x)$，$y = h_2'(x)$ のグラフは右図のようになる．

2曲線は $(0, 1)$ で接するので，$-1 < x < 1$ において　$g'(x) \geq 0$

(以下同様)

分析

* $0.99 < 0.9999^{100}$ …④ の証明の手順は，

0.99 という数と①の左辺を比較して，$x = 0.01$ と設定．

→ $(0.99)^{-99} < (1.01)^{100}$ と④の左辺同士を比較して，両辺に $(0.99)^{100}$ を掛ける．

→ $0.99 < 0.9999^{100}$

* $0.9999^{101} < 0.99$ …⑤ の証明の手順は，

0.99 という数と①の右辺を比較して，$x = -0.01$ と設定．

→ $(1.01)^{101} < (0.99)^{-100}$ と⑤の右辺同士を比較して，両辺に $(0.99)^{101}$ を掛ける．

→ $0.9999^{101} < 0.99$

77 漸化式と関数

難易度／時間 25分

p, q は実数の定数で，$0<p<1$，$q>0$ を満たすとする．関数
$$f(x)=(1-p)x+(1-x)(1-e^{-qx})$$
を考える．次の問いに答えよ．必要であれば，不等式 $1+x\leq e^x$ がすべての実数 x に対して成り立つことを証明なしに用いてよい．

(1) $0<x<1$ のとき，$0<f(x)<1$ であることを示せ．
(2) x_0 は $0<x_0<1$ を満たす実数とする．数列 $\{x_n\}$ の各項 x_n ($n=1, 2, 3, \cdots\cdots$) を，$x_n=f(x_{n-1})$ によって順次定める．$p>q$ であるとき，$\lim_{n\to\infty} x_n=0$ となることを示せ．
(3) $p<q$ であるとき，$c=f(c)$，$0<c<1$ を満たす実数 c が存在することを示せ．

(2014 年　理科)

ポイント

- $0<f(x)<1$ の証明　⇨「($f(x)$ の最小値)>1 ∧ ($f(x)$ の最大値)<1」を示せば十分．
- 評価する
  ⇨　誘導により示す「$0<x_n<1$」と，与えられている「$1+x\leq e^x$」を用いる．
- 中間値の定理
  ⇨　$f(\alpha)<0 \wedge f(\beta)>0$ ならば，$f(c)=0$ なる実数 c が，$\alpha<c<\beta$ に存在する．

解答

(1) $q>0$，$x>0$ より，$-qx<0$ であるから　$e^{-qx}<e^0=1$
これと $e^{-qx}>0$ から　$0<e^{-qx}<1$　∴　$0<1-e^{-qx}<1$　…①
また，$0<p<1$ から　$0<1-p<1$　…②
$0<x<1$ のとき，$0<1-x<1$ であるから，①，②より
$$(1-p)x+(1-x)(1-e^{-qx})>0\cdot x+(1-x)\cdot 0=0 \quad \cdots ③$$
$$(1-p)x+(1-x)(1-e^{-qx})<1\cdot x+(1-x)\cdot 1=1 \quad \cdots ④ \quad ∴\ 0<f(x)<1$$

(2) 与えられた数列 $\{x_n\}$ について，$0<x_0<1$ であり，(1)より，自然数 n に対して
$$0<x_{n-1}<1\ ならば\ 0<f(x_{n-1})<1\ \Leftrightarrow\ 0<x_n<1\ が成り立つ．$$
よって，数学的帰納法により，すべての自然数 n に対して，$0<x_{n-1}<1$．　…⑤

また，$1+x\leq e^x$ がすべての実数 x に対して成り立つから，x を $-qx$ におきかえて
$$1+(-qx)\leq e^{-qx}\ \Leftrightarrow\ 1-e^{-qx}\leq qx \quad \cdots ⑥$$

$$\begin{aligned}
x_n &= f(x_{n-1}) \\
&= (1-p)x_{n-1} + (1-x_{n-1})(1-e^{-qx_{n-1}}) \\
&\leqq (1-p)x_{n-1} + (1-x_{n-1})\cdot qx_{n-1} \quad \cdots ⑦ \\
&< (1-p)x_{n-1} + 1\cdot qx_{n-1} = (1-p+q)x_{n-1} \quad \cdots ⑧ \\
&\therefore \ 0 < x_n < (1-p+q)x_{n-1}
\end{aligned}$$

これを繰り返し用いると，すべての自然数 n に対して
$$0 < x_n < (1-p+q)^n x_0$$

ここで，$p > q$ より $0 < 1-p+q < 1$ ← 公比の吟味

よって，$\lim_{n\to\infty}(1-p+q)^n x_0 = 0$ はさみうちの原理より $\therefore \ \lim_{n\to\infty} x_n = 0$

(3) $g(x) = f(x) - x$ とおくと $g(x) = -px + (1-x)(1-e^{-qx})$,
$$g'(x) = (1+q)e^{-qx} - qxe^{-qx} - p - 1, \quad g''(x) = -q\{q(1-x)+2\}e^{-qx}$$

$q > 0$ より，$0 < x < 1$ において常に $g''(x) < 0$ であるから，$g'(x)$ は $0 \leqq x \leqq 1$ で単調減少．
また $g'(0) = q - p > 0$, $g'(1) = e^{-q} - p - 1 = -(1-e^{-q}) - p < 0$.
よって，$g'(\alpha) = 0$, $0 < \alpha < 1$ を満たす実数 α がただ1つ存在する． ← 中間値の定理

x	0	$\cdots$	α	$\cdots$	1
$g'(x)$		+	0	−	
$g(x)$	0	↗	極大	↘	$-p$

よって，右のグラフより $g(c) = 0$, $0 < c < 1$ なる実数 c が
存在する．

このとき，$f(c) - c = 0$ であるから $c = f(c)$

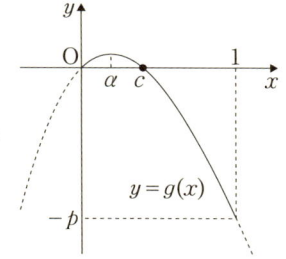

分析

* ③では，$1-p \to 0$, $1-e^{-qx} \to 0$ と小さく評価，④では，$1-p \to 1$, $1-e^{-qx} \to 1$ と大きく評価している．

* ⑦では⑥の不等式を，⑧では⑤の不等式を利用している．

* (3)は，$h(x) = \dfrac{f(x)}{x}$ として，$y = h(x)$ のグラフの概形を考えて，$y = 1$ の共有点の存在を示してもよい．

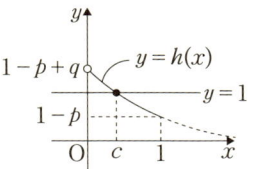

77 漸化式と関数

78 ガウス記号と関数

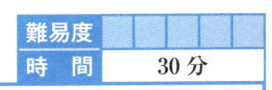

難易度
時間 30 分

実数 a に対して $k \leq a < k+1$ を満たす整数 k を $[a]$ で表す．n を正の整数として，
$f(x) = \dfrac{x^2(2 \cdot 3^3 \cdot n - x)}{2^5 \cdot 3^3 \cdot n^2}$ とおく．
$36n+1$ 個の整数 $[f(0)]$，$[f(1)]$，$[f(2)]$，……，$[f(36n)]$ のうち相異なるものの個数を n を用いて表せ．

(1998 年　理科)

ポイント

・$y=f(x)$ の増減（グラフの概形）を考える．　⇨　$f'(x)$ の正負を考える．

・$[f(0)]$，$[f(1)]$，$[f(2)]$，……，$[f(36n)]$
　　　　　⇨　全て整数だが，重複もありうるし，連続しないこともありうる．

・「重複」「連続しない」の判別　⇨　$f'(x)$ と 1 との大小を考える．

解答

$$f(x) = \frac{1}{2^5 \cdot 3^3 \cdot n^2}(2 \cdot 3^3 n x^2 - x^3) \quad f'(x) = \frac{1}{2^5 \cdot 3^2 \cdot n^2}x(36n - x)$$

よって，$0 \leq x \leq 36n$ のとき $f'(x) \geq 0$ であるから，$f(x)$ は単調増加．
ここで，$f'(x)$ と 1 との大小を考えると，

$$f'(x) - 1 = -\frac{1}{2^5 \cdot 3^2 \cdot n^2}(x - 12n)(x - 24n)$$

より，

$$0 \leq x < 12n \quad \text{のとき} \quad f'(x) < 1$$
$$12n \leq x \leq 24n \quad \text{のとき} \quad f'(x) \geq 1$$
$$24n < x \leq 36n \quad \text{のとき} \quad f'(x) < 1$$

$f(x)$ は常に微分可能であるから，
平均値の定理によって，次の①を満たす c が存在する．

$$f(x+1) - f(x) = f'(c) \quad (x < c < x+1) \quad \cdots ①$$

よって，$12n \leq x \leq 24n-1$ のとき，$f'(c) \geq 1$

（ⅰ） $0 \leq x < 12n$ のとき $f'(x) < 1$ から $0 < f(x+1) - f(x) < 1$

$$[f(0)] = 0, \quad [f(12n)] = \left[\frac{2^4 \cdot 3^2 \cdot n^2}{2^5 \cdot 3^3 \cdot n^2}(2 \times 3^3 n - 12n)\right] = [7n] = 7n$$

であることから，

$$[f(0)] = 0, \quad [f(1)], \quad \cdots, \quad [f(12n-1)] = 7n-1$$

は，$0 \sim 7n-1$ までの整数がもれなく現れる．（重複アリ）

∴ 異なるものの個数は $(7n-1) - 0 + 1 = 7n$（個）

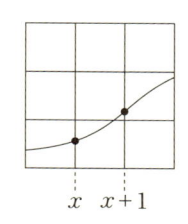

（ⅱ） $12n \leq x \leq 24n$ のとき $f'(x) \geq 1$ から $f(x+1) - f(x) \geq 1$

$$[f(12n)], \quad [f(12n+1)], \quad \cdots, \quad [f(24n)]$$

はすべて異なる．（重複ナシ）

∴ 異なるものの個数は $24n - 12n + 1 = 12n + 1$（個）

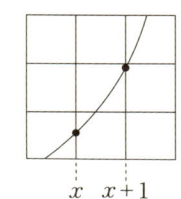

（ⅲ） $24n < x \leq 36n$ のとき $0 < f(x+1) - f(x) < 1$

（ⅰ）と同様に考えて，

$$[f(24n)] = 20n, \quad [f(36n)] = 27n$$

であることから

$$[f(24n+1)] = 20n, \quad [f(24n+2)], \quad \cdots, \quad [f(36n)] = 27n$$

は，$20n \sim 27n$ までの整数がもれなく現れる．（重複アリ）

∴ 異なるものの個数は $27n - 20n + 1 = 7n + 1$（個）

$[f(24n)]$，$[f(24n+1)]$ の値は等しいことに注意して， ← 共に $20n$ となる

（ⅰ）〜（ⅲ）から，求める個数は

$$7n + (12n+1) + (7n+1) - 1 = 26n + 1 \text{（個）}$$

分析

* 本問は，ポイントの「$f'(x)$ と 1 との大小を考える」に気づくことが大きな糸口となる．
* （ⅱ）のところに関しては，傾き 1 の補助線を考えることで，

$$f(x+1) - f(x) \geq 1$$

が直観的に理解でき，

$$[f(12n)], \quad [f(12n+1)], \quad \cdots, \quad [f(24n)]$$

はすべて異なることがわかる．

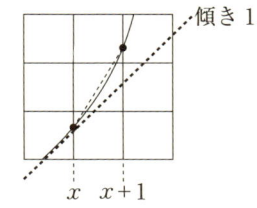

78 ガウス記号と関数　　175

79 媒介変数表示

難易度 / 時間 25分

xy 平面上で t を変数とする媒介変数表示 $\begin{cases} x = 2t + t^2 \\ y = t + 2t^2 \end{cases}$ で表される曲線を C とする.

(1) $t \neq -1$ のとき, $\dfrac{dy}{dx}$ を t の式で表せ.

(2) 曲線 C 上で $\dfrac{dy}{dx} = -\dfrac{1}{2}$ を満たす点 A の座標を求めよ.

(3) 曲線 C 上の点 (x, y) を点 (X, Y) に移す移動が

$$\begin{cases} X = \dfrac{1}{\sqrt{5}}(2x - y) \\ Y = \dfrac{1}{\sqrt{5}}(x + 2y) \end{cases}$$

で表されているとする.このとき,Y を X を用いて表せ.

(4) 曲線 C の概形を xy 平面上にかけ.

(2006年 理科)

ポイント

・媒介変数表示 ⇨ $\dfrac{dx}{dt}$, $\dfrac{dy}{dt}$ から, $\dfrac{dy}{dx}$ を考える.

・そのままでは表現しにくい図形 ⇨ 複素数平面による回転を考える.

解答

(1) $\dfrac{dx}{dt} = 2(1+t)$, $\dfrac{dy}{dt} = 1 + 4t$ $t \neq -1$ のとき $\dfrac{dy}{dx} = \dfrac{dy/dt}{dx/dt} = \dfrac{4t+1}{2(t+1)}$

(2) $\dfrac{4t+1}{2(t+1)} = -\dfrac{1}{2}$ とすると $t = -\dfrac{2}{5}$ ∴ A $\left(-\dfrac{16}{25}, -\dfrac{2}{25}\right)$

(3) $X = \dfrac{1}{\sqrt{5}}\{2(2t+t^2) - (t+2t^2)\} = \dfrac{3}{\sqrt{5}}t$ …①

$Y = \dfrac{1}{\sqrt{5}}\{2t+t^2 + 2(t+2t^2)\} = \dfrac{5t^2+4t}{\sqrt{5}}$

①より, $t = \dfrac{\sqrt{5}}{3}X$ であるから ← t を消去

$C' : Y = \dfrac{1}{\sqrt{5}}\left(5 \cdot \dfrac{5}{9}X^2 + 4 \cdot \dfrac{\sqrt{5}}{3}X\right)$ ⇔ $Y = \dfrac{5\sqrt{5}}{9}X^2 + \dfrac{4}{3}X$

(4) $X^2 + Y^2 = x^2 + y^2$ より,

$X + Yi = (\cos\theta + i\sin\theta)(x + yi)$ …②   ← 回転

となる $0 \leq \theta < 2\pi$ が存在する.

② ⇔ $X + Yi = (x\cos\theta - y\sin\theta) + i(x\sin\theta + y\cos\theta)$

実部，虚部それぞれを比較して，

$$\begin{cases} \dfrac{1}{\sqrt{5}}(2x-y) = x\cos\theta - y\sin\theta \\ \dfrac{1}{\sqrt{5}}(x+2y) = x\sin\theta + y\cos\theta \end{cases} \Leftrightarrow \begin{cases} \cos\theta = \dfrac{2}{\sqrt{5}} \\ \sin\theta = \dfrac{1}{\sqrt{5}} \end{cases}$$

点 (X, Y) は点 (x, y) を，原点を中心として θ だけ回転したもの．
よって，曲線 C は(3)で求めた放物線 C' を，原点を中心として $-\theta$ だけ回転したもの．

$$Y = \frac{5\sqrt{5}}{9}\left(X + \frac{6\sqrt{5}}{25}\right)^2 - \frac{4\sqrt{5}}{25} \quad \therefore \quad C'\text{の頂点}\left(-\frac{6\sqrt{5}}{25}, -\frac{4\sqrt{5}}{25}\right)$$

$$x + yi = (\cos(-\theta) + i\sin(-\theta))\left(-\frac{6\sqrt{5}}{25} - \frac{4\sqrt{5}}{25}i\right) = -\frac{16}{25} - \frac{2}{25}i$$

$$\therefore \quad C\text{の頂点は } A\left(-\frac{16}{25}, -\frac{2}{25}\right).$$

C' の軸 $X = -\dfrac{6\sqrt{5}}{25}$ 上の点 $\left(-\dfrac{6\sqrt{5}}{25}, u\right)$ (u は実数) について

$$x + yi = (\cos(-\theta) + i\sin(-\theta))\left(-\frac{6\sqrt{5}}{25} + ui\right) = \left(-\frac{12}{25} + \frac{u}{\sqrt{5}}\right) + \left(\frac{6}{25} + \frac{2u}{\sqrt{5}}\right)i$$

$x = \dfrac{u}{\sqrt{5}} - \dfrac{12}{25}$, $y = \dfrac{2u}{\sqrt{5}} + \dfrac{6}{25}$ から u を消去して，

$$C\text{の軸の方程式は，} \quad y = 2x + \frac{6}{5}$$

C の媒介変数表示において $x = 0$, $y = 0$ などとして，

$$(x, y) = (0, 0), \ (0, 6), \ \left(-\frac{3}{4}, 0\right)$$

を通る．

よって，求める C の概形は右図．

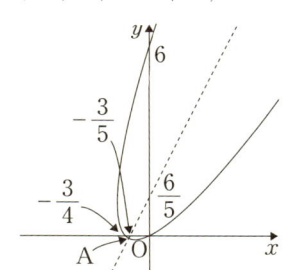

分析

* 微分法により，x, y の増減を調べると右表．
  x 座標が最小になる点は $(-1, 1)$
  y 座標が最小になる点は $\left(-\dfrac{7}{16}, -\dfrac{1}{8}\right)$

t	$\cdots$	-1	$\cdots$	$-\dfrac{1}{4}$	$\cdots$
$\dfrac{dx}{dt}$	$-$	0	$+$	$+$	$+$
$\dfrac{dy}{dt}$	$-$	$-$	$-$	0	$+$
x	↘	-1	↗	$-\dfrac{7}{16}$	↗
y	↘	1	↘	$-\dfrac{1}{8}$	↗

80 動点と線分の衝突

難易度 / 時間 30分

座標平面上を運動する3点 P, Q, R があり，時刻 t における座標が次で与えられている．

$$P : x = \cos t, \ y = \sin t$$
$$Q : x = 1 - vt, \ y = \frac{\sqrt{3}}{2}$$
$$R : x = 1 - vt, \ y = 1$$

ただし，v は正の定数である．この運動において，以下のそれぞれの場合に，v のとりうる値の範囲を求めよ．

(1) 点 P と線分 QR が時刻 0 から 2π までの間ではぶつからない．
(2) 点 P と線分 QR がただ1度だけぶつかる．

(2000年 理科)

ポイント

- P : $x = \cos t$, $y = \sin t$ ⇒ 単位円周上を等速で運動する点．
- 「点 P と線分 QR がぶつかる」 ⇒ 数式で言い換えて，方程式の解の存在の問題に持ち込む．
- 定数 v を係数に含む方程式の解 ⇒ 定数分離を用いて考える．
- 「ただ1度だけぶつかる」 ⇒ n の増加に伴い，「単独範囲」がなくなっていくことを予想．

解答

(1) 点 P と線分 QR がぶつかることは

$$\cos t = 1 - vt \quad \cdots ① \quad \text{かつ} \quad \frac{\sqrt{3}}{2} \leq \sin t \leq 1 \quad \cdots ②$$

を満たす t が存在することが必要十分条件．②より $t > 0$ に注意して

$$① \Leftrightarrow \frac{1 - \cos t}{t} = v \quad \cdots ③$$

$f(t) = \dfrac{1 - \cos t}{t}$ とおくと $f'(t) = \dfrac{t \sin t + \cos t - 1}{t^2}$

分子を $g(t) = t \sin t + \cos t - 1$ とおくと $g'(t) = t \cos t$

$0 \leq t \leq 2\pi$ のとき，② $\Leftrightarrow \dfrac{\pi}{3} \leq t \leq \dfrac{2}{3}\pi$

t	$\dfrac{\pi}{3}$	$\cdots$	$\dfrac{\pi}{2}$	$\cdots$	$\dfrac{2}{3}\pi$
$g'(t)$		+	0	−	
$g(t)$		↗	極大	↘	

$g\left(\dfrac{\pi}{3}\right) = \dfrac{\sqrt{3}\pi - 3}{6} > 0$, $g\left(\dfrac{2}{3}\pi\right) = \dfrac{2\sqrt{3}\pi - 9}{6} > 0$

より，$\dfrac{\pi}{3} \leq t \leq \dfrac{2}{3}\pi$ で $g(t) > 0$ なので，$f(t)$ は単調増加．

$f\left(\dfrac{\pi}{3}\right) = \dfrac{3}{2\pi}$, $f\left(\dfrac{2}{3}\pi\right) = \dfrac{9}{4\pi}$ より $\dfrac{3}{2\pi} \leq f(t) \leq \dfrac{9}{4\pi}$

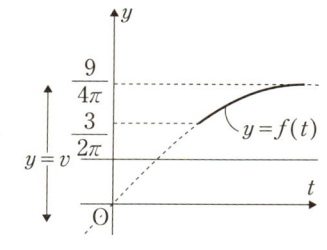

178

③が解をもたないためには $0<v<\dfrac{3}{2\pi}$, $\dfrac{9}{4\pi}<v$

(2) ② $\Leftrightarrow \dfrac{\pi}{3}+2n\pi \le t \le \dfrac{2}{3}\pi+2n\pi$ （n は0以上の整数） …④

④においては，(1)と同様に，$f(t)$ は単調増加．
$f\left(\dfrac{\pi}{3}+2n\pi\right)=\dfrac{3}{2(6n+1)\pi}$, $f\left(\dfrac{2}{3}\pi+2n\pi\right)=\dfrac{9}{4(3n+1)\pi}$ から，
区間 $\left[\dfrac{3}{2(6n+1)\pi}, \dfrac{9}{4(3n+1)\pi}\right]=[a_n, b_n]$ を I_n とおく．

このとき，$\{a_n\}$, $\{b_n\}$ ともに減少数列．

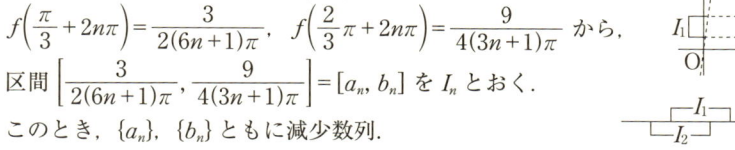

求める v の範囲は，ある1つの I_n にのみ含まれる v の範囲である．

$$I_0=\left[\dfrac{3}{2\pi}, \dfrac{9}{4\pi}\right], \quad I_1=\left[\dfrac{3}{14\pi}, \dfrac{9}{16\pi}\right], \quad I_2=\left[\dfrac{3}{26\pi}, \dfrac{9}{28\pi}\right]$$

$$\dfrac{3}{26\pi}<\dfrac{3}{14\pi}<\dfrac{9}{28\pi}<\dfrac{9}{16\pi}<\dfrac{3}{2\pi}<\dfrac{9}{4\pi}$$

$n\ge 2$ のとき

$$b_n-a_{n-1}=\dfrac{9}{4(3n+1)\pi}-\dfrac{3}{2\{6(n-1)+1\}\pi}=\dfrac{3(12n-17)}{4(3n+1)(6n-5)\pi}>0,$$

$$b_{n+1}-a_{n-1}=\dfrac{9}{4\{3(n+1)+1\}\pi}-\dfrac{3}{2\{6(n-1)+1\}\pi}=\dfrac{3(12n-23)}{4(3n+4)(6n-5)}>0$$

より，

$$a_{n+1}<\boxed{a_n}<a_{n-1}<b_{n+1}<\boxed{b_n}<b_{n-1}$$

となるから，$I_n \subset (I_{n-1}\cup I_{n+1})$ （$n\ge 2$） が成り立つ．…⑤　　← 単独範囲が生まれない

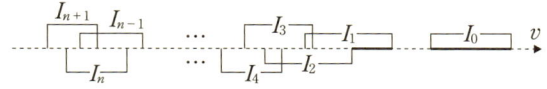

上図より，条件を満たす v の値の範囲は I_0 または $I_1\cap \overline{I_2}$．

$$\therefore \quad \dfrac{9}{28\pi}<v\le\dfrac{9}{16\pi}, \quad \dfrac{3}{2\pi}\le v\le\dfrac{9}{4\pi}$$

分析

* 本問は，単位円上を等速1で回る点 P と，等速 v で左に動く線分 QR がぶつかるという現象を題材にしている．感覚的に，v がとても大きいとき，P が追いつかずに，ぶつからないことが理解できる．

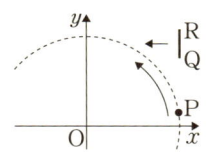

* ⑤は，「$n\ge 2$ のとき，n の増加に伴い I_n が生まれていくが，I_n は I_{n-1} または I_{n+1} に必ず含まれてしまう（I_n だけに含まれる範囲が存在しない）」ということを示している．

* ③のように定数分離せず，$1-\cos t=vt$ として，$y=1-\cos t$ と $y=vt$ のグラフの共有点を考えることもできるが，議論はやや回りくどくなる．

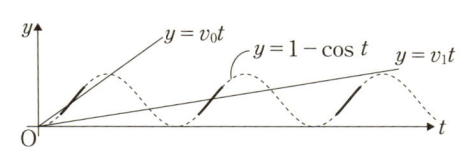

§6 微分法　解説

傾向・対策

　「微分法」分野は，東大入試においては比較的取り組みやすい問題が多い分野です．教科書の単元では「微分法と積分法（数Ⅱ）」「微分法（数Ⅲ）」「微分法の応用（数Ⅲ）」に対応しますが，図形や方程式の考え方も必要となることが少なくありません．具体的には，「図形量の最大・最小」という典型問題だけでなく，「方程式とグラフ」「不等式の証明」「接線に関する問題」も多く出題されています．

　対策としては次のようにまとめられます．「図形量の最大・最小」に関しては，まずパラメータを適切に設定し（問題によって誘導されることも多い），図形量を関数化し，その関数の変域内での最大・最小を考えるという手順を取ります．パラメータの設定の仕方次第では，解法の難易度が大きく異なるので，都合の良いパラメータを設定できることも重要となってきます．また，「方程式とグラフ」「不等式の証明」「接線に関する問題」に関しては，関数の増減を追っていくだけの単純なものから，微妙な評価に関するものも出題されますが，概して具体的で取り組みやすい問題が多いので，冷静で正確な計算力，処理能力をつけておくとよいでしょう．やはり，「手を動かしながら（図やグラフを描きながら）考える」ことで，一見，手がつけにくそうな問題も，徐々に問題が単純化されていくことが多いので，普段から，あらゆる方程式を関数として考えてみる習慣や，厳密的ではなく大局的にグラフの増減や概形を考えるクセを十分に付けておきたいところです．

学習のポイント

- 基本的な微分法の計算方法の習熟．
- 確実な計算力，処理能力をつける．
- 方程式とグラフの関係についての深い理解を獲得．
- 不等式の証明に関数の増減を利用する力をつける．
- 図形量を関数化するパラメータを設定する練習．

§7 積分法

	内容	出題年	難易度	時間
81	定積分と評価①	1999 年	■■□□□	15 分
82	定積分と評価②	2007 年	■■□□□	15 分
83	定積分と評価③	2010 年	■■■□□	20 分
84	楕円と座標	2000 年	■■□□□	15 分
85	曲線の描画	1967 年	■■□□□	15 分
86	2 円が作る面積	2004 年	■■■■□	30 分
87	媒介変数表示と面積	2008 年	■■■□□	25 分
88	柱面と展開図	1992 年	■■■□□	20 分
89	回転体の体積	2012 年	■■□□□	15 分
90	バウムクーヘン型求積法	1989 年	■■■□□	20 分
91	正 8 面体の回転体	2008 年	■■■□□	25 分
92	回転体の回転体	2006 年	■■■■■	40 分
93	非回転体の体積	2005 年	■■■□□	20 分
94	四角錐と円柱が作る立体	1998 年	■■■□□	25 分
95	2 つの球の和集合	2004 年	■■□□□	15 分
96	円錐と円柱の共通部分	2003 年	■■■□□	25 分
97	通過領域の体積	2016 年	■■■□□	20 分
98	体積の極限①	2002 年	■■■□□	15 分
99	体積の極限②	2009 年	■■■■□	30 分
100	2 つの円錐の共通部分	2013 年	■■■■□	35 分

81 定積分と評価①

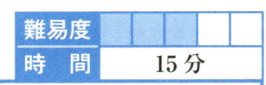

$\int_0^\pi e^x \sin^2 x\, dx > 8$ であることを示せ．ただし，$\pi = 3.14\cdots$ は円周率，$e = 2.71\cdots$ は自然対数の底である．

(1999年　理科)

ポイント

- $\int_0^\pi e^x \cos 2x\, dx$ ⇨ 部分積分法と「ループ型」の解法で求めることができる．
- e^π の評価 ⇨ $y = e^x$ のグラフと接線を考える．
- 評価の方向
  ⇨ 題意を示すために，e や π を小さく or 大きく評価するのかを判別する．

解答

$$\int_0^\pi e^x \sin^2 x\, dx = \frac{1}{2}\int_0^\pi e^x(1-\cos 2x)\, dx = \frac{1}{2}[e^x]_0^\pi - \frac{1}{2}\int_0^\pi e^x \cos 2x\, dx \quad \cdots ①$$
$$= \frac{e^\pi - 1}{2} - \frac{1}{2}\int_0^\pi e^x \cos 2x\, dx$$

← 部分積分

ここで，$\int_0^\pi e^x \cos 2x\, dx = I$ とすると，

$$I = \int_0^\pi e^x \cos 2x\, dx = [e^x \cos 2x]_0^\pi + 2\int_0^\pi e^x \sin 2x\, dx \quad \cdots ②$$

← 部分積分

$$= (e^\pi - 1) + 2\Big([e^x \cos 2x]_0^\pi - 2\int_0^\pi e^x \cos 2x\, dx\Big) \quad \cdots ③$$

← 部分積分

$$= e^\pi - 1 - 4I$$

$$\therefore \quad I = \frac{e^\pi - 1}{5} \quad \cdots ④$$

よって

$$\int_0^\pi e^x \sin^2 x\, dx = \frac{e^\pi - 1}{2} - \frac{e^\pi - 1}{10} = \frac{2}{5}(e^\pi - 1)$$

曲線 $y = e^x$ 上の点 $(3, e^3)$ における接線の方程式は　$\cdots ⑤$

$$y - e^3 = e^3(x - 3) \quad \Leftrightarrow \quad y = e^3 x - 2e^3$$

$y = e^x$ は下に凸だから接線は曲線より下にある．

グラフより，$x = \pi$ のときの2つのグラフの y 座標を

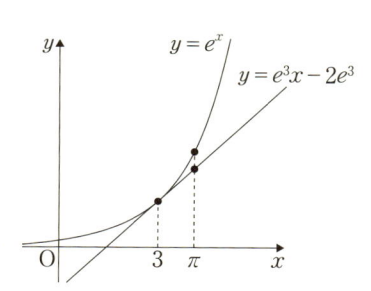

182

比較して，
$$e^\pi > e^3(\pi - 2)$$

ここで，$e > 2.7$，$\pi > 3.1$ より，
$$e^3(\pi - 2) > (2.7)^3 \times 1.1 = 21.6513 > 21 \quad \cdots ⑥$$

← 評価

よって $\dfrac{2}{5}(e^\pi - 1) > 8$ ∴ $\displaystyle\int_0^\pi e^x \sin^2 x \, dx > 8$

分析

* ①②③では，部分積分法を実行している．

* ⑤では，e^π を評価するために $y = e^x$ のグラフを考え，π に近い整数値として $x = 3$ での接線を採用している．

* 題意は，$\dfrac{2}{5}(e^\pi - 1) > 8$ ⇔ $e^\pi > 21$ を示せば十分なので，⑥では e と π を小さく評価して計算し，その不等式を示している．
（ちなみに，$e > 2.7$，$\pi > 3$ と"甘く"評価してしまうと，$e^3(\pi - 2) > (2.7)^3 \times (3 - 2) = 19.683 < 21$ となり，不等式が証明できない．）

* ④のように，部分積分法の結果に元の定積分が含まれることから，その値を求めるという典型的な解法にも注意する．（「ループ型」と呼ぶことにする）

82 定積分と評価②

(1) $0 < x < a$ を満たす実数 x, a に対し，次を示せ．
$$\frac{2x}{a} < \int_{a-x}^{a+x} \frac{1}{t} dt < x\left(\frac{1}{a+x} + \frac{1}{a-x}\right)$$

(2) (1)を利用して，$0.68 < \log 2 < 0.71$ を示せ．ただし，$\log 2$ は 2 の自然対数を表す．

(2007年　理科)

ポイント

- 定積分の不等式の証明 ⇒ 面積による評価式だと考えて，図形的に考える．
- 評価式の利用 ⇒ 評価式の変数に具体値を与えることで，数値による評価が可能になる．
- 評価が十分でないとき ⇒ より厳しい評価ができるように工夫する．特に面積評価のときは，面積差が小さくなるように，区間を細かく切って考える．（＊）

解答1

(1) $y = \dfrac{1}{x}$ は $x > 0$ で下に凸なので，

(台形EBCF) $< \int_{a-x}^{a+x} \dfrac{1}{t} dt <$ (台形ABCD) ……①

が成り立つ．

$$\text{(台形 ABCD)} = \frac{1}{2}\left(\frac{1}{a+x} + \frac{1}{a-x}\right) \cdot \{(a+x) - (a-x)\}$$
$$= x\left(\frac{1}{a+x} + \frac{1}{a-x}\right) \quad \cdots ②$$

また，
$$\text{EB} + \text{CF} = 2\text{PQ} = \frac{2}{a} \quad \cdots ③$$

であるから，
$$\text{(台形 EBCF)} = \frac{1}{2} \cdot \frac{2}{a} \cdot \{(a+x) - (a-x)\} = \frac{2x}{a} \quad \cdots ④$$

①，②，④より，
$$\frac{2x}{a} < \int_{a-x}^{a+x} \frac{1}{t} dt < x\left(\frac{1}{a+x} + \frac{1}{a-x}\right)$$

(2) $\int_1^2 \dfrac{1}{t} dt = [\log t]_1^2 = \log 2$ であり，

$$\int_1^2 \frac{1}{t} dt = \int_1^{\frac{3}{2}} \frac{1}{t} dt + \int_{\frac{3}{2}}^2 \frac{1}{t} dt \quad \cdots ⑤$$

← 細かく切る

と分けることができる.

$a = \dfrac{5}{4}$, $x = \dfrac{1}{4}$ とすると　　　　　　　　　　　　　　← 具体値代入

(1)より，$\dfrac{2}{5} < \displaystyle\int_1^{\frac{3}{2}} \dfrac{1}{t} dt < \dfrac{5}{12}$　…⑥

$a = \dfrac{7}{4}$, $x = \dfrac{1}{4}$ とすると　　　　　　　　　　　　　　← 具体値代入

(1)より，$\dfrac{2}{7} < \displaystyle\int_{\frac{3}{2}}^2 \dfrac{1}{t} dt < \dfrac{7}{24}$　…⑦

⑥と⑦を辺々加えると

$$\dfrac{2}{5} + \dfrac{2}{7} < \int_1^{\frac{3}{2}} \dfrac{1}{t} dt + \int_{\frac{3}{2}}^2 \dfrac{1}{t} dt < \dfrac{5}{12} + \dfrac{7}{24}$$

$$\Leftrightarrow \dfrac{24}{35} < \int_1^2 \dfrac{1}{t} dt < \dfrac{17}{24}$$

$\dfrac{24}{35} = 0.685\cdots > 0.68$, $\dfrac{17}{24} = 0.708\cdots < 0.71$ であるから

$$0.68 < \log 2 < 0.71 \quad\blacksquare$$

解答 2

(2)　$s = \dfrac{x}{a}$ とすると，

$$\dfrac{2x}{a} < \int_{a-x}^{a+x} \dfrac{1}{t} dt < x\left(\dfrac{1}{a+x} + \dfrac{1}{a-x}\right) \Leftrightarrow 2s < \log\dfrac{1+s}{1-s} < \dfrac{2s}{1-s^2}$$

ここで，$s = 3 - 2\sqrt{2}$ を代入すると，

$$6 - 4\sqrt{2} < \log\sqrt{2} < \dfrac{\sqrt{2}}{4}$$

$$\Leftrightarrow 0.34 < 6 - 4\sqrt{2} < \log\sqrt{2} < \dfrac{\sqrt{2}}{4} < 0.35375 \quad (\because \sqrt{2} < 1.415)$$

辺々 2 倍することで，$0.68 < \log 2 < 0.71$ は示される．$\blacksquare$

分析

* 解答 1(2)は，まず(1)をそのまま利用しようとすると，$a = \dfrac{3}{2}$, $x = \dfrac{1}{2}$ として，

$$\dfrac{3}{2} < \int_1^2 \dfrac{1}{t} dt = \log 2 < \dfrac{3}{4}$$

となる．これは示すべき不等式に対して十分な不等式でない（評価が甘い）ので，より厳しい評価ができるように，区間を $t = \dfrac{1}{2}$ で切って，左右それぞれで評価式を用いることを考えている．これが⑥，⑦の手掛かりとなる．

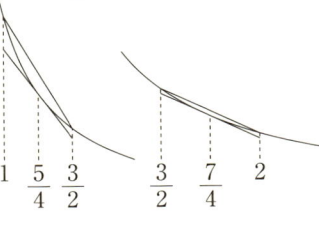

83 定積分と評価 ③

難易度 / 時間 20分

(1) すべての自然数 k に対して，次の不等式を示せ．
$$\frac{1}{2(k+1)} < \int_0^1 \frac{1-x}{k+x}dx < \frac{1}{2k}$$

(2) $m>n$ であるようなすべての自然数 m と n に対して，次の不等式を示せ．
$$\frac{m-n}{2(m+1)(n+1)} < \log\frac{m}{n} - \sum_{k=n+1}^{m}\frac{1}{k} < \frac{m-n}{2mn}$$ 　(2010年　理科)

ポイント

- 定積分に関する不等式の証明 ⇨ 辺々の式を定積分の計算結果だと考えて，定積分の形を復元し，それらの大小を考える．

- $\sum_{k=1}^{n}\dfrac{1}{2(k+1)^2}$ の計算 ⇨ そのままでは計算出来ないので，評価する．

- log を含む不等式の証明 ⇨ $y=\dfrac{1}{x}$ のグラフに関する図形的解法の可能性を考える．解答 2

解答 1

(1) $0<x<1$ のとき，$k<k+x<k+1$ であるから
$$\frac{1-x}{k+1} \leqq \frac{1-x}{k+x} \leqq \frac{1-x}{k}$$
$$\therefore \int_0^1 \frac{1-x}{k+1}dx < \int_0^1 \frac{1-x}{k+x}dx < \int_0^1 \frac{1-x}{k}dx$$

ここで
$$\int_0^1 \frac{1-x}{k+1}dx = \frac{1}{k+1}\left[x-\frac{1}{2}x^2\right]_0^1 = \frac{1}{2(k+1)},$$
$$\int_0^1 \frac{1-x}{k}dx = \frac{1}{k}\left[x-\frac{1}{2}x^2\right]_0^1 = \frac{1}{2k}$$

であるから，
$$\therefore \frac{1}{2(k+1)} < \int_0^1 \frac{1-x}{k+x}dx < \frac{1}{2k}$$

(2) $\displaystyle\int_0^1 \frac{1-x}{k+x}dx = \int_0^1 \left(-1+\frac{k+1}{k+x}\right)dx = [-x+(k+1)\log(k+x)]_0^1$
$$= (k+1)\{\log(k+1)-\log k\}-1$$

(1) から
$$\frac{1}{2(k+1)} < (k+1)\log\frac{k+1}{k}-1 < \frac{1}{2k}$$
$$\Leftrightarrow \frac{1}{2(k+1)^2} < \log\frac{k+1}{k}-\frac{1}{k+1} < \frac{1}{2k(k+1)} \quad \cdots ①$$

186

$\dfrac{1}{k+2}<\dfrac{1}{k+1}$ であるから

$$\dfrac{1}{2(k+1)(k+2)}<\log\dfrac{k+1}{k}-\dfrac{1}{k+1}<\dfrac{1}{2k(k+1)} \quad \cdots ②$$

各辺について，$k=n, n+1, \cdots\cdots, m-1$ における値の和を考える．

$$\sum_{k=n}^{m-1}\dfrac{1}{2(k+1)(k+2)}=\dfrac{1}{2}\sum_{k=n}^{m-1}\left(\dfrac{1}{k+1}-\dfrac{1}{k+2}\right)$$
$$=\dfrac{1}{2}\left(\dfrac{1}{n+1}-\dfrac{1}{m+1}\right)$$
$$=\dfrac{m-n}{2(m+1)(n+1)}$$

← ディバイド

$$\sum_{k=n}^{m-1}\dfrac{1}{2k(k+1)}=\dfrac{1}{2}\sum_{k=n}^{m-1}\left(\dfrac{1}{k}-\dfrac{1}{k+1}\right)=\dfrac{1}{2}\left(\dfrac{1}{n}-\dfrac{1}{m}\right)=\dfrac{m-n}{2mn}$$

← ディバイド

$$\sum_{k=n}^{m-1}\left(\log\dfrac{k+1}{k}-\dfrac{1}{k+1}\right)=\log\left(\dfrac{n+1}{n}\times\dfrac{n+2}{n+1}\times\cdots\cdots\times\dfrac{m}{m-1}\right)-\sum_{k=n}^{m-1}\dfrac{1}{k+1}$$
$$=\log\dfrac{m}{n}-\sum_{k=n+1}^{m}\dfrac{1}{k}$$

← 切り崩し

$$\therefore \quad \dfrac{m-n}{2(m+1)(n+1)}<\log\dfrac{m}{n}-\sum_{k=n+1}^{m}\dfrac{1}{k}<\dfrac{m-n}{2mn}$$

解答 2

(1) 右図のように，$y=\dfrac{1}{x}$ のグラフを考える．

A_{k+1} においての接線と A_kB_k の交点は $C_k\left(k, \dfrac{2k+3}{2(k+1)^2}\right)$ となる．

このとき，下図の 3 つの斜線部の面積を考える．

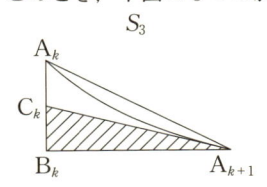

S_3　　　　　　　S_2　　　　　　　S_1

この面積の大小関係から，

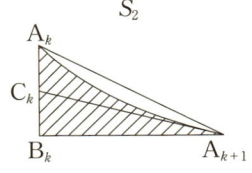

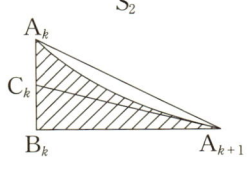

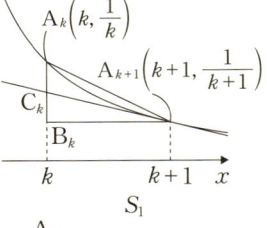

$$S_3<S_2<S_1$$

← 面積を比較

$$\Leftrightarrow \quad \dfrac{1}{2(k+1)^2}<\log\dfrac{k+1}{k}-\dfrac{1}{k+1}<\dfrac{1}{2}\left(\dfrac{1}{k}-\dfrac{1}{k+1}\right) \quad \text{（以下同様）}$$

分析

* 東京大学では本問のように，$y=\dfrac{1}{x}$ のグラフに関する図形の面積の大小関係から不等式を証明する問題が頻出であるので，十分に注意しておきたい（**82** など）

* ①において，左辺の $\dfrac{1}{2(k+1)^2}$ の和は求めることが出来ないので，$\sum_{k=1}^{n}\dfrac{1}{k(k+1)}$ が求められるという一般事実を手掛かりに，②のように変形している．
　（①⇒②だが①⇐②ではないことに注意）

83 定積分と評価③　　187

84 楕円と座標

難易度　時間 15分

AB = AC, BC = 2 の直角二等辺三角形 ABC の各辺に接し, ひとつの軸が辺 BC に平行な楕円の面積の最大値を求めよ. （2000年 理科）

ポイント

- 楕円の面積の定量化 ⇒ 楕円と直角二等辺三角形の座標設定
- 図形量の最大最小 ⇒ パラメータを設定して関数化する.
- 関数化された図形量 ⇒ 題意から図形的に変域を考える.

解答

楕円の方程式を
$$\frac{x^2}{a^2} + \frac{y^2}{b^2} = 1 \quad (a > 0, \ b > 0) \quad \cdots ①$$
← 設定

とおく.

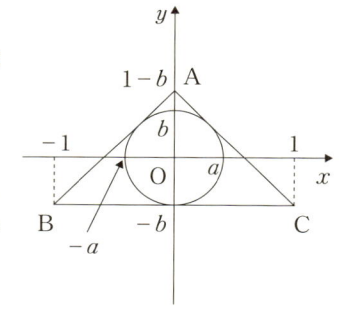

B(-1, $-b$), C(1, $-b$) とし, AB⊥AC, AB = AC から, A(0, $1-b$) とする. ⋯②　← 一般性失わない

直線 AC の方程式は
$$y = -x + 1 - b$$

楕円の方程式
$$b^2 x^2 + a^2 y^2 = a^2 b^2$$

と連立して,
$$b^2 x^2 + a^2 \{(1-b) - x\}^2 = a^2 b^2$$
$$\Leftrightarrow (a^2 + b^2)x^2 - 2a^2(1-b)x + a^2(1-2b) = 0$$
← x の方程式

判別式を D とおくと
$$D/4 = a^4(1-b)^2 - a^2(a^2+b^2)(1-2b) = a^2 b^2(a^2 - 1 + 2b) = 0$$

$a \neq 0$, $b \neq 0$ であるから
$$a^2 - 1 + 2b = 0 \text{ より } b = \frac{1-a^2}{2}$$

$a > 0$, $b > 0$ であるから　$0 < a < 1$

楕円の面積 S は

$$S = \pi ab = \frac{1}{2}\pi a(1-a^2)$$

$$\frac{dS}{da} = \frac{1}{2}\pi(1-3a^2)$$

$a = \dfrac{1}{\sqrt{3}}$ のとき S は最大となり，

最大値は $\quad S = \dfrac{1}{2}\pi \cdot \dfrac{1}{\sqrt{3}}\left(1-\dfrac{1}{3}\right) = \dfrac{\sqrt{3}}{9}\pi$

a	0	$\cdots$	$\dfrac{1}{\sqrt{3}}$	$\cdots$	1
$\dfrac{dS}{da}$		$+$	0	$-$	
S		↗	極大	↘	

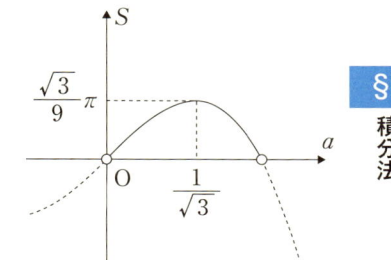

分析

* 本問では，①②のように一般性を失わないように座標を設定し，座標上で題意を捉えていくことが重要．

84 楕円と座標

85 曲線の描画

方程式 $x^2 - xy + y^2 = 3$ の表す曲線の略図をえがき，その第1象限にある部分が x 軸，y 軸と囲む図形の面積を求めよ． (1967年 理科)

ポイント

- xy の項を含む図形の描画 ⇨ 回転移動によって生まれたものだと推測して，回転移動を考える．
- グラフの回転移動 ⇨ 複素数平面の回転変換を用いて，座標自体を変換する．
- 楕円の一部分の面積 ⇨ 置換積分，あるいは媒介変数表示を用いて計算する．

解答

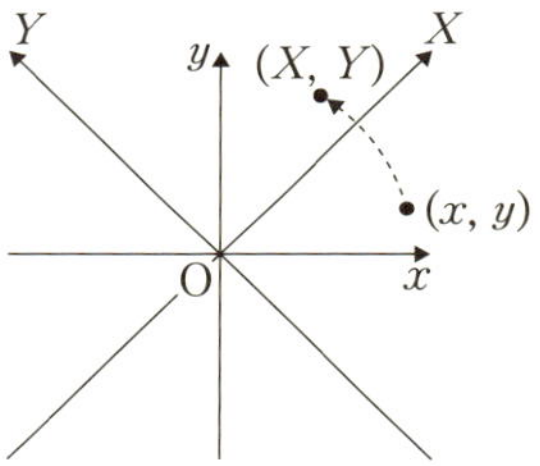

$$x^2 - xy + y^2 = 3 \quad \cdots ①$$

原点を中心に，座標軸を $\dfrac{\pi}{4}$ 回転した新しい座標を (X, Y) とする．

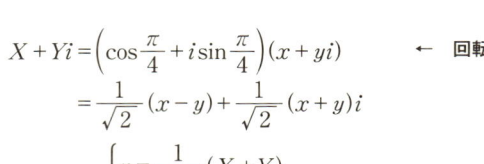

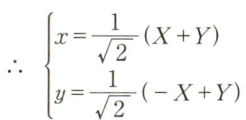

$$X + Yi = \left(\cos\frac{\pi}{4} + i\sin\frac{\pi}{4}\right)(x + yi) \quad \leftarrow 回転$$

$$= \frac{1}{\sqrt{2}}(x-y) + \frac{1}{\sqrt{2}}(x+y)i$$

$$\therefore \quad \begin{cases} x = \dfrac{1}{\sqrt{2}}(X+Y) \\ y = \dfrac{1}{\sqrt{2}}(-X+Y) \end{cases}$$

①に代入すると

$$\frac{X^2}{6} + \frac{Y^2}{2} = 1 \quad \cdots ②$$

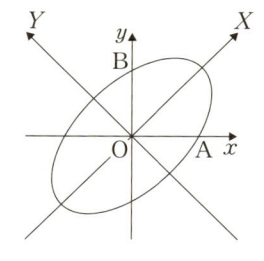

この図形は楕円であり，x 軸は $Y = -X$，y 軸は $Y = X$ と表される．
②の楕円との交点は

$$A\left(\frac{\sqrt{6}}{2}, -\frac{\sqrt{6}}{2}\right), \quad B\left(\frac{\sqrt{6}}{2}, \frac{\sqrt{6}}{2}\right) \quad \leftarrow XY 平面での座標$$

求める面積は右図の斜線部の面積.

$$\triangle \text{OAB} = S_1 = \frac{1}{2} \cdot \frac{\sqrt{6}}{2} \cdot \sqrt{6} = \frac{3}{2}$$

楕円の一部 $S_2 = 2\int_{\frac{\sqrt{3}}{\sqrt{3}}}^{\sqrt{6}} \frac{1}{\sqrt{3}} \sqrt{6-X^2}\, dX$

$X = \sqrt{6}\cos\theta$ とおくと …③

$$S_2 = \frac{2}{\sqrt{3}} \int_{\frac{\pi}{3}}^{0} -6\sin^2\theta\, d\theta$$

$$= 2\sqrt{3} \int_{0}^{\frac{\pi}{3}} (1-\cos 2\theta)\, d\theta$$

$$= 2\sqrt{3} \left[\theta - \frac{1}{2}\sin 2\theta\right]_{0}^{\frac{\pi}{3}}$$

$$= \frac{2\sqrt{3}}{3}\pi - \frac{3}{2}$$

求める面積 S は

$$S = S_1 + S_2 = \frac{2\sqrt{3}}{3}\pi$$

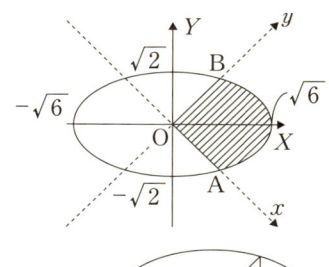

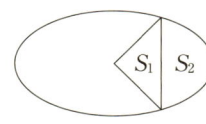

X	$\frac{\sqrt{6}}{2}$ → $\sqrt{6}$
θ	$\frac{\pi}{3}$ → 0

$\dfrac{dX}{d\theta} = -\sqrt{6}\sin\theta$

分析

* ③は，根号を処理するための置換積分のように見えるが，楕円上の点の媒介変数表示から考えてもよい．

* 一般に，
$$ax^2 + 2bxy + cy^2 + d = 0$$
で表現される2次曲線は，回転変換させることによって，楕円，双曲線，放物線いずれかの標準型の方程式に変換できる．どの図形になるかは，

$ac - b^2 > 0$ → 楕円
$ac - b^2 = 0$ → 放物線
$ac - b^2 < 0$ → 双曲線

で判別することができる．

85 曲線の描画

86 2円が作る面積

難易度 □□□□
時間 30分

半径10の円 C がある.半径3の円板 D を,円 C に内接させながら,円 C の円周に沿って滑ることなく転がす.円板 D の周上の1点を P とする.点 P が,円 C の円周に接してから再び円 C の円周に接するまでに描く曲線は,円 C を2つの部分に分ける.それぞれの面積を求めよ. (2004年 理科)

ポイント

- 計算しにくい曲線図形の面積 ⇨ 初等幾何だけなく座標幾何の利用を考える.(座標設定)
- 点Pの軌跡 ⇨ 座標を設定し,媒介変数 θ を用いて P の座標を表す.
- 点の媒介変数表示 ⇨ ベクトルの寄道法を利用して考える.

解答

円 C の中心を原点とした座標平面を考える.円板 D の最初の位置を P が $P_0(10, 0)$ となるようにおく.円板 D を反時計周りに転がし,点 P が再び円 C の円周に接するときの点を P_1,$\angle P_1 O P_0 = \alpha$,円板 D の中心を O' とし,$\angle O' O P_0 = \theta$ とする.

$$10\alpha = 6\pi \iff \alpha = \frac{3}{5}\pi,\ O'(7\cos\theta, 7\sin\theta)$$

右図の太線部の弧長は一致するので,

$$10\theta = 3\angle QO'P\ (劣弧)$$

よって,この弧に対する円 D の中心角は $\dfrac{10}{3}\theta$

線分 $O'P$ が x 軸の正の向きとなす角は $2\pi - \left(\dfrac{10}{3}\theta - \theta\right) = 2\pi - \dfrac{7}{3}\theta$ であるので

$$\overrightarrow{OP} = \overrightarrow{OO'} + \overrightarrow{O'P} = (7\cos\theta, 7\sin\theta) + \left(3\cos\left(2\pi - \frac{7}{3}\theta\right), 3\sin\left(2\pi - \frac{7}{3}\theta\right)\right)$$

$P(x, y)$ とすると

$$\begin{cases} x = 7\cos\theta + 3\cos\dfrac{7}{3}\theta \\ y = 7\sin\theta - 3\sin\dfrac{7}{3}\theta \end{cases}$$

← 媒介変数表示

小さい方の面積を S とし,P が描く曲線を $y = f(x)$ とすると,

$$S = \int_{10\cos\frac{3}{5}\pi}^{10} \{\sqrt{10^2 - x^2} - f(x)\}dx$$

$$= (扇形 OP_0P_1) + (\triangle OP_1H) - \int_{10\cos\frac{3}{5}\pi}^{10} f(x)dx$$

$$S = \frac{1}{2}\cdot 10^2 \cdot \frac{3}{5}\pi + \frac{1}{2}\cdot 10\left|\cos\frac{3}{5}\pi\right|\cdot 10\sin\frac{2}{5}\pi - \int_{\frac{3}{5}\pi}^{0} y\frac{dx}{d\theta}d\theta$$

$$= \frac{1}{2}\cdot 10^2 \cdot \frac{3}{5}\pi + 25\cdot 2\sin\frac{2}{5}\pi\cos\frac{2}{5}\pi$$

$$\quad - \int_{\frac{3}{5}\pi}^{0} \left(7\sin\theta - 3\sin\frac{7}{3}\theta\right)\left(-7\sin\theta - 7\sin\frac{7}{3}\theta\right)d\theta$$

$$= 30\pi + 25\sin\frac{4}{5}\pi - \int_{0}^{\frac{3}{5}\pi}\left(49\sin^2\theta + 28\sin\frac{7}{3}\theta\sin\theta - 21\sin^2\frac{7}{3}\theta\right)d\theta$$

$$= 30\pi + 25\sin\frac{\pi}{5} - 49\int_{0}^{\frac{3}{5}\pi}\sin^2\theta d\theta - 28\int_{0}^{\frac{3}{5}\pi}\sin\frac{7}{3}\theta\sin\theta d\theta + 21\int_{0}^{\frac{3}{5}\pi}\sin^2\frac{7}{3}\theta d\theta$$

・$\int_{0}^{\frac{3}{5}\pi}\sin^2\theta d\theta = \int_{0}^{\frac{3}{5}\pi}\frac{1-\cos 2\theta}{2}d\theta = \left[\frac{1}{2}\theta - \frac{\sin 2\theta}{4}\right]_{0}^{\frac{3}{5}\pi}$

$$= \frac{3}{10}\pi - \frac{1}{4}\sin\frac{6}{5}\pi = \frac{3}{10}\pi + \frac{1}{4}\sin\frac{\pi}{5}$$

・$\int_{0}^{\frac{3}{5}\pi}\sin\frac{7}{3}\theta\sin\theta d\theta = -\frac{1}{2}\int_{0}^{\frac{3}{5}\pi}\left(\cos\frac{10}{3}\theta - \cos\frac{4}{3}\theta\right)d\theta$

$$= -\frac{1}{2}\left[\frac{3}{10}\sin\frac{10}{3}\theta - \frac{3}{4}\sin\frac{4}{3}\theta\right]_{0}^{\frac{3}{5}\pi} = -\frac{1}{2}\cdot\left(-\frac{3}{4}\sin\frac{4}{5}\pi\right)$$

$$= \frac{3}{8}\sin\frac{\pi}{5}$$

・$\int_{0}^{\frac{3}{5}\pi}\sin^2\frac{7}{3}\theta d\theta = \int_{0}^{\frac{3}{5}\pi}\frac{1-\cos\frac{14}{3}\theta}{2}d\theta = \left[\frac{1}{2}\theta - \frac{3}{28}\sin\frac{14}{3}\theta\right]_{0}^{\frac{3}{5}\pi}$

$$= \frac{3}{10}\pi - \frac{3}{28}\sin\frac{14}{5}\pi = \frac{3}{10}\pi - \frac{3}{28}\sin\frac{\pi}{5}$$

x	$10\cos\frac{3}{5}\pi$ → 10
θ	$\frac{3}{5}\pi$ → 0

$\frac{dx}{d\theta} = -7\sin\theta - 7\sin\frac{7}{3}\theta$

よって

$$S = 30\pi + 25\sin\frac{\pi}{5} - 49\left(\frac{3}{10}\pi + \frac{1}{4}\sin\frac{\pi}{5}\right) - 28\cdot\frac{3}{8}\sin\frac{\pi}{5} + 21\left(\frac{3}{10}\pi - \frac{3}{28}\sin\frac{\pi}{5}\right) \quad \cdots ①$$

$$= \frac{108}{5}\pi$$

よって，残りの面積は $10^2\pi - \frac{108}{5}\pi = \frac{392}{5}\pi$

分析

* 定積分の計算途中で，$\sin\frac{\pi}{5}$ が登場するが，①で打ち消されるので値を求める必要はない．

 (ただし，$\sin\frac{\pi}{5}$ の求め方は分かっておきたい（問題21 *参照))

* 本問は，点 P の軌跡が半径 OP，OP_1 からはみ出さないことを自明として計算しているが，余裕があれば，そのことについて答案内で言及しておくと良い．

* 本問のような曲線は「ハイポサイクロイド」と呼ばれる．

87 媒介変数表示と面積

難易度　
時間　25分

座標平面において，媒介変数 t を用いて $\begin{cases} x = \cos 2t \\ y = t\sin t \end{cases}$ $(0 \leq t \leq 2\pi)$ と表される曲線が囲む領域の面積を求めよ．
(2008年　理科)

ポイント

・媒介変数表示のグラフの概形　⇨　$\dfrac{dx}{dt}$, $\dfrac{dy}{dt}$ の正負を調べて点の動きを追う．

・三角関数を含む媒介変数表示　⇨　対称性や周期性を意識する．

解答

$$\frac{dx}{dt} = -2\sin 2t,$$

$$\frac{dy}{dt} = \sin t + t\cos t = \sqrt{1+t^2}\sin(t+\alpha)$$

(α は $0 < \alpha < \dfrac{\pi}{2}$ で $\cos\alpha = \dfrac{1}{\sqrt{1+t^2}}$, $\sin\alpha = \dfrac{t}{\sqrt{1+t^2}}$)

$0 < t < 2\pi$ において

$\dfrac{dx}{dt} = 0$ とすると　$t = \dfrac{\pi}{2},\ \pi,\ \dfrac{3}{2}\pi$

$\dfrac{dy}{dt} = 0$ とすると　$t = \pi - \alpha,\ 2\pi - \alpha$

t	0	$\cdots$	$\dfrac{\pi}{2}$	$\cdots$	$\pi - \alpha$	$\cdots$	π	$\cdots$	$\dfrac{3}{2}\pi$	$\cdots$	$2\pi - \alpha$	$\cdots$	2π
$\dfrac{dx}{dt}$		$-$	0	$+$	$+$	$+$	0	$-$	0	$+$	$+$	$+$	
$\dfrac{dy}{dt}$		$+$	$+$	$+$	0	$-$	$-$	$-$	$-$	$-$	0	$+$	
(x, y)	$(1, 0)$	↖	$\left(-1, \dfrac{\pi}{2}\right)$	↗		↘	$(1, 0)$	↙	$\left(-1, -\dfrac{3}{2}\pi\right)$	↘		↗	$(1, 0)$

増減を調べることで，グラフの概形は右図のようになる．
(矢印の順に点が動く)

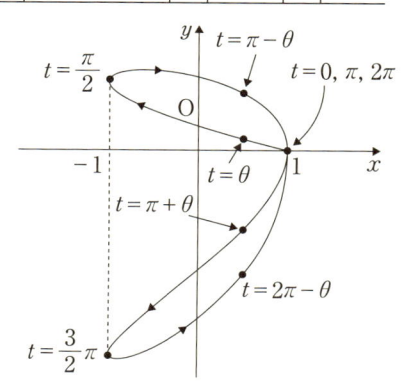

194

$0 \leq t \leq \dfrac{\pi}{2}$ における y を y_1, $\dfrac{\pi}{2} \leq t \leq \pi$ における y を y_2, ← 4つの部分に分ける
$\pi \leq t \leq \dfrac{3}{2}\pi$ における y を y_3, $\dfrac{3}{2}\pi \leq t \leq 2\pi$ における y を y_4 とすると,
求める面積 S は

$$\begin{aligned}
S &= \int_{-1}^{1}(y_2 - y_1)dx + \int_{-1}^{1}(y_3 - y_4)dx \quad \cdots ① \\
&= \int_{\frac{\pi}{2}}^{\pi} y\dfrac{dx}{dt}dt - \int_{\frac{\pi}{2}}^{0} y\dfrac{dx}{dt}dt + \int_{\frac{3}{2}\pi}^{\pi} y\dfrac{dx}{dt}dt - \int_{\frac{3}{2}\pi}^{2\pi} y\dfrac{dx}{dt}dt \\
&= \int_{0}^{\pi} y\dfrac{dx}{dt}dt - \int_{\pi}^{2\pi} y\dfrac{dx}{dt}dt \\
&= \int_{0}^{\pi} t\sin t(-2\sin 2t)dt - \int_{\pi}^{2\pi} t\sin t(-2\sin 2t)dt \quad \cdots ②
\end{aligned}$$

ここで,
$$\begin{aligned}
\int 2t\sin t\sin 2t\,dt &= \int 4t\sin^2 t\cos t\,dt \\
&= \dfrac{4}{3}t\sin^3 t - \dfrac{4}{3}\int \sin^3 t\,dt \\
&= \dfrac{4}{3}t\sin^3 t - \dfrac{4}{3}\int (1-\cos^2 t)\sin t\,dt \\
&= \dfrac{4}{3}t\sin^3 t - \dfrac{4}{3}\int \{\sin t + \cos^2 t(\cos t)'\}dt \\
&= \dfrac{4}{3}t\sin^3 t + \dfrac{4}{3}\cos t - \dfrac{4}{3}\cdot\dfrac{1}{3}\cos^3 t + C \quad (C は積分定数)
\end{aligned}$$

これを②に用いて,

$$\begin{aligned}
\therefore\quad S &= -\left[\dfrac{4}{3}t\sin^3 t + \dfrac{4}{3}\cos t - \dfrac{4}{9}\cos^3 t\right]_{0}^{\pi} \\
&\quad + \left[\dfrac{4}{3}t\sin^3 t + \dfrac{4}{3}\cos t - \dfrac{4}{9}\cos^3 t\right]_{\pi}^{2\pi} \\
&= \dfrac{32}{9}
\end{aligned}$$

分析

* ①では, 一旦, 陽関数表示されたと考えて面積を定積分でとりあえず表し, その後置換積分によって, 積分変数を媒介変数に取り替えるという手法で, 面積を求めている.

* 本問は, グラフが自己交差するということに十分注意しないと, 囲む領域の計算ができないので, 要求されていなくてもグラフの概形を描いてから考える必要がある.

88 柱面と展開図

難易度 ■■□□□
時間 20分

xyz 空間において，x 軸と平行な柱面
$$A = \{(x, y, z) \mid y^2 + z^2 = 1, \ x, \ y, \ z は実数\}$$
から，y 軸と平行な柱面
$$B = \left\{(x, y, z) \ \middle| \ x^2 - \sqrt{3}\,xz + z^2 = \frac{1}{4}, \ x, \ y, \ z は実数\right\}$$
により囲まれる部分を切り抜いた残りの図形を C とする．図形 C の展開図を描け．
ただし点 $(0, 1, 0)$ を通り x 軸と平行な直線に沿って C を切り開くものとする．

(1992年 理科)

ポイント

- 全体がイメージしにくい立体図形 ⇨ 座標を利用して，方程式・不等式の処理から考えていく．
- 円柱面上の点の表現 ⇨ θ を媒介変数として表現する．
- 2つの立体図形の交線（交面の境界線） ⇨ 一方の面上の点を表現し，他方に代入して求める．

解答

円柱面 A 上の点 P は $(x, \cos\theta, \sin\theta)$ と表される．
点 P が，B の周及び外部
$$x^2 - \sqrt{3}\,xz + z^2 \geq \frac{1}{4}$$
を満たすとき，代入して
$$x^2 - \sqrt{3}\,x\sin\theta + \sin^2\theta \geq \frac{1}{4}$$
$$\Leftrightarrow \ x \leq \frac{\sqrt{3}\sin\theta - \sqrt{3\sin^2\theta - (4\sin^2\theta - 1)}}{2}, \ \frac{\sqrt{3}\sin\theta + \sqrt{3\sin^2\theta - (4\sin^2\theta - 1)}}{2} \leq x$$
$$\Leftrightarrow \ x \leq \frac{\sqrt{3}\sin\theta - |\cos\theta|}{2}, \ \frac{\sqrt{3}\sin\theta + |\cos\theta|}{2} \leq x$$

三角関数の合成により，
$$\frac{\sqrt{3}\sin\theta \pm |\cos\theta|}{2} = \sin\left(\theta \pm \frac{\pi}{6}\right) \quad (複号は対応しない)$$
であることを利用して，

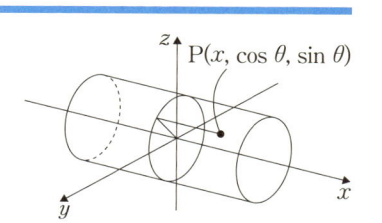

$0 \leq \theta \leq \dfrac{\pi}{2}$, $\dfrac{3}{2}\pi \leq \theta < 2\pi$ のとき　　$x \leq \sin\left(\theta - \dfrac{\pi}{6}\right)$, $\sin\left(\theta - \dfrac{\pi}{6}\right) \leq x$

　　　　$\dfrac{\pi}{2} \leq \theta < \dfrac{3}{2}\pi$ のとき　　$x \leq \sin\left(\theta + \dfrac{\pi}{6}\right)$, $\sin\left(\theta - \dfrac{\pi}{6}\right) \leq x$

以上の図示すると，展開図は下図の斜線部．

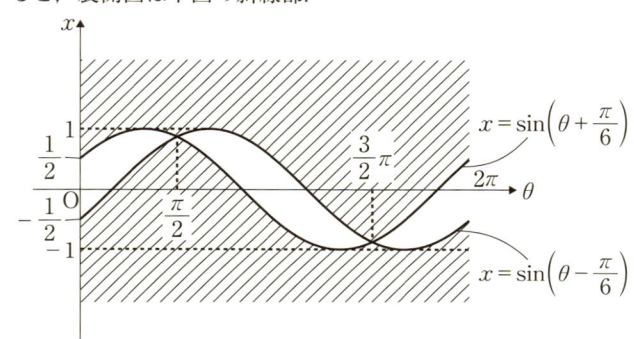

分析

* B の立体は，楕円 $\dfrac{x^2}{\left(\dfrac{\sqrt{3}-1}{2}\right)^2} + \dfrac{z^2}{\left(\dfrac{\sqrt{3}+1}{2}\right)^2} = 1$ …①を原点周りに $-\dfrac{\pi}{4}$ だけ回転

させた図形を断面とする楕円柱になる．これは，原点を中心に $-\dfrac{\pi}{4}$ 回転した新しい

座標を (X, Z) とすると，

$$X + Zi = \left(\cos\left(-\dfrac{\pi}{4}\right) + i\sin\left(-\dfrac{\pi}{4}\right)\right)(x + zi) = \dfrac{1}{\sqrt{2}}(x+z) + \dfrac{1}{\sqrt{2}}(-x+z)i$$

となることから $x = \dfrac{1}{\sqrt{2}}(X - Z)$, $z = \dfrac{1}{\sqrt{2}}(X + Z)$ を $x^2 - \sqrt{3}\,xz + z^2 = \dfrac{1}{4}$ に代入

して導ける．

類題

z 軸を軸とする半径 1 の円柱の側面で，xy 平面より上にあり，平面 $x - \sqrt{3}\,y + z = 1$ より下にある部分を D とする．D の面積を求めよ．（1976 年　理科）

円柱面上の点 $P(\cos\theta, \sin\theta, z)$ が D に含まれる条件から，

$Q(\cos\theta, \sin\theta, 1 - \cos\theta + \sqrt{3}\,\sin\theta)$, $0 \leq \theta \leq \dfrac{4}{3}\pi$

面積 $S = \displaystyle\int_0^{\frac{4}{3}\pi} (1 - \cos\theta + \sqrt{3}\,\sin\theta)d\theta = \dfrac{4}{3}\pi + 2\sqrt{3}$

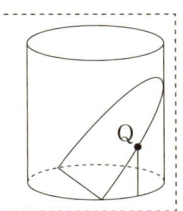

88 柱面と展開図

89 回転体の体積

難易度 / 時間 15分

座標平面上で2つの不等式 $y \geq \dfrac{1}{2}x^2$, $\dfrac{x^2}{4}+4y^2 \leq \dfrac{1}{8}$ によって定まる領域を S とする. S を x 軸の周りに回転してできる立体の体積を V_1 とし,y 軸の周りに回転してできる立体の体積を V_2 とする.

(1) V_1 と V_2 の値を求めよ.　(2) $\dfrac{V_2}{V_1}$ の値と1の大小を判定せよ.

(2012年　理科)

ポイント

- 回転体の体積 $\Rightarrow$ 回転軸に垂直な面で切った面積を定積分して,体積を求める.
- 2つの図形で囲まれる領域を回転させてできる立体
  $\Rightarrow$ 断面が「ドーナツ型」になることに注意して,定積分の式を立式する.（V_1）

解答

(1) $C_1: y = \dfrac{1}{2}x^2$ …①, $C_2: \dfrac{x^2}{4}+4y^2=\dfrac{1}{8}$ …② とする.y を消去して,

$$\dfrac{x^2}{4}+x^4=\dfrac{1}{8} \quad \Leftrightarrow \quad (2x^2+1)(4x^2-1)=0$$

よって2曲線 C_1, C_2 の交点の座標は $\left(\dfrac{1}{2}, \dfrac{1}{8}\right)$,$\left(-\dfrac{1}{2}, \dfrac{1}{8}\right)$

領域 S は,右の図の斜線部.また,領域 S は y 軸対称.

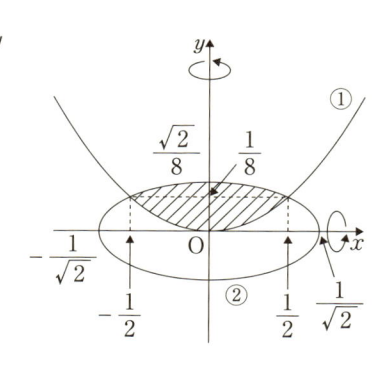

[V_1 について]

x に対応する C_1 上の点の y 座標を y_1,C_2 上の y 座標を y_2 とすると,

$$y_1{}^2 = \left(\dfrac{1}{2}x^2\right)^2, \quad y_2{}^2 = \dfrac{1}{32}-\dfrac{x^2}{16}$$

$$V_1 = 2 \times \left(\int_0^{\frac{1}{2}} \pi y_2{}^2 dx - \int_0^{\frac{1}{2}} \pi y_1{}^2 dx\right)$$

$$= 2\pi \int_0^{\frac{1}{2}} \left\{\left(\dfrac{1}{32}-\dfrac{x^2}{16}\right)-\left(\dfrac{1}{2}x^2\right)^2\right\} dx$$

$$= \pi\left[\dfrac{x}{16}-\dfrac{x^3}{24}-\dfrac{x^5}{10}\right]_0^{\frac{1}{2}} = \dfrac{11}{480}\pi$$

[V_2 について]

y に対応する C_1 上の点の x 座標を x_1, C_2 上の x 座標を x_2 とすると,

$$x_1{}^2 = 2y, \quad x_2{}^2 = \frac{1}{2} - 16y^2 \qquad \leftarrow \text{①②より}$$

よって
$$\begin{aligned}
V_2 &= \pi \int_0^{\frac{1}{8}} x_1{}^2 \, dy + \pi \int_{\frac{1}{8}}^{\frac{\sqrt{2}}{8}} x_2{}^2 \, dy \\
&= \pi \int_0^{\frac{1}{8}} 2y \, dy + \pi \int_{\frac{1}{8}}^{\frac{\sqrt{2}}{8}} \left(\frac{1}{2} - 16y^2 \right) dy \\
&= \pi \left[y^2 \right]_0^{\frac{1}{8}} + \pi \left[\frac{y}{2} - \frac{16}{3} y^3 \right]_{\frac{1}{8}}^{\frac{\sqrt{2}}{8}} \\
&= \frac{\pi}{64} + \pi \left(\frac{\sqrt{2}}{24} - \frac{5}{96} \right) = \frac{8\sqrt{2} - 7}{192} \pi
\end{aligned}$$

(2) $$V_1 - V_2 = \frac{11}{480}\pi - \frac{8\sqrt{2} - 7}{192}\pi = \frac{22 - (40\sqrt{2} - 35)}{960}\pi$$
$$= \frac{57 - 40\sqrt{2}}{960}\pi$$

ここで,
$57^2 = 3249$, $(40\sqrt{2})^2 = 3200$
$57^2 > (40\sqrt{2})^2$ から $57 > 40\sqrt{2}$ ∴ $57 - 40\sqrt{2} > 0$
よって
$$V_1 - V_2 > 0 \quad \Leftrightarrow \quad V_1 > V_2$$

$V_1 > 0$ であるから $\dfrac{V_2}{V_1} < 1$

分析

* 回転体の体積を求める問題では, まずは出来る限り, 回転体の概形をイメージしてから考えるクセを付けておきたい.

* (2)では, $V_1 - V_2$ と 0 との大小から考えたが, $\dfrac{V_2}{V_1}$ を直接考えてもよい.

* バウムクーヘン型求積法を用いると, $V_1 = 2\pi \int_0^{\frac{1}{2}} x(y_2 - y_1) dx$ として求めることもできる.
  (問題 90 参照)

90 バウムクーヘン型求積法

$f(x) = \pi x^2 \sin \pi x^2$ とする．$y = f(x)$ のグラフの $0 \leqq x \leqq 1$ の部分と x 軸とで囲まれた図形を y 軸のまわりに回転させてできる立体の体積 V は $V = 2\pi \int_0^1 x f(x) dx$ で与えられることを示し，この値を求めよ． (1989 年 理科)

ポイント

- $f(x)$ のグラフ ⇨ 導関数から概形を描く．極値をとるときの x の値は具体的に求める必要はない．
- 回転体の体積 ⇨ 回転軸に垂直な面で切ったときの断面積を積分して，体積を求める．
- そのまま積分できない定積分の計算 ⇨ 置換積分を用いる．

解答 1

$$f(x) = \pi x^2 \sin \pi x^2$$
$$f'(x) = \pi(2x \sin \pi x^2 + 2\pi x^3 \cos \pi x^2) = 2\pi x(\sin \pi x^2 + \pi x^2 \cos \pi x^2)$$

(ⅰ) $0 < x \leqq \dfrac{1}{\sqrt{2}}$ のとき　　$\sin \pi x^2 > 0$，$\cos \pi x^2 \geqq 0$ であるから，$f'(x) > 0$

(ⅱ) $\dfrac{1}{\sqrt{2}} < x < 1$ のとき

$$f'(x) = 2\pi x(\sin \pi x^2 + \pi x^2 \cos \pi x^2)$$
$$= 2\pi x \cos \pi x^2 (\tan \pi x^2 + \pi x^2)$$

ここで，$2\pi x \cos \pi x^2 < 0$ であり，

$\tan \pi x^2 + \pi x^2$ がこの区間で単調増加であること，

$\lim\limits_{x \to \frac{1}{\sqrt{2}}+0} (\tan \pi x^2 + \pi x^2) = -\infty$，$(\tan \pi \cdot 1^2 + \pi \cdot 1^2) = \pi > 0$

であることに気をつけると，

$f'(x) = 0$ はこの区間内にただ一つの実数解をもつ．

これを，$x = \alpha$ とおく．

x	0	$\cdots$	α	$\cdots$	1
$f'(x)$		+	0	−	
$f(x)$	0	↗	極大	↘	0

この曲線の $0 < x < 1$ における増減表は，グラフ右のようになる．

このとき，求める体積を V とすると，上図のように x_1，x_2 をとると，

$$V = \pi \int_0^{f(\alpha)} x_2^2 dy - \pi \int_0^{f(\alpha)} x_1^2 dy \quad \cdots ①$$
$$= \pi \int_1^\alpha x^2 \cdot \frac{dy}{dx} \cdot dx - \pi \int_0^\alpha x^2 \cdot \frac{dy}{dx} \cdot dx$$
$$= -\pi \int_0^1 x^2 \cdot \frac{dy}{dx} \cdot dx \quad \cdots ②$$

y	$0 \to f(\alpha)$
x_1	$0 \to \alpha$

y	$0 \to f(\alpha)$
x_2	$1 \to \alpha$

ここで，
$$\int_0^1 x^2 \cdot \frac{dy}{dx} dx = [x^2 y]_0^1 - \int_1^0 2xy\, dx \qquad \leftarrow \text{部分積分}$$
$$= -\int_1^0 2xy\, dx \qquad \leftarrow x=1 \text{のとき} y=0$$

よって，
$$-\pi \int_0^1 x^2 \cdot \frac{dy}{dx} \cdot dx = \int_0^1 2\pi xy\, dx$$

よって，②より，
$$V = 2\pi \int_0^1 x f(x)\, dx \qquad ■$$

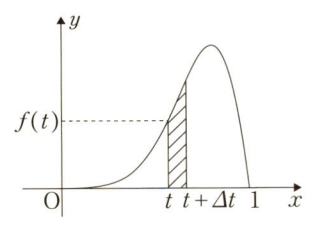

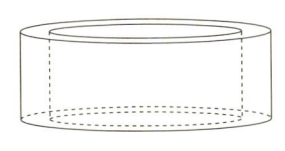

$t = \pi x^2$ とおく．
$$V = \int_0^1 2\pi x \cdot \pi x^2 \sin \pi x^2\, dx = \int_0^\pi t \sin t\, dt$$
$$= [-t \cos t]_0^\pi - \int_0^\pi (-\cos t)\, dt$$
$$= \pi$$

x	$0 \to 1$
t	$0 \to \pi$

$$\frac{dt}{dx} = 2\pi x$$

解答 2

右図の斜線部を，y 軸のまわりに回転させてできる立体を考える．

この立体の体積 ΔV は Δt が微小なとき，底面が外半径 $t + \Delta t$，内半径 t の同心円で，高さが $f(t)$ の筒型の立体の体積で近似できる．

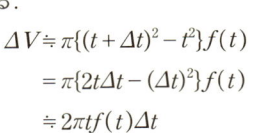

$$\Delta V \fallingdotseq \pi \{(t+\Delta t)^2 - t^2\} f(t)$$
$$= \pi \{2t\Delta t - (\Delta t)^2\} f(t)$$
$$\fallingdotseq 2\pi t f(t) \Delta t$$

この ΔV を $t = 0 \sim 1$ で集めたものが V なので，
$$V = 2\pi \int_0^1 x f(x)\, dx \qquad ■$$

分析

* ①はドーナツ型の面積を積分して，体積を求めようとしている．

* 解答 2 は少々感覚的な解答となるので，実際の答案では慎重に構成したい．

* 本問は，「バウムクーヘン型求積法」として，受験数学において有名な公式である．

91 正8面体の回転体

難易度 □□□
時間 25分

(1) 正八面体の1つの面を下にして水平な台の上に置く．この八面体を真上から見た図（平面図）をかけ．
(2) 正八面体の互いに平行な2つの面をとり，それぞれの面の重心を G_1, G_2 とする．G_1, G_2 を通る直線を軸としてこの八面体を1回転させてできる立体の体積を求めよ．ただし八面体は内部も含むものとし，各辺の長さは1とする．（2008年　理科）

ポイント

- 回転体の体積 ⇒ 回転軸に垂直な面で切った断面を考え，その面積を積分して体積を求める．
- 断面が複雑な形になる回転体 ⇒ 最遠点までの距離を外径，最近点までの距離を内径とするようなドーナツ型を考える．

解答

(1) （ⅰ）のような正八面体を，△ABC を台に接するように置き，真上から見ると（ⅱ）のようになる．△ABC, △DEF は正三角形であり，図形 AECDBF は正六角形に見える．

（ⅰ）立体図　　（ⅱ）上から見た図

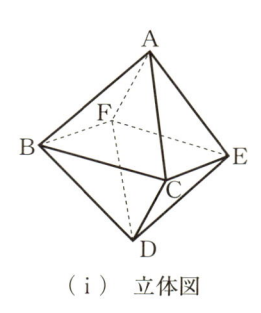

(2) △ABC, △DEF の重心を，それぞれ G_1, G_2 とすると，直線 G_1G_2 は△ABC, △DEF の両方に垂直．辺 BC の中点を M，辺 EF の中点を N とすると，正八面体を平面 AMDN で切ったときの断面は(ⅲ)．正八面体の各面は，1辺の長さ1の正三角形であるから

$$AM = AN = \frac{\sqrt{3}}{2}$$

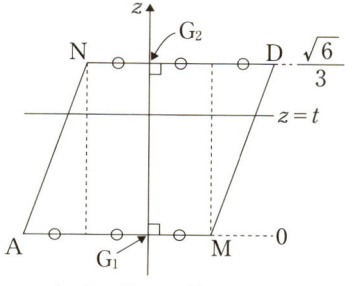

（ⅲ）横から見た断面図

よって $G_1G_2 = \sqrt{AN^2 - \left(\dfrac{1}{3}AM\right)^2} = \sqrt{\left(\dfrac{\sqrt{3}}{2}\right)^2 - \left(\dfrac{1}{3}\cdot\dfrac{\sqrt{3}}{2}\right)^2} = \dfrac{\sqrt{6}}{3}$

また，(1)の平面図(ii)に現れる正六角形の1辺の長さは
$$\dfrac{2}{3}AM = \dfrac{2}{3}\cdot\dfrac{\sqrt{3}}{2} = \dfrac{\sqrt{3}}{3}$$

直線 G_1G_2 を z 軸とする．
$z=t\left(0\leqq t\leqq\dfrac{\sqrt{6}}{3}\right)$ で正八面体を切った断面は，(iv)の斜線部分のようになる．
この断面の図形を z 軸の周りに1回転させると，断面が通過する領域は，(iv)の r を半径とする円の内部．…①
(iv)の s について，

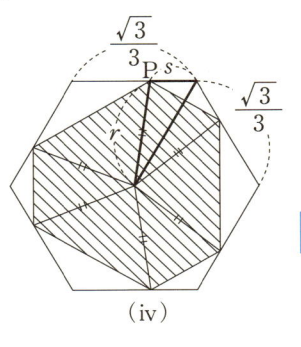

$$s : \dfrac{\sqrt{3}}{3} = t : \dfrac{\sqrt{6}}{3} \quad \cdots ②$$

$$\therefore\quad s = \dfrac{t}{\sqrt{2}}$$

← 比を考える

(v)の三角形において，余弦定理により

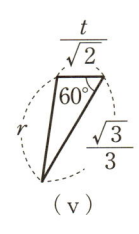

$$r^2 = \left(\dfrac{t}{\sqrt{2}}\right)^2 + \left(\dfrac{\sqrt{3}}{3}\right)^2 - 2\cdot\dfrac{t}{\sqrt{2}}\cdot\dfrac{\sqrt{3}}{3}\cos 60°$$
$$= \dfrac{1}{2}t^2 - \dfrac{\sqrt{6}}{6}t + \dfrac{1}{3}$$

求める体積 V は
$$V = \pi\int_0^{\frac{\sqrt{6}}{3}} r^2\,dt = \pi\int_0^{\frac{\sqrt{6}}{3}}\left(\dfrac{1}{2}t^2 - \dfrac{\sqrt{6}}{6}t + \dfrac{1}{3}\right)dt = \pi\left[\dfrac{1}{6}t^3 - \dfrac{\sqrt{6}}{12}t^2 + \dfrac{1}{3}t\right]_0^{\frac{\sqrt{6}}{3}}$$
$$= \dfrac{5\sqrt{6}}{54}\pi$$

分析

* ①では，斜線部の中で，点Oからの最遠点が点Pであることから，通過領域が半径OPの円であると考えている．（最近点はOになるので，ドーナツ型にはならない）

* ②では，t が 0 から $\dfrac{\sqrt{6}}{3}$ まで変化するとき，点PはBからFまで等速で動くことを考え，s は 0 から $\dfrac{\sqrt{3}}{3}$ まで変化することから，$s : \dfrac{\sqrt{3}}{3} = t : \dfrac{\sqrt{6}}{3}$ を導いている．

92 回転体の回転体

難易度 ■■■□□
時間 40分

a を正の実数，θ を $0 \leq \theta \leq \dfrac{\pi}{2}$ を満たす実数とする．xyz 空間において，点 $(a, 0, 0)$ と点 $(a+\cos\theta, 0, \sin\theta)$ を結ぶ線分を，x 軸の周りに 1 回転させてできる曲面を S とする．更に，S を y 軸の周りに 1 回転させてできる立体の体積を V とする．

(1) V を a と θ を用いて表せ．
(2) $a=4$ とする．V を θ の関数と考えて，V の最大値を求めよ．（2006年　理科）

ポイント

- 回転体の体積
  ⇒ 回転軸に垂直な面で切った断面を考え，その面積を積分して体積を求める．
- 面が回転してできる立体
  ⇒ まず，面を切って，その曲線分（直線分）を回して考える．
- 曲線分（直線分）を回転してできる立体の断面
  ⇒ 最遠点までの距離を外径，最近点までの距離を内径とするようなドーナツ型を考える．

解答

(1) A $(a, 0, 0)$，B $(a+\cos\theta, 0, \sin\theta)$ とする．

(i) $\theta=0$ のとき S は線分であり，x 軸の周りに回転しても立体はできないので　$V=0$

(ii) $\theta=\dfrac{\pi}{2}$ のとき

S は A を中心とする半径 1 の円板．
$y=t$ $(0 \leq t \leq 1)$ で切った断面は
線分　$x=a$，$y=t$，$-\sqrt{1-t^2} \leq z \leq \sqrt{1-t^2}$
体積 V は対称性を考えて，

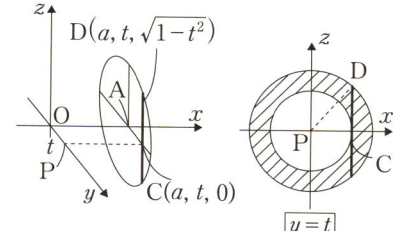

$$V = 2\int_0^1 \pi(\mathrm{PD}^2 - \mathrm{PC}^2)dt = 2\pi\int_0^1 (1-t^2)dt = \dfrac{4}{3}\pi$$

(iii) $0 < \theta < \dfrac{\pi}{2}$ のとき

曲面 S は円錐面になる．円錐面上の点を T(x, y, z) とすると，$\overrightarrow{\mathrm{AT}}$ と $\vec{x}=(1,0,0)$ のなす角は θ なので，

$$\cos\theta = \dfrac{\overrightarrow{\mathrm{AT}} \cdot \vec{x}}{|\overrightarrow{\mathrm{AT}}||\vec{x}|}$$

これを整理して，円錐面の方程式は，

$$y^2 + z^2 = (x-a)^2 \tan^2\theta \quad \cdots ① \quad (a \leq x \leq a+\cos\theta)$$

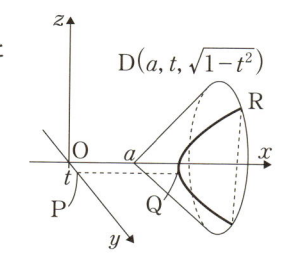

$y=t$ $(0 \leq t \leq \sin\theta)$ で切った断面は，①に $y=t$ を代入して

$$双曲線 \quad t^2+z^2=(x-a)^2\tan^2\theta \quad \cdots ②$$

P からの最近点を Q，最遠点を R とする．

② で $z=0$ として，$Q\left(a+\dfrac{t}{\tan\theta}, t, 0\right)$ $\cdots ③$

② で $x=a+\cos\theta$ として，$R(a+\cos\theta, t, \pm\sqrt{\sin^2\theta-t^2})$ $\cdots ④$

体積 V は，対称性を考えて，

$$V = 2\int_0^{\sin\theta} \pi(PR^2 - PQ^2)dt = 2\int_0^{\sin\theta} \pi\left\{(a+\cos\theta)^2+(\sin^2\theta-t^2)-\left(a+\dfrac{|t|}{\tan\theta}\right)^2\right\}dt$$

$$= 2\int_0^{\sin\theta} \pi\left(2a\cos\theta+1-\dfrac{2a}{\tan\theta}t-\dfrac{t^2}{\sin^2\theta}\right)dt$$

$$= 2\pi\left[(2a\cos\theta+1)t-\dfrac{a}{\tan\theta}t^2-\dfrac{t^3}{3\sin^2\theta}\right]_0^{\sin\theta}$$

$$= 2\pi\sin\theta\left(2a\cos\theta+1-a\cos\theta-\dfrac{1}{3}\right)$$

$$= \dfrac{2}{3}\pi\sin\theta(3a\cos\theta+2)$$

この式で $\theta=0, \dfrac{\pi}{2}$ とすると，それぞれ $V=0, \dfrac{4}{3}\pi$ となるから，（ⅰ）（ⅱ）のときも成立．

$\therefore \quad 0 \leq \theta \leq \dfrac{\pi}{2}$ において $\quad V=\dfrac{2}{3}\pi\sin\theta(3a\cos\theta+2)$

(2) $a=4$ のとき

$$V = \dfrac{4}{3}\pi\sin\theta(6\cos\theta+1) = \dfrac{4}{3}\pi(3\sin 2\theta+\sin\theta)$$

$$\dfrac{dV}{d\theta} = \dfrac{4}{3}\pi(6\cos 2\theta+\cos\theta) = \dfrac{4}{3}\pi\{6(2\cos^2\theta-1)+\cos\theta\}$$

$$= \dfrac{4}{3}\pi(3\cos\theta-2)(4\cos\theta+3)$$

θ	0	$\cdots$	α	$\cdots$	$\dfrac{\pi}{2}$
$\dfrac{dV}{d\theta}$		$+$	0	$-$	
V	0	↗	極大	↘	$\dfrac{4}{3}\pi$

$\cos\theta=\dfrac{2}{3}$ なる θ を $\alpha\left(0<\alpha<\dfrac{\pi}{2}\right)$ とおくと，V は $\theta=\alpha$ のとき極大かつ最大．

$\cos\alpha=\dfrac{2}{3}$ のとき，$\sin\alpha=\sqrt{1-\cos^2\alpha}=\dfrac{\sqrt{5}}{3}$ であるから，

$$_{max}V = \dfrac{4}{3}\pi\sin\alpha(6\cos\alpha+1) = \dfrac{20\sqrt{5}}{9}\pi$$

分析

* （ⅱ），（ⅲ）では，最終的な立体が xz 平面に関して対称であることから，$0 \leq t$ についてだけを考え，最後に 2 倍して，全体の体積 V を導いている．

* 東大の数学入試において，円錐面は度々出題されるので，①のようにベクトルの内積を利用した円錐面の方程式の導き方は，きちんと習得しておきたい．

92 回転体の回転体

93 非回転体の体積

r を正の実数とする．xyz 空間において
$$x^2+y^2 \leq r^2, \quad y^2+z^2 \geq r^2, \quad z^2+x^2 \leq r^2$$
を満たす点全体からなる立体の体積を求めよ． (2005 年 理科)

ポイント

- イメージしにくい複雑な立体の体積
  ⇨ $x=t$ などの平面で切った断面を取り出して考える．
- 対称性の利用 ⇨ 条件の対称性，図形の対称性を利用して，要領よく計算する．
- 置換積分の利用 ⇨ まず，分かりやすい軸で定積分の式を表現し，その後，計算しやすい変数に置換して考える．

解答

$x \geq 0$, $y \geq 0$, $z \geq 0$ において考える．

平面 $x=t$ $(0 \leq t \leq r)$ による切り口は $\begin{cases} y^2 \leq r^2-t^2 & \cdots ① \\ z^2 \leq r^2-t^2 & \cdots ② \\ y^2+z^2 \geq r^2 & \cdots ③ \end{cases}$ で表される．　← $x=t$ で切る

①＋②と③から
$$2r^2-2t^2 \geq r^2 \iff r^2 \geq 2t^2 \iff 0 \leq t \leq \frac{r}{\sqrt{2}}$$

よって，切り口が存在するのは $0 \leq t \leq \frac{r}{\sqrt{2}}$ のとき．

そのとき，切り口は右図の斜線部．

この面積を $S(t)$ とし，右図のように θ をとる．…④　← パラメータ

$$S(t) = (\sqrt{r^2-t^2})^2 - \sqrt{r^2-t^2} \cdot t - \pi r^2 \cdot \frac{\frac{\pi}{2}-2\theta}{2\pi}$$
$$= r^2-t^2-t\sqrt{r^2-t^2}+r^2\left(\theta-\frac{\pi}{4}\right)$$

また，$t = r\sin\theta$ であるから $dt = r\cos\theta\, d\theta$

よって，求める体積を V とすると

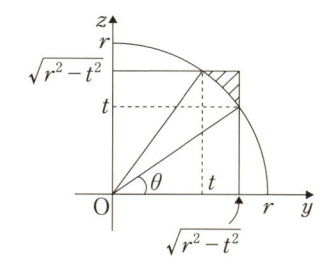

$$\frac{1}{8}V = \int_0^{\frac{r}{\sqrt{2}}} \left\{ r^2 - t^2 - t\sqrt{r^2 - t^2} + r^2\left(\theta - \frac{\pi}{4}\right) \right\} dt$$

t	$0 \to \dfrac{r}{\sqrt{2}}$
θ	$0 \to \dfrac{\pi}{4}$

$$= \int_0^{\frac{r}{\sqrt{2}}} \left(r^2 - \frac{\pi}{4}r^2 - t^2 - t\sqrt{r^2 - t^2} \right) dt + r^2 \int_0^{\frac{r}{\sqrt{2}}} \theta \, dt$$

$$\frac{dt}{d\theta} = r\cos\theta$$

$$= \left[r^2\left(1 - \frac{\pi}{4}\right)t - \frac{t^3}{3} + \frac{1}{3}(r^2 - t^2)^{\frac{3}{2}} \right]_0^{\frac{r}{\sqrt{2}}} + r^2 \int_0^{\frac{\pi}{4}} \theta r \cos\theta \, d\theta \quad \cdots\text{⑤}$$

$$= \frac{1}{\sqrt{2}}\left(1 - \frac{\pi}{4}\right)r^3 - \frac{r^3}{6\sqrt{2}} + \frac{r^3}{6\sqrt{2}} - \frac{r^3}{3} + r^3 \left\{ [\theta\sin\theta]_0^{\frac{\pi}{4}} - \int_0^{\frac{\pi}{4}} \sin\theta \, d\theta \right\}$$

$$= \frac{1}{\sqrt{2}}\left(1 - \frac{\pi}{4}\right)r^3 - \frac{r^3}{3} + r^3\left(\frac{\pi}{4} \cdot \frac{1}{\sqrt{2}} + [\cos\theta]_0^{\frac{\pi}{4}}\right) = r^3\left(\sqrt{2} - \frac{4}{3}\right)$$

$$\therefore \quad V = \left(8\sqrt{2} - \frac{32}{3}\right)r^3 \quad \cdots\text{⑥}$$

分析

* 扇形の面積を求める必要があるとき，中心角の設定は不可欠であることから，④では，新たに θ という変数を置いている．

* ⑤では，部分積分
$$\int_0^{\frac{\pi}{4}} \theta \cos\theta \, d\theta = [\theta\sin\theta]_0^{\frac{\pi}{4}} - \int_0^{\frac{\pi}{4}} \sin\theta \, d\theta$$
を実行している．

* 条件の対称性から，図形の対称性を読み取り，$x \geq 0$，$y \geq 0$，$z \geq 0$ に限定して考えているので，定積分によって求まる体積は全体の $\dfrac{1}{8}$ であるから，⑥で 8 倍して答えを導いている．

94 四角錐と円柱が作る立体

難易度 □□□□
時間 25分

xyz 空間に 5 点 A$(1, 1, 0)$,B$(-1, 1, 0)$,C$(-1, -1, 0)$,D$(1, -1, 0)$,P$(0, 0, 3)$ をとる.四角錐 PABCD の $x^2+y^2 \geq 1$ を満たす部分の体積を求めよ. (1998 年 理科)

ポイント

- 非回転体の体積 ⇨ どの平面で切った断面を考えるか吟味する.切り方によっては,高校数学では解けなかったり,計算量が膨大になったりする.
- 対称性をもつ立体図形 ⇨ 対称性を利用して,要領よく計算する.
- $x=t$ で切った断面を考える ⇨ 断面は長方形になる.(解答 1)
- $z=t$ で切った断面を考える ⇨ 断面は正方形と円によって囲まれる部分.(解答 2)

解答 1

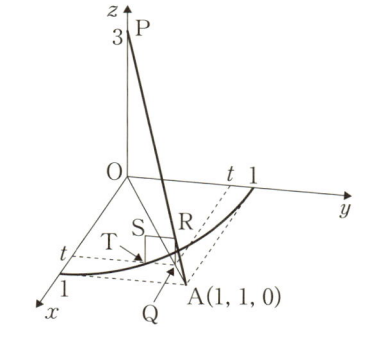

四角錐 PABCD は
yz 平面,zx 平面,更に平面 $y=x$ に関して対称.
$x \geq 0$,$0 \leq y \leq x$ で考える.
平面 $x=t\left(\dfrac{\sqrt{2}}{2} \leq t \leq 1\right)$ で切った断面は長方形で,
QT $= t - \sqrt{1-t^2}$,RQ $= 3(1-t)$
長方形 QRST の面積を $f(t)$ とおくと
$$f(t) = 3(1-t)(t - \sqrt{1-t^2})$$
$$= 3\{(1-t)t - \sqrt{1-t^2} + t\sqrt{1-t^2}\}$$
求める体積を V とおくと,
$$\dfrac{1}{8}V = \int_{\frac{\sqrt{2}}{2}}^{1} f(t)\,dt = \int_{\frac{\sqrt{2}}{2}}^{1} 3\{(1-t)t - \sqrt{1-t^2} + t\sqrt{1-t^2}\}\,dt$$
$$= 3\int_{\frac{\sqrt{2}}{2}}^{1}(t-t^2)\,dt - 3\int_{\frac{\sqrt{2}}{2}}^{1}\sqrt{1-t^2}\,dt + 3\int_{\frac{\sqrt{2}}{2}}^{1} t\sqrt{1-t^2}\,dt$$

ここで

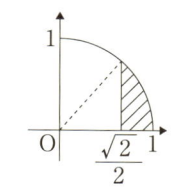

- $\displaystyle\int_{\frac{\sqrt{2}}{2}}^{1}(t-t^2)\,dt = \left[\dfrac{1}{2}t^2 - \dfrac{1}{3}t^3\right]_{\frac{\sqrt{2}}{2}}^{1} = \dfrac{-1+\sqrt{2}}{12}$

- $\displaystyle\int_{\frac{\sqrt{2}}{2}}^{1}\sqrt{1-t^2}\,dt = \dfrac{\pi}{8} - \dfrac{1}{4}$ ···①

208

第3項は，$u=1-t^2$ として，

$$\cdot \int_{\frac{\sqrt{2}}{2}}^{1} t\sqrt{1-t^2}\,dt = -\frac{1}{2}\int_{\frac{1}{2}}^{0}\sqrt{u}\,du = \frac{1}{2}\cdot\frac{2}{3}\left[u^{\frac{3}{2}}\right]_0^{\frac{1}{2}} = \frac{\sqrt{2}}{12}$$

← 置換

t	$\frac{\sqrt{2}}{2} \to 1$
u	$\frac{1}{2} \to 0$

$$\frac{du}{dt} = -2t$$

以上より計算すると，

$$V = 8\left\{3\cdot\frac{-1+\sqrt{2}}{12} - 3\cdot\left(\frac{\pi}{8} - \frac{1}{4}\right) + 3\cdot\frac{\sqrt{2}}{12}\right\} = 4 + 4\sqrt{2} - 3\pi$$

解答2

対称性より，$x \geq 0$, $y \geq 0$ だけを考える．
平面 $z = t$ $(0 \leq t \leq 3)$ による切り口は右図の斜線部．
また，切り口が存在するのは，

$$\left(1-\frac{t}{3}\right)^2 + \left(1-\frac{t}{3}\right)^2 \geq 1 \Leftrightarrow 0 \leq t \leq 3\left(1-\frac{1}{\sqrt{2}}\right)$$

この面積を $S(t)$ とし，右図のように θ をとる． ← パラメータ

このとき，$1 - \frac{t}{3} = \cos\theta \Leftrightarrow t = 3(1-\cos\theta)$

$$S(t) = \cos^2\theta - 2\cdot\frac{1}{2}\cos\theta\sin\theta - \frac{1}{2}\cdot 1^2\cdot\left(\frac{\pi}{2} - 2\theta\right)$$

$$\frac{1}{4}V = \int_0^{3\left(1-\frac{1}{\sqrt{2}}\right)}\left\{\cos^2\theta - \cos\theta\sin\theta - \frac{1}{2}\left(\frac{\pi}{2}-2\theta\right)\right\}dt$$

$$= \int_0^{\frac{\pi}{4}}\left(\cos^2\theta - \cos\theta\sin\theta - \frac{\pi}{4} + \theta\right)\cdot 3\sin\theta\,d\theta$$

$$= \left[-\cos^3\theta - \sin^3\theta + \frac{3}{4}\pi\cos\theta\right]_0^{\frac{\pi}{4}} + 3\int_0^{\frac{\pi}{4}}\theta\sin\theta\,d\theta$$

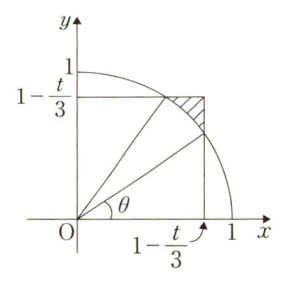

t	$0 \to 3\left(1-\frac{1}{\sqrt{2}}\right)$
θ	$0 \to \frac{\pi}{4}$

$$\frac{dt}{d\theta} = 3\sin\theta$$

$$\cdot \int_0^{\frac{\pi}{4}}\theta\sin\theta\,d\theta = \left[-\theta\cos\theta\right]_0^{\frac{\pi}{4}} - \int_0^{\frac{\pi}{4}}(-\cos\theta)d\theta = -\left[\theta\cos\theta - \sin\theta\right]_0^{\frac{\pi}{4}} \quad \cdots ②$$

以上より計算すると，

$$V = 4 + 4\sqrt{2} - 3\pi$$

分析

* ①は円の一部分の面積と考えて計算する頻出パターンであり，また，②の $\int x\sin x\,dx$ の部分積分も頻出である．

* 解答1，解答2の他に，$x + y = t$ $(1 \leq t \leq 2)$ で切って考える解法もある．この場合，断面の形は，$1 \leq t \leq \sqrt{2}$ のとき直角三角形2つ，$\sqrt{2} \leq t \leq 2$ のとき二等辺三角形になる．

94 四角錐と円柱が作る立体

95 2つの球の和集合

難易度 ■■□□
時間 15分

r を正の実数とする．xyz 空間内の原点 $O(0, 0, 0)$ を中心とする半径 1 の球を A，点 $P(r, 0, 0)$ を中心とする半径 1 の球を B とする．球 A と球 B の和集合の体積を V とする．ただし，球 A と球 B の和集合とは，球 A または球 B の少なくとも一方に含まれる点全体よりなる立体のことである．

(1) V を r の関数として表し，そのグラフの概形をかけ．
(2) $V=8$ となるとき，r の値はいくらか．四捨五入して小数第 1 位まで求めよ．
注意：円周率 π は $3.14 < \pi < 3.15$ を満たす．

(2004　理科)

ポイント

- 2球の和集合部分の体積　⇨　座標を設定し，定積分を用いて考える．
- $V=8$ をみたす r の近似値
  ⇨　直接的に r の値を求めようとせず，近傍の数値から評価することを考える．
- 近似値の求め方　⇨　具体的に代入して評価（解答1）or 接線の利用（解答2）
- 近傍の数値の見つけ方　⇨　大体の値を代入して，発見的に求める．

解答1

(1) $r \geq 2$ のとき　2球の体積の和を考えて
$$V = \frac{4}{3}\pi \cdot 1^3 \cdot 2 = \frac{8}{3}\pi$$

$0 < r < 2$ のとき　図形の対称性を考えて，
$$V = 2\pi \int_{-1}^{\frac{r}{2}} (\sqrt{1-x^2})^2 dx = 2\pi \left[x - \frac{1}{3}x^3 \right]_{-1}^{\frac{r}{2}}$$
$$= \pi \left(-\frac{1}{12}r^3 + r + \frac{4}{3} \right)$$

ここで，$f(r) = \pi \left(-\frac{r^3}{12} + r + \frac{4}{3} \right)$ とおくと，
$$f'(r) = \frac{\pi}{4}(2-r)(2+r) > 0$$

より，$f(r)$ は単調増加．
また $\lim_{r \to +0} V = \frac{4}{3}\pi$　グラフは右図．

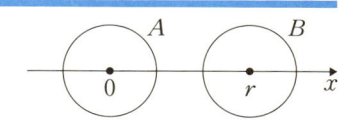

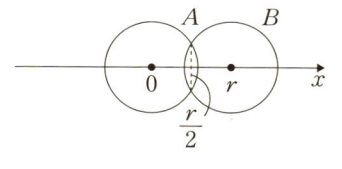

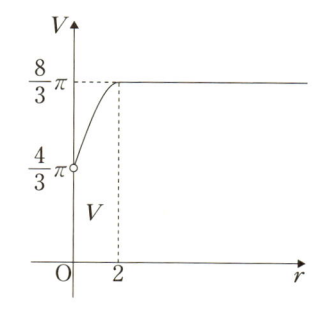

(2) $\dfrac{4}{3}\pi < \dfrac{4}{3} \times 3.15 = 4.2 < 8$, $\dfrac{8}{3}\pi > \dfrac{8}{3} \times 3.14 = 8.373\cdots > 8$

$$\therefore \quad \dfrac{4}{3}\pi < 8 < \dfrac{8}{3}\pi$$

$V=8$ を満たす r は(1)から $0<r<2$

(1)のグラフより，$V=f(r)=8$ を満たす r はただ1つ存在する．

$$f(1.5) = \pi\left(\dfrac{4}{3} + \dfrac{3}{2} - \dfrac{27}{96}\right)$$
$$= \dfrac{245}{96}\pi > \dfrac{245}{96}\cdot 3.14 = 8.013\cdots > 8 \quad \cdots ①$$

← 評価

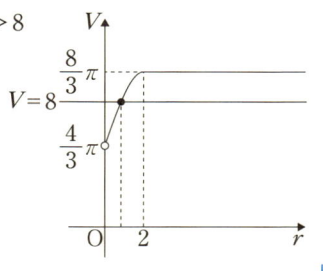

$$f(1.45) = \pi\left(\dfrac{4}{3} + \dfrac{29}{20} - \dfrac{24389}{96000}\right)$$
$$= \dfrac{242811}{96000}\pi < \dfrac{242811}{96000}\cdot 3.15 = 7.967\cdots < 8 \quad \cdots ②$$

← 評価

①，② より $f(r)=8$ なる r は，$1.45 < r < 1.5$ $\quad \therefore$ 求める値は 1.5

解答2

(2)

(①まで同様)

$0<r<2$ で，$f''(r) = -\dfrac{\pi}{2}r < 0$ であるから，

$y=f(r)$ のグラフは上に凸．

$V=f(r)$ の，$P(1.5, f(1.5))$ における接線 l は，

$$l : y = \dfrac{7}{16}\pi\left(r - \dfrac{3}{2}\right) + \dfrac{245}{96}\pi = g(r)$$

$$g(1.45) = -\dfrac{7}{320}\pi + \dfrac{245}{96}\pi$$
$$= \dfrac{2429}{960}\pi < \dfrac{2429}{960}\cdot 3.15 = 7.970\cdots < 8$$

← 評価

$$\therefore \quad f(1.45) \leqq g(1.45) < 8 \quad \cdots ③$$

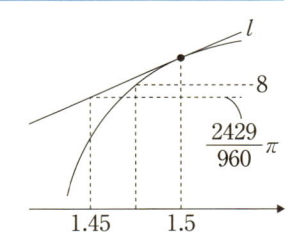

①，③ より $f(r)=8$ なる r は，$1.45 < r < 1.5$ $\quad \therefore$ 求める値は 1.5

分析

* ①における $r=1.5$ は，$f(r)$ の r にいろいろな数値を具体的に代入して，8に近くなる数値を探した後の発想であることに注意．

* (2) $\pi\left(-\dfrac{r^3}{12} + r + \dfrac{4}{3}\right) = 8 \Leftrightarrow -r^3 + 12r = \dfrac{96}{\pi} - 16$ において，$h(r) = 12r - r^3$ として，

$14.476\cdots < \dfrac{96}{\pi} - 16 < 14.573\cdots$, $h(1.5) = 14.625$, $h(1.45) = 14.351375$

より，$h(1.45) < \dfrac{96}{\pi} - 16 < h(1.5)$ ということから示してもよい．

96 円錐と円柱の共通部分

難易度：
時間：25分

xyz 空間において，平面 $z=0$ 上の原点を中心とする半径 2 の円を底面とし，点 $(0, 0, 1)$ を頂点とする円錐を A とする．次に，平面 $z=0$ 上の点 $(1, 0, 0)$ を中心とする半径 1 の円を H，平面 $z=1$ 上の点 $(1, 0, 1)$ を中心とする半径 1 の円を K とする．H と K を 2 つの底面とする円柱を B とする．円錐 A と円柱 B の共通部分を C とする．$0 \leq t \leq 1$ を満たす実数 t に対し，平面 $z=t$ による C の切り口の面積を $S(t)$ とおく．

(1)　$0 \leq \theta \leq \dfrac{\pi}{2}$ とする．$t = 1 - \cos\theta$ のとき，$S(t)$ を θ で表せ．

(2)　C の体積 $\displaystyle\int_0^1 S(t)dt$ を求めよ．

(2003 年　理科)

ポイント

- 円錐と円柱の共通部分 ⇒ 立体そのものはイメージしにくいので，断面から考える．（誘導）
- $t = 1 - \cos\theta$ と置換 ⇒ 誘導に従って，パラメータを t から θ に変換して考える．
- 断面積 $S(t)$ を表現する．⇒ t のままでは $S(t)$ を表現しにくいので θ で表す．その際，θ が図のどこに該当するかを考える．

解答

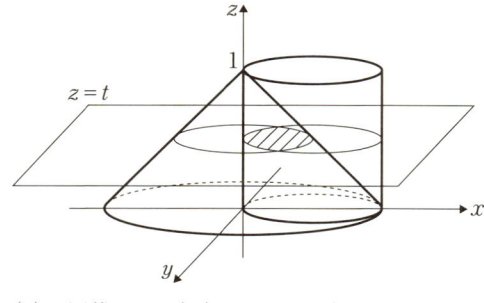

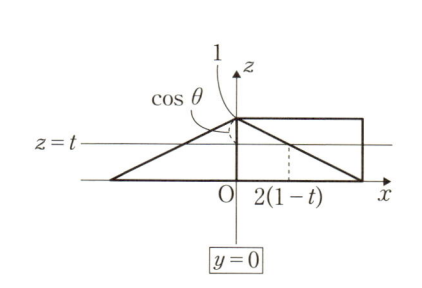

(1)　円錐 A の平面 $z=t$ による切り口は，中心が $(0, 0, t)$，半径が $2(1-t)$ の円．

$t = 1 - \cos\theta$ とおくと，$2(1-t) = 2\cos\theta$ であるから，

A の断面は，円 $x^2 + y^2 = 4\cos^2\theta$

B の断面は，円 $(x-1)^2 + y^2 = 1$

交点 A，交点 B の x 座標は

$(x-1)^2 + 4\cos^2\theta - x^2 = 1 \iff x = 2\cos^2\theta$

以上より，右図のように角 θ, 2θ を考え

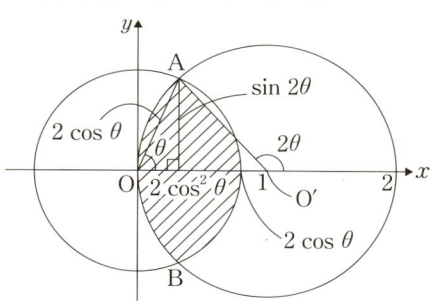

212

ることができる． …①

斜線部の面積は，扇形 $O\stackrel{\frown}{AB}$，扇形 $O'\stackrel{\frown}{AB}$ の和から，四角形 AOBO' の面積を引いて求められるので，

$$S(t) = \frac{1}{2}(2\cos\theta)^2 \cdot 2\theta + \frac{1}{2}\cdot 1^2 \cdot (2\pi - 4\theta) - \left(\frac{1}{2}\cdot 1 \cdot \sin 2\theta\right) \times 2$$
$$= 4\theta\cos^2\theta + \pi - 2\theta - \sin 2\theta$$
$$= 2\theta\cos 2\theta - \sin 2\theta + \pi$$

(2) $\displaystyle\int_0^1 S(t)dt = \int_0^{\frac{\pi}{2}}(2\theta\cos 2\theta - \sin 2\theta + \pi)\sin\theta\, d\theta$

t	0	→	1
θ	0	→	$\frac{\pi}{2}$

$\dfrac{dt}{d\theta} = \sin\theta$

$$= \int_0^{\frac{\pi}{2}}(2\theta\cos 2\theta\sin\theta - \sin 2\theta\sin\theta + \pi\sin\theta)d\theta$$
$$= \int_0^{\frac{\pi}{2}}\{\theta(\sin 3\theta - \sin\theta) - 2\sin^2\theta\cos\theta + \pi\sin\theta\}d\theta$$
$$= \int_0^{\frac{\pi}{2}}\theta\sin 3\theta\, d\theta - \int_0^{\frac{\pi}{2}}\theta\sin\theta\, d\theta - 2\int_0^{\frac{\pi}{2}}\sin^2\theta\cos\theta\, d\theta + \pi\int_0^{\frac{\pi}{2}}\sin\theta\, d\theta$$

ここで，

- $\displaystyle\int\theta\sin 3\theta\, d\theta = -\frac{1}{3}\theta\cos 3\theta - \int\left(-\frac{1}{3}\cos 3\theta\right)d\theta + C$ （C は積分定数）
- $\displaystyle\int\theta\sin\theta\, d\theta = -\theta\cos\theta - \int(-\cos\theta)d\theta + C$ （ 〃 ）
- $\displaystyle\int\sin^2\theta\cos\theta\, d\theta = \frac{1}{3}\sin^3\theta + C$ （ 〃 ）

であるから

$$\int_0^1 S(t)dt = \int_0^{\frac{\pi}{2}}\theta\sin 3\theta\, d\theta - \int_0^{\frac{\pi}{2}}\theta\sin\theta\, d\theta - 2\int_0^{\frac{\pi}{2}}\sin^2\theta\cos\theta\, d\theta + \pi\int_0^{\frac{\pi}{2}}\sin\theta\, d\theta$$
$$= \left[-\frac{1}{3}\theta\cos 3\theta + \frac{1}{9}\sin 3\theta + \theta\cos\theta - \sin\theta - \frac{2}{3}\sin^3\theta - \pi\cos\theta\right]_0^{\frac{\pi}{2}}$$
$$= \pi - \frac{16}{9}$$

分析

* 厳密には，共通部分は右図のように2つの状態を考えなければならないが，結果的には，$S(t)$ はどちらも共通して

$$S(t) = 2\theta\cos 2\theta - \sin 2\theta + \pi$$

と表現できるので，解答では左の図で考えている．

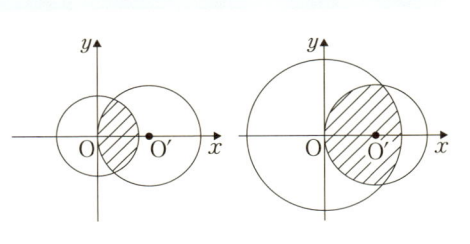

* ①のように，「問題文だけでは，どこの角度かが明確でない θ」を，図を描く過程で $\angle AOO' = \theta$，$\angle AO'O = 2\theta$ であると発見的に導くことが本問を大きなポイントとなる．

96 円錐と円柱の共通部分

97 通過領域の体積

座標空間内を,長さ 2 の線分 AB が次の 2 条件(a), (b)をみたしながら動く.
(a) 点 A は平面 $z=0$ 上にある.
(b) 点 $C(0, 0, 1)$ が線分 AB 上にある.
このとき,線分 AB が通過することのできる範囲を K とする.K と不等式 $z \geq 1$ の表す範囲との共通部分の体積を求めよ. (2016 年 理科)

ポイント

- 線分が通過してできる立体 ⇨ 対称性を見抜き,「回転体」と同様に考える.
- 点 B の動きを関数化する ⇨ パラメータを設定して,B の座標を表現する.
- パラメータの設定
  ⇨ z 軸正方向と線分 CB のなす角を θ として点 B の座標を表現する. 解答 1
    あるいは,$z=t$ で切った断面を考えて,点 B の座標を表現する. 解答 2

解答 1

線分 AB が xz 平面内にあり,点 B が $0 \leq x$ にある場合のみを考える.
z 軸正方向と線分 CB のなす角を θ,$CB = r$ とおくと,
$$AC + CB = AB = 2$$
$$\Leftrightarrow \frac{1}{\cos\theta} + r = 2 \Leftrightarrow r = 2 - \frac{1}{\cos\theta} \quad \cdots ①$$
$r \geq 0$ から
$$0 \leq \theta \leq \frac{\pi}{3}$$
$B(x, 0, z)$ とすると,
$$\begin{cases} x = r\sin\theta \\ z = 1 + r\cos\theta \end{cases}$$
であり,①より r を消去すると,
$$\begin{cases} x = \left(2 - \dfrac{1}{\cos\theta}\right)\sin\theta \quad \cdots ② \\ z = 2\cos\theta \end{cases}$$
求める体積 V は,
$$V = \int_1^2 \pi x^2 \, dz$$
として表される.ここで
$$x^2 = \left(2 - \frac{1}{\cos\theta}\right)^2 \sin^2\theta = \left(2 - \frac{2}{z}\right)^2\left(1 - \frac{z^2}{4}\right) \quad \cdots ③$$

であるから，
$$V = \int_1^2 \pi x^2 \, dz = \int_1^2 \pi\left(\frac{4}{z^2} - \frac{8}{z} + 3 + 2z - z^2\right) dz$$
$$= \left[\pi\left(-\frac{4}{z} - 8\log z + 3z + z^2 - \frac{z^3}{3}\right)\right]_1^2 = \left(\frac{17}{3} - 8\log 2\right)\pi$$

解答2

線分 AB が xz 平面内にあり，点 B が $0 \leq x$ にある場合のみを考える．共通部分となる立体を $z = t$ $(t \geq 1)$ で切ったとき，点 B は境界線上にある．$B(x, 0, t)$ とすると，

$$\vec{AB} = t\vec{AC} \iff AC : CB = 1 : t-1 = DE : EB$$
$$BD = \sqrt{AB^2 - t^2} = \sqrt{4 - t^2}$$

であるから，
$$x = \frac{t-1}{t}\sqrt{4-t^2}$$

よって，求める体積 V は，
$$V = \int_1^2 \pi x^2 \, dt = \int_1^2 \pi\left(\frac{4}{t^2} - \frac{8}{t} + 3 + 2t - t^2\right)dt = \left(\frac{17}{3} - 8\log 2\right)\pi$$

解答3

線分 AB が xz 平面内にあり，点 B が $0 \leq x$ にある場合のみを考える．
$A(a, 0, 0)$ とすると，題意から $-\sqrt{3} \leq a \leq \sqrt{3}$ であることが必要．
$B(X, 0, Z)$ は，直線 $AC : z = -\frac{1}{a}x + 1$ の上の点であるから，

$$Z = -\frac{1}{a}X + 1 \iff a = \frac{X}{1-Z} \quad \cdots ④$$

また，AB = 2 より，
$$AB^2 = (X-a)^2 + Y^2 = 4 \quad \cdots ⑤$$

④⑤より，
$$0 < \left|\frac{X}{1-Z}\right| < \sqrt{3} \quad \text{かつ} \quad \left(X - \frac{X}{1-Z}\right)^2 + Z^2 = 4 \iff X^2 = \left(1 - \frac{1}{Z}\right)^2(4 - Z^2)$$

（以下同様）

分析

* 最終的な立体が xz 平面，yz 平面に関して対称であることから，xz 平面だけに限定し，かつ点 B が $x \geq 0$ だけ存在するときだけを考えている．
* ②③では，運良く θ が消去できたが，もし消去できないときは変数を θ のまま置換積分を行うことになる．

97 通過領域の体積

98 体積の極限①

O を原点とする xyz 空間に点 $P_k\left(\dfrac{k}{n}, 1-\dfrac{k}{n}, 0\right)$, $k=0, 1, \cdots\cdots, n$ をとる.また z 軸上 $z\geqq 0$ の部分に,点 Q_k を線分 P_kQ_k の長さが 1 になるようにとる.三角錐(すい) $OP_kP_{k+1}Q_k$ の体積を V_k とおいて,極限 $\displaystyle\lim_{n\to\infty}\sum_{k=0}^{n-1}V_k$ を求めよ. (2002年 理科)

ポイント

- lim と Σ によって表される式 ⇨ 区分求積法の可能性を考える.
- 区分求積法の適用

  ⇨ $\displaystyle\lim_{n\to\infty}\dfrac{1}{n}\sum_{k=0}^{\infty}f\left(\dfrac{k}{n}\right)=\int_0^1 f(x)dx$ を実行するために,$\dfrac{1}{n}\sum_{k=0}^{n-1}f\left(\dfrac{k}{n}\right)$ の形に変形する.

- $\displaystyle\int_0^1 \sqrt{-x^2+x}\,dx$

  ⇨ 面積と考えて,要領よく計算する.あるいは,置換積分を用いる.

解答 1

$Q_k(0, 0, q_k)$ とおくと $P_kQ_k=1$ であるから,三平方の定理から,

$$P_kQ_k = \sqrt{OP_k^2+OQ_k^2}$$
$$\Leftrightarrow\ 1=\sqrt{\left(\dfrac{k}{n}\right)^2+\left(1-\dfrac{k}{n}\right)^2+q_k^2}$$

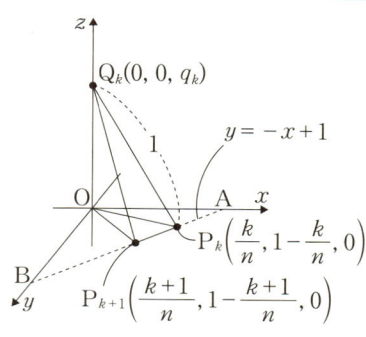

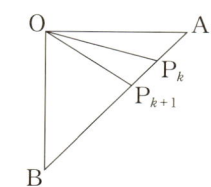

$q_k\geqq 0$ から

$$q_k=\sqrt{1-\left(\dfrac{k}{n}\right)^2-\left(1-\dfrac{k}{n}\right)^2}$$

また,$P_kP_{k+1}=\dfrac{1}{n}AB$ より,

$$\triangle OP_kP_{k+1}=\dfrac{1}{n}\times\triangle OAB=\dfrac{1}{2n}$$

$$\therefore\ V_k=\dfrac{1}{3}\triangle OP_kP_{k+1}\times q_k$$
$$=\dfrac{1}{3}\cdot\dfrac{1}{2n}\sqrt{1-\left(\dfrac{k}{n}\right)^2-\left(1-\dfrac{k}{n}\right)^2}$$
$$=\dfrac{1}{6n}\sqrt{1-\left(\dfrac{k}{n}\right)^2-\left(1-\dfrac{k}{n}\right)^2}$$

よって

$$\lim_{n\to\infty}\sum_{k=0}^{n-1}V_k = \lim_{n\to\infty}\frac{1}{6n}\sum_{k=0}^{n-1}\sqrt{1-\left(\frac{k}{n}\right)^2-\left(1-\frac{k}{n}\right)^2}$$
$$=\frac{1}{6}\int_0^1\sqrt{1-x^2-(1-x)^2}\,dx$$
$$=\frac{\sqrt{2}}{6}\int_0^1\sqrt{-x^2+x}\,dx \quad \cdots ①$$

①において，

$$\int_0^1\sqrt{-x^2+x}\,dx = \int_0^1\sqrt{-\left(x-\frac{1}{2}\right)^2+\left(\frac{1}{2}\right)^2}\,dx \quad \cdots ②$$

と変形できることから，

$$\int_0^1\sqrt{-x^2+x}\,dx = (右図の斜線部の半円の面積)$$
$$=\frac{1}{2}\cdot\left(\frac{1}{2}\right)^2\pi = \frac{\pi}{8}$$

①に代入して，

$$\lim_{n\to\infty}\sum_{k=0}^{n-1}V_k = \frac{\sqrt{2}}{48}\pi$$

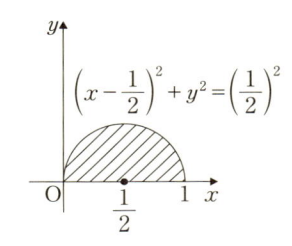

解答 2

（②まで同様）

$\left(x-\dfrac{1}{2}\right) = \dfrac{1}{2}\sin\theta$ とすると，

$$\int_0^1\sqrt{-x^2+x}\,dx = \int_0^1\sqrt{-\left(x-\frac{1}{2}\right)^2+\left(\frac{1}{2}\right)^2}\,dx$$
$$=\int_0^1\sqrt{-\frac{1}{4}\sin^2\theta+\left(\frac{1}{2}\right)^2}\,dx$$
$$=\int_{-\frac{\pi}{2}}^{\frac{\pi}{2}}\frac{1}{2}\cos\theta\cdot\frac{1}{2}\cos\theta\,d\theta = \int_{-\frac{\pi}{2}}^{\frac{\pi}{2}}\frac{1}{4}\cos^2\theta\,d\theta$$
$$=2\int_0^{\frac{\pi}{2}}\frac{1}{4}\cdot\frac{1+\cos 2\theta}{2}\,d\theta = \frac{1}{4}\left[\theta+\frac{1}{2}\sin 2\theta\right]_0^{\frac{\pi}{2}} = \frac{\pi}{8}$$

x	0	$\to$	1
θ	$-\dfrac{\pi}{2}$	$\to$	$\dfrac{\pi}{2}$

$$\frac{dx}{d\theta} = \frac{1}{2}\cos\theta$$

（以下同様）

分析

* 一般に，部分和を n の式で表現することが出来ない無限級数の問題は，
  - 評価（不等式）を用いて，はさみうちの原理
  - $\dfrac{1}{n}\sum_{k=0}^{n-1}f\left(\dfrac{k}{n}\right)$ の形を作って，区分求積法

などが有効な解法となる．

99 体積の極限②

a を正の実数とし,空間内の2つの円板
$$D_1 = \{(x, y, z) \mid x^2 + y^2 \leq 1, z = a\},$$
$$D_2 = \{(x, y, z) \mid x^2 + y^2 \leq 1, z = -a\}$$
を考える. D_1 を y 軸の周りに 180°回転して D_2 に重ねる.ただし回転は z 軸の正の部分を x 軸の正の方向に傾ける向きとする.この回転の間に D_1 が通る部分を E とする. E の体積を $V(a)$ とし, E と $\{(x, y, z) \mid x \geq 0\}$ との共通部分の体積を $W(a)$ とする.

(1) $W(a)$ を求めよ.
(2) $\lim_{a \to \infty} V(a)$ を求めよ.

(2009年 理科)

ポイント

・円板を 180°回転 ⇨ 回す前に切った「線分」を回転させて考える.
・線分を回転 ⇨ 軸からの最近点までを内径,最遠点までを外径とする"ドーナツ"を描く.
・円周と弦で囲まれる面積 ⇨ 一般に,有名角などに助けられない限り,面積が求めにくいので「評価」の有用性を考える.

解答1

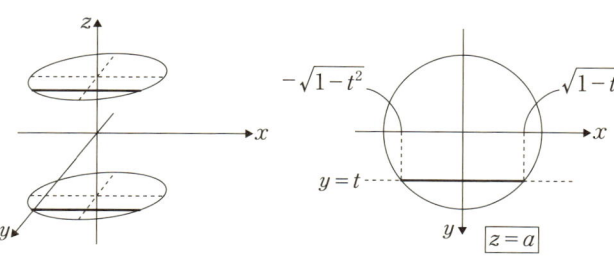

(1) D_1 を平面 $y = t$ ($-1 \leq t \leq 1$) で切った断面は
　　線分 $z = a$, $-\sqrt{1-t^2} \leq t \leq \sqrt{1-t^2}$
$P(0, t, 0)$, $Q(-\sqrt{1-t^2}, t, a)$, $R(0, t, a)$ とする.
E の $x \geq 0$ の部分の平面 $y = t$ ($-1 \leq t \leq 1$) における断面は右図の斜線部.
外径は PQ,内径は PR であるから,
$$W(a) = \int_{-1}^{1} \frac{1}{2} \pi (PQ^2 - PR^2) dt$$
$$= 2\int_{0}^{1} \frac{\pi}{2}(1-t^2) dt = \pi \int_{0}^{1}(1-t^2) dt = \pi \left[t - \frac{1}{3}t^3\right]_0^1 = \frac{2}{3}\pi$$

(2) E の $x \leq 0$ の部分を F とし，F の体積を $U(a)$ とする．F を平面 $y = t$（$-1 \leq t \leq 1$）で切ったときの断面は右図の斜線部．斜線部の面積を $S(t)$ とおく．$S(0, t, \sqrt{1-t^2+a^2})$，$T(-\sqrt{1-t^2}, t, \sqrt{1-t^2+a^2})$ とする．

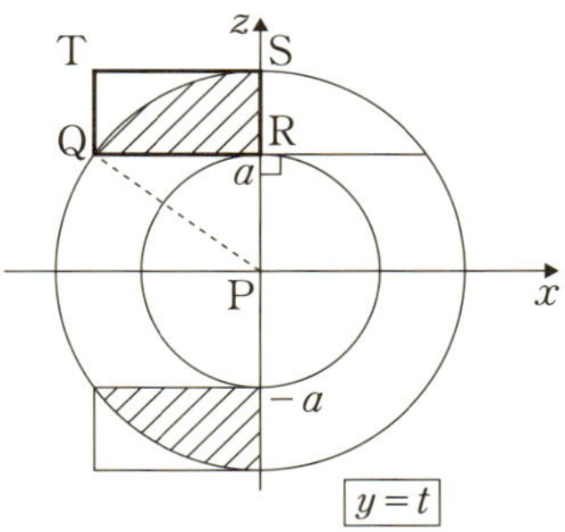

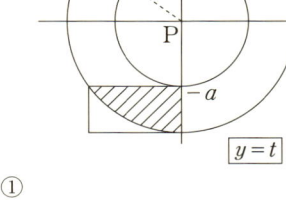

長方形 QRST の面積と比較して
$$\frac{1}{2}S(t) \leq QR \times RS = \sqrt{1-t^2}(\sqrt{1-t^2+a^2} - a)$$
$$\Leftrightarrow S(t) \leq \frac{2\sqrt{1-t^2}(1-t^2)}{\sqrt{1-t^2+a^2} + a} \leq \frac{1}{a}(1-t^2)^{\frac{3}{2}} \leq \frac{1}{a} \quad \cdots ①$$

$t = 0$ 以外で等号は成り立たないので，
$$0 < U(a) = \int_{-1}^{1} S(t)\,dt < \int_{-1}^{1} \frac{1}{a}\,dt = \frac{2}{a}$$

$\lim_{a \to \infty} \dfrac{2}{a} = 0$ であるから，はさみうちの原理により $\lim_{a \to \infty} U(a) = 0$

よって，$\lim_{a \to \infty} V(a) = \lim_{a \to \infty} \{W(a) + U(a)\} = \dfrac{2}{3}\pi + 0 = \dfrac{2}{3}\pi$

解答 2

扇形 $\overset{\frown}{PRU}$ を扇形 $\overset{\frown}{PSQ}$ から除いた部分の面積と比較して， 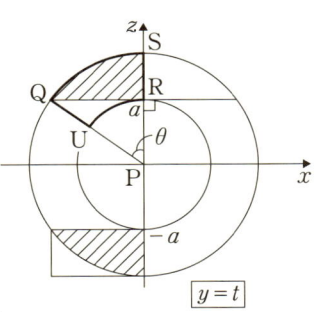
$$\frac{1}{2}S(t) \leq \frac{1}{2}\theta(1-t^2)$$

θ の最大値を λ とすると，$S(t) \leq \theta(1-t^2) \leq \lambda(1-t^2)$

$\theta = \lambda$ 以外で等号は成り立たないので，
$$0 < U(a) = \int_{-1}^{1} S(t)\,dt < \int_{-1}^{1} \lambda(1-t^2)\,dt = \frac{2}{3}\lambda \quad \cdots ②$$

$\cos\theta = \dfrac{a}{\sqrt{1+a^2-t^2}}$，$-1 \leq t \leq 1$ より，$\dfrac{a}{\sqrt{1+a^2}} \leq \cos\theta \leq 1$

よって，$\cos\lambda = \dfrac{a}{\sqrt{1+a^2}}$ であり，$\lim_{a \to \infty} \cos\lambda = 1$ であるから，$\lim_{a \to \infty} \lambda = 0$

②で，はさみうちの原理より $\lim_{a \to \infty} U(a) = 0$

よって，$\lim_{a \to \infty} V(a) = \lim_{a \to \infty} \{W(a) + U(a)\} = \dfrac{2}{3}\pi + 0 = \dfrac{2}{3}\pi$

分析

* a が十分に大きいとき "ドーナツ" がどんどん細くなることから，$U(a)$ が 0 に収束することは容易に想像ができる．解答作成前に大まかに捉えられるようにしておくとよい．

* ①で，$S(t) \leq \dfrac{2\sqrt{1-t^2}(1-t^2)}{\sqrt{1-t^2+a^2} + a} \leq \dfrac{1}{a}(1-t^2)^{\frac{3}{2}}$ で評価をとどめ，

  $\int_{-1}^{1}(1-t^2)^{\frac{3}{2}}\,dt$ は有限値なので，$\lim_{a \to \infty} \dfrac{1}{a}\int_{-1}^{1}(1-t^2)\,dt = 0$ としてはさみうちを考えてもよい．

100 2つの円錐の共通部分

難易度 □□□
時間 35分

座標空間において，xy 平面内で不等式 $|x|\leq 1$，$|y|\leq 1$ により定まる正方形 S の 4 つの頂点を $A(-1, 1, 0)$，$B(1, 1, 0)$，$C(1, -1, 0)$，$D(-1, -1, 0)$ とする．正方形 S を，直線 BD を軸として回転させてできる立体を V_1，直線 AC を軸として回転させてできる立体を V_2 とする．

(1) $0\leq t<1$ を満たす実数 t に対し，平面 $x=t$ による V_1 の切り口の面積を求めよ．

(2) V_1 と V_2 の共通部分の体積を求めよ．

(2013年　理科)

ポイント

- 2つ円錐を上下合わせた立体を斜めで切った断面
  ⇨ 2つの円錐の断面を考え合わせる．
- 断面をイメージしにくい図形
  ⇨ 境界となる面の方程式を求めて，方程式から形を考える．
- 円錐面の方程式 ⇨ 円錐面上の点を (x, y) として，内積の定義式から導く．（*）
- 共通部分は yz 平面に対称 ⇨ 対称性を利用して計算する．

解答

(1) 直角二等辺三角形 ABO を直線 BO を軸として回転させてできる円錐側面上の点を $P(x, y, z)$ とする．

円錐表面上の点 P は $\overrightarrow{BP}$ と $\overrightarrow{BO}$ のなす角が $45°$ の点であるから

$$\overrightarrow{BP}\cdot\overrightarrow{BO} = |\overrightarrow{BP}||\overrightarrow{BO}|\cos 45°$$

$\Leftrightarrow (1-x)+(1-y) = \sqrt{(x-1)^2+(y-1)^2+z^2}\times\sqrt{2}\times\dfrac{1}{\sqrt{2}}$

$\Leftrightarrow (1-x)+(1-y) = \sqrt{(x-1)^2+(y-1)^2+z^2}$ …①

$|x|\leq 1$，$|y|\leq 1$ であるから $(1-x)+(1-y)\geq 0$

①の両辺を2乗すると

$$\{(1-x)+(1-y)\}^2 = (x-1)^2+(y-1)^2+z^2$$

$\Leftrightarrow 2(1-x)(1-y) = z^2$

$1-x\neq 0$ より，

$$y = 1-\dfrac{z^2}{2(1-x)} \quad \text{…②} \qquad \leftarrow \text{円錐の方程式}$$

これの平面 $x=t$ による切り口は $y=1-\dfrac{z^2}{2(1-t)}$ （$-t\leq y\leq 1$）

220

同様に，二等辺三角形 ADO を直線 DO を軸として回転させてできる円錐の方程式は，②の $x \to -x$, $y \to -y$ と書き換えて

$$y = -1 + \frac{z^2}{2(1+x)} \quad \leftarrow \text{円錐の方程式}$$

これの平面 $x=t$ による切り口は

$$y = -1 + \frac{z^2}{2(1+t)} \quad (-1 \leq y \leq -t)$$

以上から，平面 $x=t$ による V_1 の断面は，

$$C_1 : y = 1 - \frac{z^2}{2(1-t)}, \quad C_2 : y = -1 + \frac{z^2}{2(1+t)}$$

で囲まれた図形.

この図形は y 軸に関して対称であるから，求める面積は

$$2\int_0^{\sqrt{2(1-t^2)}} \left[1 - \frac{z^2}{2(1-t)} - \left\{ -1 + \frac{z^2}{2(1+t)} \right\} \right] dz$$
$$= 2\int_0^{\sqrt{2(1-t^2)}} \left(2 - \frac{z^2}{1-t^2} \right) dz$$
$$= 2\left[2z - \frac{z^3}{3(1-t^2)} \right]_0^{\sqrt{2(1-t^2)}} = \frac{8}{3}\sqrt{2(1-t^2)}$$

(2) V_1 と V_2 は yz 平面に関して対称であるから，(1) から，V_1 と V_2 の共通部分の $x=t$ による断面は右図斜線部. y 軸対称，z 軸対称であるから，斜線部の面積 S は

$$S = 4\int_0^{\sqrt{2(1-t)}} \left\{ 1 - \frac{z^2}{2(1-t)} \right\} dz = 4\left[z - \frac{z^3}{6(1-t)} \right]_0^{\sqrt{2(1-t)}}$$
$$= 4\left\{ \sqrt{2(1-t)} - \frac{2(1-t)\sqrt{2(1-t)}}{6(1-t)} \right\}$$
$$= \frac{8}{3}\sqrt{2(1-t)}$$

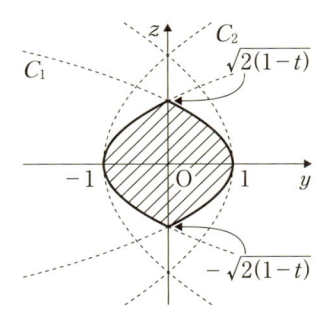

求める体積は

$$2\int_0^1 \frac{8}{3}\sqrt{2(1-t)}\, dt = \frac{16}{3}\sqrt{2}\left[-\frac{2}{3}(1-t)^{\frac{3}{2}} \right]_0^1 = \frac{32}{9}\sqrt{2}$$

分析

* 一般に，原点中心，半径 r の円を底面とし，頂点が $(0, 0, k)$ の直円錐面の方程式は，

$$k^2(x^2 + y^2) = r^2(z-k)^2$$

となる．（解答と同様に内積から導ける）

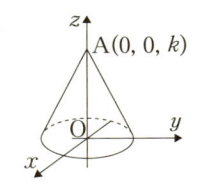

100 2つの円錐の共通部分

§7 積分法　解説

傾向・対策

　「積分法」分野は，東大の数学入試（理科）においては，最大の砦だと言えます．教科書の単元では「微分法と積分法（数Ⅱ）」「積分法（数Ⅲ）」「積分法の応用（数Ⅲ）」に対応しますが，微分法全般の完全理解は不可欠ですし，図形全般の感覚も当然必要となります．東大の数学入試（理科）において，この分野からは必ず重厚で高級な問題が出題され，完答できると合格が大幅に近づくような大きな意味を持つものも多いのも事実です．

　具体的には，「定積分の評価（不等式）」「面積」「体積」がよく出題されます．「定積分の評価（不等式）」は，評価された式（不等式）の証明を要求されることが多く，その際に図形的な解釈が有効となることが度々あります．その中でも，面積の大小に注目する問題は定番ともいえます．また，「面積」「体積」は超頻出分野であり，「面積」に関しては，グラフで囲まれる部分の面積を問われます．「体積」に関しては，回転体や非回転体の体積が問われます．特に回転体は，線分，平面，立が回転してできる立体の体積，非回転体は，立体同士が互いに貫通する部分（相貫体）や，図に描きにくい図形など，全体像がイメージしにくいものも題材となります．

　対策は，それぞれに次のようになります．「定積分の評価（不等式）」は，題意を正確に読み取ると同時に，日頃から数式を図形的に捉える力を養っておく必要があります．「面積」は，グラフを正確に描いて，定積分の計算を確実に実行する力が要求され，「体積」は回転体・非回転体問わず，定積分の計算に置換積分を行うことが多いので，十分な計算処理能力もつけておきたいところです．基本的に，「体積」は「断面で切って，断面積を積分」という手法をとるのですが，「どの面（どの軸に垂直な面）で切るのか」の吟味が必要となります．このように重厚な「積分法」分野こそ，その出題性質を逆手に取って，集中的に過去問研究をするべき分野だと言えます．微積分の総合力を要求される良問が多いので，ある程度実力がついてきた受験生は，この分野の問題の演習と研究を通して，「典型解法力・処理能力・数学的発想力」が効率よく獲得できることでしょう．

学習のポイント

　　　　　　　　・数式を図形的意味で把握する力．

　　　　　　　　・置換積分・部分積分をスムーズに操る能力．

　　　　　　　　・グラフで囲まれる領域の面積を求める力をつける．

　　　　　　　　・回転体の体積を求める力をつける．

　　　　　　　　・非回転体の体積を求める力をつける．

松田 聡平 （まつだ そうへい）

東進ハイスクール東大特進コース，河合塾 数学講師．
（株）建築と数理　代表取締役社長．
京都市生まれ．東京大学大学院工学系研究科博士課程満期．
毎年，全国数万人の受験生を対象に，基礎レベルから東大レベルまでを担当する．
特に，東大特進コース等の上位層から「射程の長い本質的な数学」は高い評価を得ている．
教育コンサルタント，イラストレーターとしても活躍．
著書の『松田の数学ⅠAⅡB典型問題 Type100』（東進ブックス）は，受験生必携の書．

本書へのご意見、ご感想は、以下のあて先で、書面またはFAXにてお受け
いたします。電話でのお問い合わせにはお答えいたしかねますので、あらか
じめご了承ください。

〒162-0846　東京都新宿区市谷左内町21-13
株式会社技術評論社　書籍編集部
『東大理系数学　系統と分析』係
FAX：03-3267-2271

東大理系数学　系統と分析

2016年6月25日　　初　版　第1刷発行

著　者　　松田　聡平
発行者　　片岡　巌
発行所　　株式会社技術評論社
　　　　　東京都新宿区市谷左内町21-13
　　　　　電話　03-3513-6150　販売促進部
　　　　　　　　03-3267-2270　書籍編集部
印刷／製本　株式会社　加藤文明社

定価はカバーに表示してあります。

本書の一部または全部を著作権法の定める範囲を超
え、無断で複写、複製、転載、テープ化、ファイル
に落とすことを禁じます。
©2016　（株）建築と数理

造本には細心の注意を払っておりますが、万一、
乱丁（ページの乱れ）や落丁（ページの抜け）が
ございましたら、小社販売促進部までお送りくだ
さい。送料小社負担にてお取り替えいたします。

●装丁　下野ツヨシ（ツヨシ＊グラフィックス）
●本文デザイン、DTP　株式会社 RUHIA

ISBN978-4-7741-7804-2　C7041

Printed in Japan

東大理系数学 系統と分析

別冊

思考力を養う 100問

問題抜粋

本書で取り上げた100問の問題のみを掲載しています．実際の試験をイメージしてお役立てください．

技術評論社

§1 方程式・不等式・関数

1

難易度 ■■□□□　**時間** 20分

a, b, c, d を正の数とする．不等式 $\begin{cases} s(1-a)-tb>0 \\ -sc+t(1-d)>0 \end{cases}$ を同時に満たす正の数 s, t があるとき，2次方程式 $x^2-(a+d)x+(ad-bc)=0$ は $-1<x<1$ の範囲に異なる2つの実数解をもつことを示せ．　　　　（1996年　文理共通）

2

難易度 ■■■□□　**時間** 25分

0以上の実数 s, t が $s^2+t^2=1$ を満たしながら動くとき，
方程式 $x^4-2(s+t)x^2+(s-t)^2=0$ の解のとる値の範囲を求めよ．

（2005年　文科）

3

難易度 ■□□□□　**時間** 5分

2つの放物線 $y=2\sqrt{3}(x-\cos\theta)^2+\sin\theta$，$y=-2\sqrt{3}(x+\cos\theta)^2-\sin\theta$ が相異なる2点で交わるような一般角 θ の範囲を求めよ．　　　　（2002年　理科）

4

難易度 ■■□□□　**時間** 15分

(1)　一般角 θ に対して $\sin\theta$，$\cos\theta$ の定義を述べよ．
(2)　(1)で述べた定義にもとづき，一般角 α, β に対して
$$\sin(\alpha+\beta)=\sin\alpha\cos\beta+\cos\alpha\sin\beta,$$
$$\cos(\alpha+\beta)=\cos\alpha\cos\beta-\sin\alpha\sin\beta$$
を証明せよ．　　　　（1999年　文理共通）

5

難易度 ■■□□□　**時間** 25分

xy 平面内の領域 $-1\leqq x\leqq 1$，$-1\leqq y\leqq 1$ において $1-ax-by-axy$ の最小値が正となるような定数 a, b を座標とする点 (a, b) の範囲を図示せよ．　　　　（2000年　文科）

6

難易度 ■■□□□
時間 25分

3辺の長さが a と b と c の直方体を，長さが b の1辺を回転軸として $90°$ 回転させるとき，直方体が通過する点全体が作る立体を V とする．
(1) V の体積を a, b, c を用いて表せ．
(2) $a+b+c=1$ のとき，V の体積のとりうる値の範囲を求めよ．（2010年　理科）

7

難易度 ■■■□□
時間 15分

すべての正の実数 x, y に対し $\sqrt{x}+\sqrt{y} \leqq k\sqrt{2x+y}$ が成り立つような実数 k の最小値を求めよ．　　　　　　　　　　　　　　　　　　　　　　（1995年　文理共通）

8

難易度 ■■■□□
時間 20分

n を正の整数，a を実数とする．すべての整数 m に対して $m^2-(a-1)m+\dfrac{n^2}{2n+1}a>0$ が成り立つような a の値の範囲を n を用いて表せ．　　　　　　　（1997年　理科）

9

難易度 ■■■■□
時間 30分

(1) x は $0°\leqq x\leqq 90°$ を満たす角とする．
$$\begin{cases}\sin y=|\sin 4x| \\ \cos y=|\cos 4x| \\ 0°\leqq y\leqq 90°\end{cases}$$
となる y を x で表し，そのグラフを xy 平面上に図示せよ．
(2) α は $0°\leqq\alpha\leqq 90°$ を満たす角とする．$0°\leqq\theta_n\leqq 90°$ を満たす角 $\theta_n,\ n=1,\ 2,\ \cdots\cdots$ を
$$\begin{cases}\theta_1=\alpha \\ \sin\theta_{n+1}=|\sin 4\theta_n| \\ \cos\theta_{n+1}=|\cos 4\theta_n|\end{cases}$$
で定める．k を2以上の整数として，$\theta_k=0°$ となる α の個数を k で表せ．
　　　　　　　　　　　　　　　　　　　　　　　　　　　　　　　　　（1998年　文科）

§2 整数・数列

10

Nは自然数，nはNの正の約数とする．
$$f(n) = n + \frac{N}{n}$$
とするとき，次の各Nに対して$f(n)$の最小値を求めよ．
(1) $N = 2^k$（kは正の整数）
(2) $N = 7!$

（1995 年　理科）

11

3 以上 9999 以下の奇数aで，$a^2 - a$ が 10000 で割り切れるものをすべて求めよ．

（2005 年　文理共通）

12

$\dfrac{10^{210}}{10^{10}+3}$ の整数部分の桁数と，一の位の数字を求めよ．ただし，$3^{21} = 10460353203$ を用いてもよい．

（1989 年　理科）

13

nを 2 以上の整数とする．自然数（1 以上の整数）のn乗になる数をn乗数とよぶことにする．
(1) 連続する 2 個の自然数の積はn乗数でないことを示せ．
(2) 連続するn個の自然数の積はn乗数でないことを示せ．

（2012 年　理科）

14

自然数 $m \geq 2$ に対し，$m-1$ 個の二項係数 $_m\mathrm{C}_1$, $_m\mathrm{C}_2$, ……, $_m\mathrm{C}_{m-1}$ を考え，これらすべての最大公約数を d_m とする．すなわち d_m はこれらすべてを割り切る最大の自然数である．

(1) m が素数ならば，$d_m = m$ であることを示せ．

(2) すべての自然数 k に対し，$k^m - k$ が d_m で割り切れることを，k に関する数学的帰納法によって示せ．

(2009 年　文科)

15

m を 2015 以下の正の整数とする．$_{2015}\mathrm{C}_m$ が偶数となる最小の m を求めよ．

(2015 年　理科)

16

(1) k を自然数とする．m を $m = 2^k$ とおくとき，$0 < n < m$ を満たすすべての整数 n について，二項係数 $_m\mathrm{C}_n$ は偶数であることを示せ．

(2) 次の条件を満たす自然数 m をすべて求めよ．
　条件：$0 \leq n \leq m$ を満たすすべての整数 n について，二項係数 $_m\mathrm{C}_n$ は奇数である．

(1999 年　理科)

17

整数からなる数列 $\{a_n\}$ を漸化式
$$\begin{cases} a_1 = 1, \ a_2 = 3 \\ a_{n+2} = 3a_{n+1} - 7a_n \quad (n = 1, 2, \cdots) \end{cases}$$
によって定める．

(1) a_n が偶数となることと，n が 3 の倍数となることは同値であることを示せ．

(2) a_n が 10 の倍数となるための n の条件を求めよ．

(1993 年　理科)

18

自然数 n に対し，$\dfrac{10^n-1}{9} = \overset{n個}{\overline{111\cdots111}}$ を $\boxed{n}$ で表す．例えば $\boxed{1}=1$, $\boxed{2}=11$, $\boxed{3}=111$ である．

(1) m を 0 以上の整数とする．$\boxed{3^m}$ は 3^m で割り切れるが，3^{m+1} では割り切れないことを示せ．

(2) n が 27 で割り切れることが，$\boxed{n}$ が 27 で割り切れるための必要十分条件であることを示せ．

(2008 年　理科)

19

n を正の整数とする．連立不等式 $\begin{cases} x+y+z \leqq n \\ -x+y-z \leqq n \\ x-y-z \leqq n \\ -x-y+z \leqq n \end{cases}$ を満たす xyz 空間の点 $\mathrm{P}(x, y, z)$ で，x, y, z がすべて整数であるものの個数を $f(n)$ とおく．極限 $\displaystyle\lim_{n\to\infty} \dfrac{f(n)}{n^3}$ を求めよ．

(1998 年　理科)

20

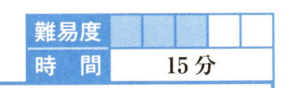

n は正の整数とする．x^{n+1} を x^2-x-1 で割った余りを $a_n x + b_n$ とおく．

(1) 数列 a_n, b_n ($n=1, 2, 3, \cdots\cdots$) は $\begin{cases} a_{n+1} = a_n + b_n \\ b_{n+1} = a_n \end{cases}$ を満たすことを示せ．

(2) $n=1, 2, 3, \cdots\cdots$ に対して，a_n, b_n はともに正の整数で，互いに素であることを証明せよ．

(2002 年　文理共通)

21

$a = \sin^2 \dfrac{\pi}{5}$, $b = \sin^2 \dfrac{2\pi}{5}$ とおく．このとき，以下のことが成り立つことを示せ．

(1) $a+b$ および ab は有理数である．

(2) 任意の自然数 n に対し $(a^{-n}+b^{-n})(a+b)^n$ は整数である． (1994年　理科)

22

a, b は実数で $a^2+b^2=16$, $a^3+b^3=44$ を満たしている．

(1) $a+b$ の値を求めよ．

(2) n を 2 以上の整数とするとき，a^n+b^n は 4 で割り切れる整数であることを示せ．

(1997年　文科)

23

2次方程式 $x^2-4x-1=0$ の 2 つの実数解のうち大きいものを α，小さいものを β とする．$n=1$, 2, 3, $\cdots\cdots$ に対し，$s_n=\alpha^n+\beta^n$ とおく．

(1) s_1, s_2, s_3 を求めよ．また，$n \geq 3$ に対し，s_n を s_{n-1} と s_{n-2} で表せ．

(2) β^3 以下の最大の整数を求めよ．

(3) α^{2003} 以下の最大の整数の一の位の数を求めよ． (2003年　理科)

24

容量1リットルの m 個のビーカー(ガラス容器)に水が入っている.$m \geq 4$ で空のビーカーはない.入っている水の総量は1リットルである.また,x リットルの水が入っているビーカーがただ一つあり,その他のビーカーには x リットル未満の水しか入っていない.このとき,水の入っているビーカーが2個になるまで,次の(a)から(c)までの操作を,順に繰り返し行う.

(a) 入っている水の量が最も少ないビーカーを一つ選ぶ.

(b) 更に,残りのビーカーの中から,入っている水の量が最も少ないものを一つ選ぶ.

(c) 次に,(a)で選んだビーカーの水を(b)で選んだビーカーにすべて移し,空になったビーカーを取り除く.

この操作の過程で,入っている水の量が最も少ないビーカーの選び方が一通りに決まらないときは,そのうちのいずれも選ばれる可能性があるものとする.

(1) $x < \dfrac{1}{3}$ のとき,最初に x リットルの水の入っていたビーカーは,操作の途中で空になって取り除かれるか,または最後まで残って水の量が増えていることを証明せよ.

(2) $x > \dfrac{2}{5}$ のとき,最初に x リットルの水の入っていたビーカーは,最後まで x リットルの水が入ったままで残ることを証明せよ.

(2001年 理科)

§3 場合の数・確率

25

難易度 □□□
時間 10分

白石 180 個と黒石 181 個の合わせて 361 個の碁（ご）石が横に 1 列に並んでいる．碁石がどのように並んでいても，次の条件を満たす黒の碁石が少なくとも 1 つあることを示せ．

> その黒の碁石とそれより右にある碁石をすべて除くと，残りは白石と黒石が同数となる．ただし，碁石が 1 つも残らない場合も同数とみなす． （2001 年　文科）

26

難易度 □□□
時間 25分

N を正の整数とする．$2N$ 個の項からなる数列
$$\{a_1, a_2, \ldots, a_N, b_1, b_2, \ldots, b_N\}$$
を
$$\{b_1, a_1, b_2, a_2, \ldots, b_N, a_N\}$$
という数列に並べ替える操作を「シャッフル」と呼ぶことにする．並べ替えた数列は b_1 を初項とし，b_i の次に a_i，a_i の次に b_{i+1} が来るようなものになる．また，数列 $\{1, 2, \cdots, 2N\}$ をシャッフルしたときに得られる数列において，数 k が現れる位置を $f(k)$ で表す．

例えば，$N=3$ のとき，$\{1, 2, 3, 4, 5, 6\}$ をシャッフルすると $\{4, 1, 5, 2, 6, 3\}$ となるので，$f(1)=2$, $f(2)=4$, $f(3)=6$, $f(4)=1$, $f(5)=3$, $f(6)=5$ である．

(1) 数列 $\{1, 2, 3, 4, 5, 6, 7, 8\}$ を 3 回シャッフルしたときに得られる数列を求めよ．
(2) $1 \leq k \leq 2N$ を満たす任意の整数 k に対し，$f(k)-2k$ は $2N+1$ で割り切れることを示せ．
(3) n を正の整数とし，$N=2^{n-1}$ のときを考える．数列 $\{1, 2, 3, \ldots, 2N\}$ を $2n$ 回シャッフルすると，$\{1, 2, 3, \ldots, 2N\}$ に戻ることを証明せよ． （2002 年　理科）

27

難易度 ■■□□
時間 30分

n を正の整数とし，n 個のボールを 3 つの箱に分けて入れる問題を考える．ただし，1 個のボールも入らない箱があってもよいものとする．次に述べる 4 つの場合について，それぞれ相異なる入れ方の総数を求めたい．

(1) 1 から n まで異なる番号のついた n 個のボールを，A，B，C と区別された 3 つの箱に入れる場合，その入れ方は全部で何通りあるか．

(2) 互いに区別のつかない n 個のボールを，A，B，C と区別された 3 つの箱に入れる場合，その入れ方は全部で何通りあるか．

(3) 1 から n まで異なる番号のついた n 個のボールを，区別のつかない 3 つの箱に入れる場合，その入れ方は全部で何通りあるか．

(4) n が 6 の倍数 $6m$ であるとき，n 個の互いに区別のつかないボールを，区別のつかない 3 つの箱に入れる場合，その入れ方は全部で何通りあるか．

(1996 年　理科)

28

難易度 ■■■□
時間 15分

3 個の赤玉と n 個の白玉を無作為に環状に並べるものとする．このとき白玉が連続して $k+1$ 個以上並んだ箇所が現れない確率を求めよ．ただし，$\frac{n}{3} \leqq k < \frac{n}{2}$ とする．

(1989 年　理科)

29

難易度 ■■□□
時間 15分

2 辺の長さが 1 と 2 の長方形と，1 辺の長さが 2 の正方形の 2 種類のタイルがある．縦 2，横 n の長方形の部屋をこれらのタイルで過不足なく敷きつめることを考える．そのような並べ方の総数を A_n で表す．たとえば，$A_1 = 1$, $A_2 = 3$, $A_3 = 5$ である．このとき以下の問に答えよ．

(1) $n \geqq 3$ のとき，A_n を A_{n-1}，A_{n-2} を用いて表せ．

(2) A_n を n で表せ．

(1995 年　理科)

30

さいころを n 回振り，第 1 回目から第 n 回目までに出たさいころの目の数 n 個の積を X_n とする．

(1) X_n が 5 で割り切れる確率を求めよ．

(2) X_n が 4 で割り切れる確率を求めよ．

(3) X_n が 20 で割り切れる確率を p_n とおく．$\displaystyle\lim_{n\to\infty}\frac{1}{n}\log(1-p_n)$ を求めよ．

注意：さいころは 1 から 6 までの目が等確率で出るものとする． (2003 年　理科)

31

大量のカードがあり，各々のカードに 1, 2, 3, 4, 5, 6 の数字のいずれかの 1 つが書かれている．これらのカードから無作為に 1 枚をひくとき，どの数字のカードをひく確率も正である．さらに，3 の数字のカードをひく確率は p であり，1, 2, 5, 6 の数字のカードをひく確率はそれぞれ q に等しいとする．

これらのカードから 1 枚をひき，その数字 a を記録し，このカードをもとに戻して，もう 1 枚ひき，その数字を b とする．このとき，$a+b \leq 4$ となる事象を A，$a<b$ となる事象を B とし，それぞれのおこる確率を $P(A)$, $P(B)$ と書く．

(1) $E=2P(A)+P(B)$ とおくとき，E を p, q で表せ．

(2) $\dfrac{1}{p}$ と $\dfrac{1}{q}$ がともに自然数であるとき，E の値を最大にするような p, q を求めよ．

(1994 年　理科)

32

スイッチを1回押すごとに，赤，青，黄，白のいずれかの色の玉が1個，等確率 $\frac{1}{4}$ で出てくる機械がある．2つの箱LとRを用意する．次の3種類の操作を考える．

(A) 1回スイッチを押し，出てきた玉をLに入れる．

(B) 1回スイッチを押し，出てきた玉をRに入れる．

(C) 1回スイッチを押し，出てきた玉と同じ色の玉が，Lになければその玉をLに入れ，Lにあればその玉をRに入れる．

(1) LとRは空であるとする．操作(A)を5回行い，さらに操作(B)を5回行う．このときLにもRにも4色すべての玉が入っている確率 P_1 を求めよ．

(2) LとRは空であるとする．操作(C)を5回行う．このときLに4色すべての玉が入っている確率 P_2 を求めよ．

(3) LとRは空であるとする．操作(C)を10回行う．このときLにもRにも4色すべての玉が入っている確率を P_3 とする．$\dfrac{P_3}{P_1}$ を求めよ．

(2009年　文理共通)

33

コンピュータの画面に，記号○と×のいずれかを表示させる操作を繰り返し行う．このとき，各操作で，直前の記号と同じ記号を続けて表示する確率は，それまでの経過に関係なく，p であるとする．最初に，コンピュータの画面に記号×が表示された．操作を繰り返し行い，記号×が最初のものも含めて3個出るよりも前に，記号○が n 個出る確率を P_n とする．ただし，記号○が n 個出た段階で操作は終了する．

(1) P_2 を p で表せ． (2) $n \geq 3$ のとき，P_n を p と n で表せ．

(2006年　文理共通)

34

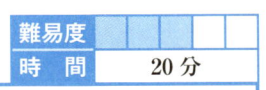

A，B，Cの3つのチームが参加する野球の大会を開催する．以下の方式で試合を行い，2連勝したチームが出た時点で，そのチームを優勝チームとして大会は終了する．

(a) 1試合目でAとBが対戦する．
(b) 2試合目で，1試合目の勝者と，1試合目で待機していたCが対戦する．
(c) k試合目で優勝チームが決まらない場合は，k試合目の勝者とk試合目で待機していたチームが$k+1$試合目で対戦する．ここでkは2以上の整数とする．

なお，すべての対戦において，それぞれのチームが勝つ確率は $\frac{1}{2}$ で，引き分けはないものとする．

(1) nを2以上の整数とする．ちょうどn試合目でAが優勝する確率を求めよ．
(2) mを正の整数とする．総試合数が$3m$回以下でAが優勝したときの，Aの最後の対戦相手がBである条件付き確率を求めよ． (2016年　理科)

35

Nを1以上の整数とする．数字1，2，……，Nが書かれたカードを1枚ずつ，計N枚用意し，甲，乙の2人が次の手順でゲームを行う．

(ⅰ) 甲が1枚カードを引く．そのカードに書かれた数をaとする．引いたカードはもとに戻す．
(ⅱ) 甲はもう1回カードを引くかどうかを選択する．引いた場合は，そのカードに書かれた数をbとする．引いたカードはもとに戻す．引かなかった場合は，$b=0$とする．$a+b>N$の場合は乙の勝ちとし，ゲームは終了する．
(ⅲ) $a+b \leqq N$の場合は，乙が1枚カードを引く．そのカードに書かれた数をcとする．引いたカードはもとに戻す．$a+b<c$の場合は乙の勝ちとし，ゲームは終了する．
(ⅳ) $a+b \geqq c$の場合は，乙はもう1回カードを引く．そのカードに書かれた数をdとする．$a+b<c+d \leqq N$の場合は乙の勝ちとし，それ以外の場合は甲の勝ちとする．

(ⅱ)の段階で，甲にとってどちらの選択が有利であるかを，aの値に応じて考える．以下の問いに答えよ．

(1) 甲が2回目にカードを引かないことにしたとき，甲の勝つ確率をaを用いて表せ．
(2) 甲が2回目にカードを引くことにしたとき，甲の勝つ確率をaを用いて表せ．ただし，各カードが引かれる確率は等しいものとする． (2005年　文理共通)

36

平面上に正 4 面体が置いてある．平面と接している面の 3 辺の 1 つを任意に選び，これを軸として正 4 面体を倒す．n 回の操作の後に，最初に平面と接していた面が再び平面と接する確率を求めよ．

(1991 年　理科)

37

図のように，正三角形を 9 つの部屋に辺で区切り，部屋 P, Q を定める．1 つの球が部屋 P を出発し，1 秒ごとに，そのままその部屋にとどまることなく，辺を共有する隣の部屋に等確率で移動する．球が n 秒後に部屋 Q にある確率を求めよ．

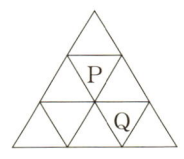

(2012 年　文理共通)

38

投げたとき表と裏の出る確率がそれぞれ $\frac{1}{2}$ のコインを 1 枚用意し，次のように左から順に文字を書く．コインを投げ，表が出たときは文字列 AA を書き，裏が出たときは文字 B を書く．更に繰り返しコインを投げ，同じ規則に従って，AA, B をすでにある文字列の右側につなげて書いていく．例えば，コインを 5 回投げ，その結果が順に表，裏，裏，表，裏であったとすると，得られる文字列は，AABBAAB となる．このとき，左から 4 番目の文字は B, 5 番目の文字は A である．

(1) n を正の整数とする．n 回コインを投げ，文字列を作るとき，文字列の左から n 番目の文字が A となる確率を求めよ．
(2) n を 2 以上の整数とする．n 回コインを投げ，文字列を作るとき，文字列の左から $n-1$ 番目の文字が A で，かつ n 番目の文字が B となる確率を求めよ．

(2015 年　文科)

39

2つの箱 L と R, ボール 30 個, コイン投げで表と裏が等確率 $\frac{1}{2}$ で出るコイン 1 枚を用意する. x を 0 以上 30 以下の整数とする. L に x 個, R に $30-x$ 個のボールを入れ, 次の操作(#)を繰り返す.

(#) 箱 L に入っているボールの個数を z とする. コインを投げ, 表が出れば箱 R から箱 L に, 裏が出れば箱 L から箱 R に, $K(z)$ 個のボールを移す. ただし, $0 \leqq z \leqq 15$ のとき $K(z) = z$, $16 \leqq z \leqq 30$ のとき $K(z) = 30 - z$ とする.

m 回の操作の後, 箱 L のボールの個数が 30 である確率を $P_m(x)$ とする.
例えば, $P_1(15) = P_2(15) = \frac{1}{2}$ となる.

(1) $m \geqq 2$ のとき, x に対してうまく y を選び, $P_m(x)$ を $P_{m-1}(y)$ で表せ.
(2) n を自然数とするとき, $P_{2n}(10)$ を求めよ.
(3) n を自然数とするとき, $P_{4n}(6)$ を求めよ.

(2010 年 理科)

§4　図形

40

難易度 ■■□□
時間 15分

平面上に2定点 A, B があり，線分 AB の長さ $\overline{AB}$ は $2(\sqrt{3}+1)$ である．この平面上を動く3点 P, Q, R があって，つねに

$$\begin{cases} \overline{AP} = \overline{PQ} = 2 \\ \overline{QR} = \overline{RB} = \sqrt{2} \end{cases}$$

なる長さを保ちながら動いている．このとき，点 Q が動きうる範囲を図示し，その面積を求めよ．

(1982年　文科)

41

難易度 ■■□□
時間 15分

円周率が 3.05 より大きいことを証明せよ．

(2003年　理科)

42

難易度 ■■■□
時間 15分

半径 r の球面上に4点 A, B, C, D がある．四面体 ABCD の各辺の長さは，$AB=\sqrt{3}$, $AC=AD=BC=BD=CD=2$ を満たしている．このとき r の値を求めよ．

(2001年　文理共通)

43

難易度 ■■■□
時間 25分

xyz 空間に3点 A(1, 0, 0), B(−1, 0, 0), C(0, $\sqrt{3}$, 0) をとる．△ABC を1つの面とし，$z \geq 0$ の部分に含まれる正四面体 ABCD をとる．更に △ABD を1つの面とし，点 C と異なる点 E をもう1つの頂点とする正四面体 ABDE をとる．
(1)　点 E の座標を求めよ．
(2)　正四面体 ABDE の $y \leq 0$ の部分の体積を求めよ．

(1998年　文科)

44

正4角錐 V に内接する球を S とする。V をいろいろ変えるとき，
$$R = \frac{S \text{の表面積}}{V \text{の表面積}}$$
のとりうる値のうち，最大のものを求めよ。
ここで正4角錐とは，底面が正方形で，底面の中心と頂点を結ぶ直線が底面に垂直であるような角錐のこととする。

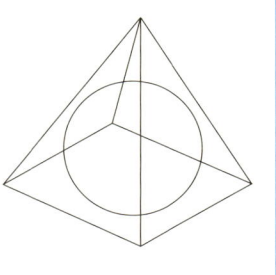

(1983年　理科)

45

空間内の点 O を中心とする1辺の長さが l の立方体の頂点を A_1, A_2, ……, A_8 とする。また，O を中心とする半径 r の球面を S とする。

(1)　S 上のすべての点から A_1, A_2, ……, A_8 のうち少なくとも1点が見えるための必要十分条件を l と r で表せ。

(2)　S 上のすべての点から A_1, A_2, ……, A_8 のうち少なくとも2点が見えるための必要十分条件を l と r で表せ。

ただし，S 上の点 P から A_k が見えるとは，A_k が S の外側にあり，線分 PA_k と S との共有点が P のみであることとする。

(1996年　理科)

46

次の連立不等式で定まる座標平面上の領域 D を考える。
$$x^2 + (y-1)^2 \leq 1, \quad x \geq \frac{\sqrt{2}}{3}$$
直線 l は原点を通り，D との共通部分が線分となるものとする。その線分の長さ L の最大値を求めよ。また，L が最大値をとるとき，x 軸と l のなす角 $\theta \left(0 < \theta < \frac{\pi}{2} \right)$ の余弦 $\cos\theta$ を求めよ。

(2012年　理科)

47

時間 15分

c を $c > \dfrac{1}{4}$ を満たす実数とする．xy 平面上の放物線 $y = x^2$ を A とし，直線 $y = x - c$ に関して A と対称な放物線を B とする．点 P が放物線 A 上を動き，点 Q が放物線 B 上を動くとき，線分 PQ の長さの最小値を c を用いて表せ．

(1999年　文科)

48

時間 20分

a, b を正の数とし，xy 平面の 2 点 $A(a, 0)$ および $B(0, b)$ を頂点とする正三角形を ABC とする．ただし，C は第 1 象限の点とする．

(1) 三角形 ABC が正方形 $D = \{(x, y) \mid 0 \leq x \leq 1, 0 \leq y \leq 1\}$ に含まれるような (a, b) の範囲を求めよ．

(2) (a, b) が (1) の範囲を動くとき，三角形 ABC の面積 S が最大となるような (a, b) を求めよ．また，そのときの S の値を求めよ．

(1997年　理科)

49

時間 20分

座標平面上の 1 点 $P\left(\dfrac{1}{2}, \dfrac{1}{4}\right)$ をとる．放物線 $y = x^2$ 上の 2 点 $Q(\alpha, \alpha^2)$, $R(\beta, \beta^2)$ を，3 点 P, Q, R が QR を底辺とする二等辺三角形をなすように動かすとき，$\triangle$PQR の重心 $G(X, Y)$ の軌跡を求めよ．

(2011年　文理共通)

50

時間 20分

座標平面上の 3 点 $A(1, 0)$, $B(-1, 0)$, $C(0, -1)$ に対し，$\angle APC = \angle BPC$ を満たす点 P の軌跡を求めよ．ただし $P \neq A, B, C$ とする．

(2008年　文科)

51

時間 20分

a, b を実数の定数とする．実数 x, y が $x^2 + y^2 \leq 25$, $2x + y \leq 5$ をともに満たすとき，$z = x^2 + y^2 - 2ax - 2by$ の最小値を求めよ．

(2013年　文科)

52

$0 \leq t \leq 1$ を満たす実数 t に対して，xy 平面上の点 A，B を
$A\left(\dfrac{2(t^2+t+1)}{3(t+1)}, -2\right)$, $B\left(\dfrac{2}{3}t, -2t\right)$ と定める．
t が $0 \leq t \leq 1$ を動くとき，直線 AB の通りうる範囲を図示せよ． (1997年 文科)

53

正の実数 a に対して，座標平面上で次の放物線を考える．
$$C: y = ax^2 + \dfrac{1-4a^2}{4a}$$
a が正の実数全体を動くとき，C の通過する領域を図示せよ． (2015年 理科)

54

$\triangle ABC$ において $\angle BAC = 90°$, $|\overrightarrow{AB}| = 1$, $|\overrightarrow{AC}| = \sqrt{3}$ とする．
$\triangle ABC$ の内部の点 P が $\dfrac{\overrightarrow{PA}}{|\overrightarrow{PA}|} + \dfrac{\overrightarrow{PB}}{|\overrightarrow{PB}|} + \dfrac{\overrightarrow{PC}}{|\overrightarrow{PC}|} = \vec{0}$ を満たすとする．
(1) $\angle APB$, $\angle APC$ を求めよ．
(2) $|\overrightarrow{PA}|$, $|\overrightarrow{PB}|$, $|\overrightarrow{PC}|$ を求めよ． (2013年 理科)

55

θ は $0 \leq \theta < 2\pi$ を満たす実数とする．xy 平面にベクトル
$$\vec{a} = (\cos\theta, \sin\theta), \quad \vec{b} = \left(\dfrac{\sqrt{3}}{2}, \dfrac{1}{2}\right)$$
をとり，点 P_n, Q_n, $n = 1, 2, \cdots\cdots$ を
$$\begin{cases} \overrightarrow{OP_1} = (1, 0) \\ \overrightarrow{OQ_n} = \overrightarrow{OP_n} - (\vec{a} \cdot \overrightarrow{OP_n})\vec{a} \\ \overrightarrow{OP_{n+1}} = 4\{\overrightarrow{OQ_n} - (\vec{b} \cdot \overrightarrow{OQ_n})\vec{b}\} \end{cases}$$
で定める．ただし，O は原点で，$\vec{a} \cdot \overrightarrow{OP_n}$ および $\vec{b} \cdot \overrightarrow{OQ_n}$ はベクトルの内積を表す．$\overrightarrow{OP_n} = (x_n, y_n)$ とおく．数列 $\{x_n\}$, $\{y_n\}$ がともに収束する θ の範囲を求めよ．更に，このような θ に対して，極限値 $\lim\limits_{n \to \infty} x_n$, $\lim\limits_{n \to \infty} y_n$ を求めよ． (1998年 理科)

56

r は $0<r<1$ をみたす実数とする．xyz 空間に原点 O(0, 0, 0) と 2 点 A(1, 0, 0)，B(0, 1, 0) をとる．

(1) xyz 空間の点 P で条件 $|\overrightarrow{PA}|=|\overrightarrow{PB}|=r|\overrightarrow{PO}|$ をみたすものが存在するような r の範囲を求めよ．

(2) 点 P が (1) の条件をみたして動くとき，内積 $\overrightarrow{PA}\cdot\overrightarrow{PB}$ の最大値，最小値を r の関数と考えてそれぞれ $M(r)$，$m(r)$ で表す．このとき，左からの極限
$$\lim_{r\to 1-0}(1-r)^2\{M(r)-m(r)\}$$
を求めよ．

(1997 年　理科)

57

z を複素数とする．複素数平面上の 3 点 A(1)，B(z)，C(z^2) が鋭角三角形をなすような z の範囲を求め，図示せよ．

(2016 年　理科)

58

O を原点とする複素数平面上で 6 を表す点を A，$7+7i$ を表す点を B とする．正の実数 t に対し，$\dfrac{14(t-3)}{(1-i)t-7}$ を表す点 P をとる．

(1) ∠APB を求めよ．

(2) 線分 OP の長さが最大になる t の値を求めよ．

(2003 年　理科)

59

複素数平面上の点 a_1, a_2, ……, a_n, …… を
$$\begin{cases} a_1=1,\ a_2=i, \\ a_{n+2}=a_{n+1}+a_n \quad (n=1,\ 2,\ \cdots\cdots) \end{cases}$$
により定め，$b_n=\dfrac{a_{n+1}}{a_n}$ ($n=1$, 2, ……) とおく．

(1) 3 点 b_1, b_2, b_3 を通る円 C の中心と半径を求めよ．

(2) すべての点 $b_n (n=1,\ 2,\ \cdots\cdots)$ は円 C の周上にあることを示せ．

(2001 年　理科)

§5 極限

60
難易度 ☐☐☐☐
時間 15分

数列 $\{a_n\}$ の項が $a_1=\sqrt{2}$, $a_{n+1}=\sqrt{2+a_n}$ ($n=1, 2, 3, \cdots\cdots$) によって与えられているものとする.

このとき $a_n=2\sin\theta_n$, $0<\theta_n<\dfrac{\pi}{2}$ を満たす θ_n を見いだせ. また $\lim_{n\to\infty}\theta_n$ を求めよ.

(1975年 理科)

61
難易度 ☐☐☐☐
時間 20分

$a_1=\dfrac{1}{2}$ とし, 数列 $\{a_n\}$ を漸化式 $a_{n+1}=\dfrac{a_n}{(1+a_n)^2}$ ($n=1, 2, 3, \cdots$) によって定める.

(1) $n=1, 2, 3, \cdots$ に対し $b_n=\dfrac{1}{a_n}$ とおく. $n>1$ のとき, $b_n>2n$ となることを示せ.

(2) $\lim_{n\to\infty}\dfrac{1}{n}(a_1+a_2+\cdots+a_n)$ を求めよ.

(3) $\lim_{n\to\infty}na_n$ を求めよ.

(2006年 理科)

62
難易度 ☐☐☐☐
時間 20分

複素数 z_n ($n=1, 2, \cdots\cdots$) を $z_1=1$, $z_{n+1}=(3+4i)z_n+1$ によって定める.

(1) すべての自然数 n について $\dfrac{3\times 5^{n-1}}{4}<|z_n|<\dfrac{5^n}{4}$ が成り立つことを示せ.

(2) 実数 $r>0$ に対して, $|z_n|\leqq r$ を満たす z_n の個数を $f(r)$ とおく. このとき, $\lim_{r\to +\infty}\dfrac{f(r)}{\log r}$ を求めよ.

(1999年 理科)

63

$n \geq 3$ とし,正 n 角すいの表面を,底面に含まれない n 個の辺で切り開いて得られる展開図を考える.正 n 角すいの頂点は,展開図においては,異なる n 個の点になっている.ここでは,これら n 個の点を通る円の半径が 1 であるような,正 n 角すいのみを考えることにする.

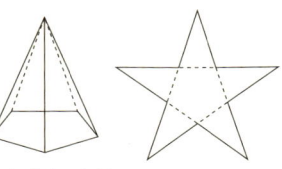

(1) 各 n に対して,このような正 n 角すいの体積の最大値 v_n を求めよ.
(2) $\lim_{n\to\infty} v_n$ を求めよ.

注.図は,$n=5$ の場合の,正 n 角すいとその展開図の例である. (1981 年　理科)

64

n を 2 以上の整数とする.平面上に $n+2$ 個の点 $O, P_0, P_1, \cdots\cdots, P_n$ があり,次の 2 つの条件を満たしている.

(A) 　$\angle P_{k-1}OP_k = \dfrac{\pi}{n}$ $(1 \leq k \leq n)$, $\angle OP_{k-1}P_k = \angle OP_0P_1$ $(2 \leq k \leq n)$

(B) 　線分 OP_0 の長さは 1,線分 OP_1 の長さは $1+\dfrac{1}{n}$ である.

線分 $P_{k-1}P_k$ の長さ a_k とし,$s_n = \sum_{k=1}^{n} a_k$ とおくとき,$\lim_{n\to\infty} s_n$ を求めよ.

(2007 年　理科)

65

関数 $f(x)$ を $f(x) = \dfrac{1}{2} x \{1 + e^{-2(x-1)}\}$ とする.ただし,e は自然対数の底である.

(1) $x > \dfrac{1}{2}$ ならば $0 \leq f'(x) < \dfrac{1}{2}$ であることを示せ.
(2) x_0 を正の数とするとき,数列 $\{x_n\}$ $(n=0, 1, \cdots\cdots)$ を,$x_{n+1} = f(x_n)$ によって定める.$x_0 > \dfrac{1}{2}$ であれば,$\lim_{n\to\infty} x_n = 1$ であることを示せ.

(2005 年　理科)

L を正定数とする.座標平面の x 軸上の正の部分にある点 P$(t, 0)$ に対し,原点 O を中心とし点 P を通る円周上を,P から出発して反時計回りに道のり L だけ進んだ点を Q$(u(t), v(t))$ と表す.

(1) $u(t)$,$v(t)$ を求めよ.

(2) $0<a<1$ の範囲の実数 a に対し,積分
$$f(a)=\int_a^1 \sqrt{\{u'(t)\}^2+\{v'(t)\}^2}\,dt$$
を求めよ.

(3) 極限 $\displaystyle\lim_{a\to +0}\frac{f(a)}{\log a}$ を求めよ.

(2011 年 理科)

§6 微分法

67

$a,\ b,\ c$ を整数，$p,\ q,\ r$ を $p<0<q<1<r<2$ を満たす実数とする．関数 $f(x)=x^4+ax^3+bx+c$ が次の条件（ⅰ）（ⅱ）を満たすように $a,\ b,\ c,\ p,\ q,\ r$ を定めよ．

（ⅰ） $f(x)=0$ は4個の異なる実数解をもつ．
（ⅱ） 関数 $f(x)$ は $x=p,\ q,\ r$ において極値をとる． (1990年　文科)

68

a は 0 でない実数とする．関数 $f(x)=(3x^2-4)\left(x-a+\dfrac{1}{a}\right)$ の極大値と極小値の差が最小となる a の値を求めよ． (1998年　文科)

69

a は正の実数とする．xy 平面の y 軸上に点 $\mathrm{P}(0,\ a)$ をとる．関数 $y=\dfrac{x^2}{x^2+1}$ のグラフを C とする．C 上の点 Q で次の条件を満たすものが原点 $\mathrm{O}(0,\ 0)$ 以外に存在するような a の範囲を求めよ．

条件：Q における C の接線が直線 PQ と直交する． (2002年　理科)

70

xy 平面の原点を O として，2点 $\mathrm{P}(\cos\theta,\ \sin\theta),\ \mathrm{Q}(1,\ 0)$ をとる．ただし，$0<\theta<\pi$ とする．点 A は線分 PQ 上を，また点 B は線分 OQ 上を動き，線分 AB は $\triangle\mathrm{OPQ}$ の面積を 2 等分しているとする．このような線分 AB で最も短いものの長さを l とおき，これを θ の関数と考えて $l^2=f(\theta)$ と表す．

(1) 線分 AQ の長さを a，BQ の長さを b とすると，$ab=\sin\dfrac{\theta}{2}$ が成立することを示せ．

(2) $\mathrm{PQ}\geqq\dfrac{1}{2}$，$\mathrm{PQ}<\dfrac{1}{2}$ それぞれの場合について，$f(\theta)$ を θ を用いて表せ．

(3) 関数 $f(\theta)$ は $0<\theta<\pi$ で微分可能であることを示し，そのグラフの概形をかけ．また，$f(\theta)$ の最大値を求めよ． (2005年　理科)

71

$a>0$ とする．正の整数 n に対して，区間 $0 \leq x \leq a$ を n 等分する点の集合
$$\left\{0, \frac{a}{n}, \cdots\cdots, \frac{n-1}{n}a, a\right\}$$
の上で定義された関数 $f_n(x)$ があり，次の方程式を満たす．
$$\begin{cases} f_n(0)=c, \\ \dfrac{f_n((k+1)h)-f_n(kh)}{h}=\{1-f_n(kh)\}f_n((k+1)h) \\ \qquad (k=0, 1, \cdots\cdots, n-1) \end{cases}$$
ただし，$h=\dfrac{a}{n}$，$c>0$ である．
このとき，以下の問いに答えよ．
(1) $p_k=\dfrac{1}{f_n(kh)}$ $(k=0, 1, \cdots\cdots, n)$ とおいて p_k を求めよ．
(2) $g(a)=\lim_{n\to\infty}f_n(a)$ とおく．$g(a)$ を求めよ．
(3) $c=2, 1, \dfrac{1}{4}$ それぞれの場合について，$y=g(x)$ の $x>0$ でのグラフをかけ．

(2000 年　理科)

72

a を実数とし，$x>0$ で定義された関数 $f(x)$，$g(x)$ を次のように定める．
$$f(x)=\frac{\cos x}{x}, \quad g(x)=\sin x+ax$$
このとき $y=f(x)$ のグラフと $y=g(x)$ のグラフが $x>0$ において共有点をちょうど 3 つもつような a をすべて求めよ．

(2013 年　理科)

73

a を実数とする．
(1) 曲線 $y=\dfrac{8}{27}x^3$ と放物線 $y=(x+a)^2$ の両方に接する直線が x 軸以外に 2 本あるような a の値の範囲を求めよ．
(2) a が (1) の範囲にあるとき，この 2 本の接線と放物線 $y=(x+a)^2$ で囲まれた部分の面積 S を a を用いて表せ．

(1997 年　理科)

74

$x>0$ に対し $f(x)=\dfrac{\log x}{x}$ とする.

(1) $n=1,\ 2,\ \cdots\cdots$ に対し $f(x)$ の第 n 次導関数は,数列 $\{a_n\}$, $\{b_n\}$ を用いて
$$f^{(n)}(x)=\dfrac{a_n+b_n\log x}{x^{n+1}}$$
と表されることを示し,a_n, b_n に関する漸化式を求めよ.

(2) $h_n=\displaystyle\sum_{k=1}^{n}\dfrac{1}{k}$ とおく.h_n を用いて a_n, b_n の一般項を求めよ. (2005 年 理科)

75

e を自然対数の底,すなわち $e=\displaystyle\lim_{t\to\infty}\left(1+\dfrac{1}{t}\right)^t$ とする.すべての正の実数 x に対し,次の不等式が成り立つことを示せ.
$$\left(1+\dfrac{1}{x}\right)^x<e<\left(1+\dfrac{1}{x}\right)^{x+\frac{1}{2}}$$

(2016 年 理科)

76

(1) 実数 x が $-1<x<1$, $x\neq 0$ を満たすとき,次の不等式を示せ.
$$(1-x)^{1-\frac{1}{x}}<(1+x)^{\frac{1}{x}}$$

(2) 次の不等式を示せ.
$$0.9999^{101}<0.99<0.9999^{100}$$

(2009 年 理科)

77

p, q は実数の定数で，$0<p<1$, $q>0$ を満たすとする．関数
$$f(x)=(1-p)x+(1-x)(1-e^{-qx})$$
を考える．次の問いに答えよ．必要であれば，不等式 $1+x\leqq e^x$ がすべての実数 x に対して成り立つことを証明なしに用いてよい．

(1) $0<x<1$ のとき，$0<f(x)<1$ であることを示せ．

(2) x_0 は $0<x_0<1$ を満たす実数とする．数列 $\{x_n\}$ の各項 x_n ($n=1, 2, 3, \cdots\cdots$) を，$x_n=f(x_{n-1})$ によって順次定める．$p>q$ であるとき，$\lim_{n\to\infty}x_n=0$ となることを示せ．

(3) $p<q$ であるとき，$c=f(c)$, $0<c<1$ を満たす実数 c が存在することを示せ．

(2014 年　理科)

78

実数 a に対して $k\leqq a<k+1$ を満たす整数 k を $[a]$ で表す．n を正の整数として，
$$f(x)=\frac{x^2(2\cdot 3^3\cdot n-x)}{2^5\cdot 3^3\cdot n^2}$$
とおく．
$36n+1$ 個の整数 $[f(0)]$, $[f(1)]$, $[f(2)]$, $\cdots\cdots$, $[f(36n)]$ のうち相異なるものの個数を n を用いて表せ．

(1998 年　理科)

79

xy 平面上で t を変数とする媒介変数表示 $\begin{cases} x=2t+t^2 \\ y=t+2t^2 \end{cases}$ で表される曲線を C とする．

(1) $t\neq -1$ のとき，$\dfrac{dy}{dx}$ を t の式で表せ．

(2) 曲線 C 上で $\dfrac{dy}{dx}=-\dfrac{1}{2}$ を満たす点 A の座標を求めよ．

(3) 曲線 C 上の点 (x, y) を点 (X, Y) に移す移動が
$$\begin{cases} X=\dfrac{1}{\sqrt{5}}(2x-y) \\ Y=\dfrac{1}{\sqrt{5}}(x+2y) \end{cases}$$
で表されているとする．このとき，Y を X を用いて表せ．

(4) 曲線 C の概形を xy 平面上にかけ．

(2006 年　理科)

80

難易度　時間　30分

座標平面上を運動する3点P，Q，Rがあり，時刻tにおける座標が次で与えられている．

$$P : x = \cos t, \ y = \sin t$$
$$Q : x = 1 - vt, \ y = \frac{\sqrt{3}}{2}$$
$$R : x = 1 - vt, \ y = 1$$

ただし，vは正の定数である．この運動において，以下のそれぞれの場合に，vのとりうる値の範囲を求めよ．

(1)　点Pと線分QRが時刻0から2πまでの間ではぶつからない．
(2)　点Pと線分QRがただ1度だけぶつかる．

(2000年　理科)

§7 積分法

81 　難易度 ☐☐☐☐☐　時間 15分

$\int_0^\pi e^x \sin^2 x\, dx > 8$ であることを示せ．ただし，$\pi = 3.14\cdots$ は円周率，$e = 2.71\cdots$ は自然対数の底である． 　　　　　　　　　　　　　　　　　　　　　　　　　　　　　　　　　　（1999年　理科）

82 　難易度 ☐☐☐☐☐　時間 15分

(1) $0 < x < a$ を満たす実数 x, a に対し，次を示せ．
$$\frac{2x}{a} < \int_{a-x}^{a+x} \frac{1}{t}\, dt < x\left(\frac{1}{a+x} + \frac{1}{a-x}\right)$$

(2) (1)を利用して，$0.68 < \log 2 < 0.71$ を示せ．ただし，$\log 2$ は 2 の自然対数を表す．
　　　　　　　　　　　　　　　　　　　　　　　　　　　　　　　　　　（2007年　理科）

83 　難易度 ☐☐☐☐☐　時間 20分

(1) すべての自然数 k に対して，次の不等式を示せ．
$$\frac{1}{2(k+1)} < \int_0^1 \frac{1-x}{k+x}\, dx < \frac{1}{2k}$$

(2) $m > n$ であるようなすべての自然数 m と n に対して，次の不等式を示せ．
$$\frac{m-n}{2(m+1)(n+1)} < \log\frac{m}{n} - \sum_{k=n+1}^{m} \frac{1}{k} < \frac{m-n}{2mn} \quad (2010年　理科)$$

84 　難易度 ☐☐☐☐☐　時間 15分

$AB = AC$, $BC = 2$ の直角二等辺三角形 ABC の各辺に接し，ひとつの軸が辺 BC に平行な楕円の面積の最大値を求めよ． 　　　　　　　　　　　　　　　　　（2000年　理科）

85 　難易度 ☐☐☐☐☐　時間 15分

方程式 $x^2 - xy + y^2 = 3$ の表す曲線の略図をえがき，その第 1 象限にある部分が x 軸，y 軸と囲む図形の面積を求めよ． 　　　　　　　　　　　　　　　　　（1967年　理科）

86

難易度 ■■■□　時間 30分

半径 10 の円 C がある．半径 3 の円板 D を，円 C に内接させながら，円 C の円周に沿って滑ることなく転がす．円板 D の周上の 1 点を P とする．点 P が，円 C の円周に接してから再び円 C の円周に接するまでに描く曲線は，円 C を 2 つの部分に分ける．それぞれの面積を求めよ．

(2004 年　理科)

87

難易度 ■■■□　時間 25分

座標平面において，媒介変数 t を用いて $\begin{cases} x = \cos 2t \\ y = t \sin t \end{cases}$ $(0 \leq t \leq 2\pi)$ と表される曲線が囲む領域の面積を求めよ．

(2008 年　理科)

88

難易度 ■■■■□　時間 20分

xyz 空間において，x 軸と平行な柱面
$$A = \{(x, y, z) \mid y^2 + z^2 = 1, \ x, \ y, \ z \text{は実数}\}$$
から，y 軸と平行な柱面
$$B = \left\{(x, y, z) \ \middle| \ x^2 - \sqrt{3}\, xz + z^2 = \frac{1}{4}, \ x, \ y, \ z \text{は実数}\right\}$$
により囲まれる部分を切り抜いた残りの図形を C とする．図形 C の展開図を描け．ただし点 $(0, 1, 0)$ を通り x 軸と平行な直線に沿って C を切り開くものとする．

(1992 年　理科)

89

難易度 ■■□□　時間 15分

座標平面上で 2 つの不等式 $y \geq \dfrac{1}{2} x^2$，$\dfrac{x^2}{4} + 4y^2 \leq \dfrac{1}{8}$ によって定まる領域を S とする．S を x 軸の周りに回転してできる立体の体積を V_1 とし，y 軸の周りに回転してできる立体の体積を V_2 とする．

(1) V_1 と V_2 の値を求めよ．　(2) $\dfrac{V_2}{V_1}$ の値と 1 の大小を判定せよ．

(2012 年　理科)

問題　29

90

$f(x)=\pi x^2 \sin \pi x^2$ とする.$y=f(x)$ のグラフの $0\leqq x\leqq 1$ の部分と x 軸とで囲まれた図形を y 軸のまわりに回転させてできる立体の体積 V は $V=2\pi\int_0^1 xf(x)dx$ で与えられることを示し,この値を求めよ.

(1989 年　理科)

91

(1) 正八面体の 1 つの面を下にして水平な台の上に置く.この八面体を真上から見た図(平面図)をかけ.

(2) 正八面体の互いに平行な 2 つの面をとり,それぞれの面の重心を G_1,G_2 とする.G_1,G_2 を通る直線を軸としてこの八面体を 1 回転させてできる立体の体積を求めよ.ただし八面体は内部も含むものとし,各辺の長さは 1 とする.　(2008 年　理科)

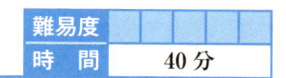

92

a を正の実数,θ を $0\leqq\theta\leqq\dfrac{\pi}{2}$ を満たす実数とする.xyz 空間において,点 $(a, 0, 0)$ と点 $(a+\cos\theta, 0, \sin\theta)$ を結ぶ線分を,x 軸の周りに 1 回転させてできる曲面を S とする.更に,S を y 軸の周りに 1 回転させてできる立体の体積を V とする.

(1) V を a と θ を用いて表せ.

(2) $a=4$ とする.V を θ の関数と考えて,V の最大値を求めよ. (2006 年　理科)

93

r を正の実数とする.xyz 空間において
$$x^2+y^2\leqq r^2,\ y^2+z^2\geqq r^2,\ z^2+x^2\leqq r^2$$
を満たす点全体からなる立体の体積を求めよ.

(2005 年　理科)

94

難易度 □□□□
時間 25分

xyz空間に5点 A(1, 1, 0),B($-$1, 1, 0),C($-$1, $-$1, 0),D(1, $-$1, 0),P(0, 0, 3) をとる.四角錐 PABCD の $x^2+y^2 \geqq 1$ を満たす部分の体積を求めよ.(1998年 理科)

95

難易度 □□□□
時間 15分

r を正の実数とする.xyz 空間内の原点 O(0, 0, 0) を中心とする半径1の球を A,点 P(r, 0, 0) を中心とする半径1の球を B とする.球 A と球 B の和集合の体積を V とする.ただし,球 A と球 B の和集合とは,球 A または球 B の少なくとも一方に含まれる点全体よりなる立体のことである.

(1) V を r の関数として表し,そのグラフの概形をかけ.
(2) $V=8$ となるとき,r の値はいくらか.四捨五入して小数第1位まで求めよ.
注意:円周率 π は $3.14<\pi<3.15$ を満たす. (2004 理科)

96

難易度 □□□□
時間 25分

xyz 空間において,平面 $z=0$ 上の原点を中心とする半径2の円を底面とし,点 (0, 0, 1) を頂点とする円錐を A とする.次に,平面 $z=0$ 上の点 (1, 0, 0) を中心とする半径1の円を H,平面 $z=1$ 上の点 (1, 0, 1) を中心とする半径1の円を K とする.H と K を2つの底面とする円柱を B とする.円錐 A と円柱 B の共通部分を C とする.$0 \leqq t \leqq 1$ を満たす実数 t に対し,平面 $z=t$ による C の切り口の面積を $S(t)$ とおく.

(1) $0 \leqq \theta \leqq \dfrac{\pi}{2}$ とする.$t=1-\cos\theta$ のとき,$S(t)$ を θ で表せ.
(2) C の体積 $\displaystyle\int_0^1 S(t)dt$ を求めよ. (2003年 理科)

97

難易度 □□□□
時間 20分

座標空間内を,長さ2の線分 AB が次の2条件(a),(b)をみたしながら動く.
(a) 点 A は平面 $z=0$ 上にある.
(b) 点 C(0, 0, 1) が線分 AB 上にある.

このとき,線分 AB が通過することのできる範囲を K とする.K と不等式 $z \geqq 1$ の表す範囲との共通部分の体積を求めよ. (2016年 理科)

98

Oを原点とする xyz 空間に点 $P_k\left(\dfrac{k}{n}, 1-\dfrac{k}{n}, 0\right)$, $k=0, 1, \cdots\cdots, n$ をとる．また z 軸上 $z\geqq 0$ の部分に，点 Q_k を線分 P_kQ_k の長さが 1 になるようにとる．三角錐（すい） $OP_kP_{k+1}Q_k$ の体積を V_k とおいて，極限 $\displaystyle\lim_{n\to\infty}\sum_{k=0}^{n-1}V_k$ を求めよ． (2002年　理科)

99

a を正の実数とし，空間内の 2 つの円板
$$D_1=\{(x, y, z)\,|\,x^2+y^2\leqq 1, z=a\},$$
$$D_2=\{(x, y, z)\,|\,x^2+y^2\leqq 1, z=-a\}$$
を考える．D_1 を y 軸の周りに $180°$ 回転して D_2 に重ねる．ただし回転は z 軸の正の部分を x 軸の正の方向に傾ける向きとする．この回転の間に D_1 が通る部分を E とする．E の体積を $V(a)$ とし，E と $\{(x, y, z)\,|\,x\geqq 0\}$ との共通部分の体積を $W(a)$ とする．

(1) $W(a)$ を求めよ．
(2) $\displaystyle\lim_{a\to\infty}V(a)$ を求めよ． (2009年　理科)

100

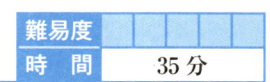

座標空間において，xy 平面内で不等式 $|x|\leqq 1$, $|y|\leqq 1$ により定まる正方形 S の 4 つの頂点を $A(-1, 1, 0)$, $B(1, 1, 0)$, $C(1, -1, 0)$, $D(-1, -1, 0)$ とする．正方形 S を，直線 BD を軸として回転させてできる立体を V_1，直線 AC を軸として回転させてできる立体を V_2 とする．

(1) $0\leqq t<1$ を満たす実数 t に対し，平面 $x=t$ による V_1 の切り口の面積を求めよ．
(2) V_1 と V_2 の共通部分の体積を求めよ． (2013年　理科)